本书出版获得国家社会科学基金一般项目"'双循环'新格局下数字经济驱动中国制造业迈向价值链中高端的路径研究"（批准号：21BJY085）资助；本书系南京晓庄学院高层次培育项目"实现江苏省绿色低碳高质量发展的机制和路径研究"（批准号：2022NYX15）阶段性研究成果

双碳背景下长三角地区森林资源丰裕度与经济发展研究

张　倩　著

武汉大学出版社

图书在版编目(CIP)数据

双碳背景下长三角地区森林资源丰裕度与经济发展研究/张倩
著.—武汉：武汉大学出版社，2024.7
ISBN 978-7-307-24197-8

Ⅰ.双…　Ⅱ.张…　Ⅲ.长江三角洲—森林资源—影响—区域经济
发展—研究　Ⅳ.①S757.2　②F127.5

中国国家版本馆 CIP 数据核字(2023)第 246992 号

责任编辑:周媛媛　冯红彩　　责任校对:鄢春梅　　版式设计:文豪设计

出版发行：**武汉大学出版社**　（430072　武昌　珞珈山）
（电子邮箱：cbs22@whu.edu.cn　网址：www.wdp.com.cn）
印刷:武汉中科兴业印务有限公司
开本:720×1000　1/16　印张:20　字数:328 千字
版次:2024 年 7 月第 1 版　　2024 年 7 月第 1 次印刷
ISBN 978-7-307-24197-8　　定价:88.00 元

序　言

2021年中央经济工作会议提出，必须坚持高质量发展。2022年的《政府工作报告》提出，要"完整、准确、全面贯彻新发展理念，加快构建新发展格局，推动高质量发展"。2018年，长江三角洲（以下简称"长三角"）区域一体化发展正式上升为国家战略。2019年12月，中共中央、国务院印发了《长江三角洲区域一体化发展规划纲要》，提出要坚持生态保护优先，努力建设绿色美丽长三角。2020年7月1日，上海市、江苏省和浙江省人民政府联合印发了《关于支持长三角生态绿色一体化发展示范区高质量发展的若干政策措施》，这个政策措施与《长三角生态绿色一体化发展示范区总体方案》共同构成了区域建设的政策框架体系。2021年10月，中共中央、国务院联合印发《关于完整准确全面贯彻新发展理念做好碳达峰碳中和工作的意见》。2021年作为"十四五"开局之年，以"增绿"和"减碳"为抓手，增减之间，绿色成为中国经济可持续发展的鲜明底色。基于此，本书主要研究长三角地区森林资源丰裕度对经济发展水平和质量的影响机制，针对实现经济绿色低碳发展提出意见和建议。

本书出版获得国家社会科学基金一般项目"'双循环'新格局下数字经济驱动中国制造业迈向价值链中高端的路径研究"（批准号：21BJY085）的资助。同时，本书也是南京晓庄学院高层次培育项目"实现江苏省绿色低碳高质量发展的机制和路径研究"（批准号：2022NYX15）的阶段性研究成果。

本书主要研究在碳中和的背景下，森林资源丰裕度对经济发展的影响及传导机制，并结合空间结构理论、"两山"理论、经济增长理论和可持续发展理论，探讨长三角地区森林资源状况与经济发展水平的城市异质性，通过构建修正的耦合协调度模型分析森林资源与经济发展的协同成效。此外，本书基于 2007—2019 年长三角 41 个城市的统计数据，通过构建空间计量模型，分别从经济发展的"量"和"质"两个层面，分析森林资源丰裕度对经济发展水平及经济低碳发展的影响，通过中介效应模型进一步分析其具体传导机制，并进行比较，最终提出长三角地区经济低碳发展的政策建议。

全书共分为八章。第一章为引言，第二章为文献综述，第三章为长三角地区森林资源与经济发展现状，第四章为长三角地区森林资源与经济发展的城市异质性分析及协同成效，第五章为长三角地区森林资源丰裕度对经济发展水平的影响，第六章为长三角地区森林资源丰裕度对经济低碳发展的影响，第七章为森林资源丰裕度对经济发展的传导机制及比较研究，第八章为研究结论与政策建议。

本书可能的边际贡献在于：

（1）本书从可再生资源的角度出发，探讨经济的低碳发展，并建模印证了相关经济理论。本书是在资源诅咒理论框架下，结合经济发展的相关理论，根据经济发展的现实需求和国家战略导向，以"增绿"和"减碳"为抓手，在规范分析的基础上，建模验证了长三角地区城市层面森林资源丰裕度对经济发展的影响及传导机制，为相关理论的实践提供了一定的参考依据。

（2）本书分别从经济发展的"量"和"质"两个层面，结合空间因素，深入分析了森林资源丰裕度对经济发展的影响。在经济发展的过程中，既要保证经济发展水平的提升，又要保证经济发展质量的提高，同时，经济发展过程中的空间区位因素的作用逐渐受到关注。基于碳达峰、碳中和的大背景，本书构建空间面板计量模型，结合环境、社会、制度等因素，探讨森林资源丰裕度对经济发展水平和经济低碳发展的影响，并通过中介效应模型分析森林资源丰裕度对经济发展的具体传导机制，并在此基础上提出经济低碳发展的对策建议。

（3）在经济低碳发展的指标选取上，基于碳的"来源"和"去向"，本书同时考察了静态和动态的相对碳排放概念，分别是单位 GDP（gross domestic product，即国内生产总值）碳排放量和单位 GDP 净碳排放量。经济低碳发展的核心在于"低碳"和"发展"，在实现双碳目标的过程中，不能以牺牲经济增长速度为代价。在建模验证过程中，我们发现森林资源丰裕度会促进经济的低碳发展，但同时固碳也会产生一定的社会成本。本书结合森林资源的物质属性和经济效益属性，提出建立碳交易平台，使森林资源的生态效益和经济价值实现和谐共生。本书的研究结论为进一步深化森林生态效益补偿机制的改革提供一定的参考。

本书能顺利完成，要特别感谢我的博士生导师沈杰教授，非常感谢南京林业大学范金教授、彭红军教授、杨红强教授、张敏新教授、张智光教授、杨加猛教授、张晖教授及陈岩副教授在研究思路、研究方法等方面深入的指导和具体的建议，也非常感谢南京晓庄学院赵彤教授、三江学院周荣荣教授的支持和帮助。

本书的出版发行，可以为政府及自然资源等部门做出科学决策提供依据，同时也可以为企业科研工作者及高校科学研究者提供借鉴参考。

限于作者水平，本书难免存在不足之处。因此，希望本书的读者和专家批评指正。

张　倩

2023 年 7 月于南京

目　　录

第一章　引　　言 / 001

　　第一节　研究背景及意义 / 002

　　第二节　核心概念界定 / 009

　　第三节　相关理论 / 013

　　第四节　研究目标与主要内容 / 022

　　第五节　研究方法与技术路线图 / 024

　　第六节　研究的特色与创新之处 / 028

第二章　文献综述 / 030

　　第一节　自然资源与经济发展 / 030

　　第二节　森林资源与经济发展水平 / 055

　　第三节　森林资源与经济低碳发展 / 062

　　第四节　文献述评 / 067

第三章　长三角地区森林资源与经济发展现状 / 070

　　第一节　森林资源概述 / 071

　　第二节　长三角地区森林资源概况 / 078

　　第三节　长三角地区经济发展现状 / 090

第四章　长三角地区森林资源与经济发展的城市异质性分析及协同成效 / 111

　　第一节　长三角地区森林资源与经济发展水平的城市异质性分析 / 111

　　第二节　长三角地区森林资源与经济发展的协同成效 / 122

第五章　长三角地区森林资源丰裕度对经济发展水平的影响 / 143

第一节　空间计量经济学的演变与发展 / 144

第二节　森林资源丰裕度对经济发展水平影响的理论分析框架 / 148

第三节　计量模型建立 / 152

第四节　模型验证结果 / 161

第五节　稳健性检验 / 166

第六节　内生性问题 / 173

第六章　长三角地区森林资源丰裕度对经济低碳发展的影响 / 178

第一节　长三角地区森林资源丰裕度与碳排放强度、固碳潜力
　　　　分析 / 179

第二节　长三角地区经济发展水平与低碳发展的时空演变 / 185

第三节　森林资源丰裕度影响经济低碳发展的理论分析框架 / 193

第四节　森林资源丰裕度对经济低碳发展影响的模型验证 / 198

第五节　稳健性检验 / 213

第六节　内生性问题 / 216

第七章　森林资源丰裕度对经济发展的传导机制及比较研究 / 225

第一节　森林资源丰裕度对经济发展水平的传导机制 / 225

第二节　森林资源丰裕度对经济低碳发展的传导机制 / 232

第三节　森林资源丰裕度对经济发展的影响及传导机制比较 / 238

第八章　研究结论与政策建议 / 243

第一节　研究结论 / 244

第二节　政策建议 / 249

第三节　研究展望 / 262

参考文献 / 263

附　　录 / 285

第一章 引 言

碳中和是指在一定时期内，针对直接或间接排放的温室气体，通过植树造林、节能减排等形式，将自身产生的碳排放量全部抵消掉，以实现碳的零排放。实现碳中和是关乎中国乃至世界的经济社会的系统性变革，中国已多次向世界承诺，力争 2030 年前实现碳达峰，2060 年前实现碳中和。中国目前仍处于经济中高速发展阶段，实现碳中和道路上需要克服很多困难。在保证经济增长的前提下，充分利用自然资源，改变能源结构，是实现增效减碳的重要路径之一，而可再生资源是我国能源资源要素中非常重要的组成部分。森林资源对构建生态系统、提高碳汇能力，具有举足轻重的作用。长江三角洲（以下简称"长三角"）地区是中国最具代表性的城市群之一，其创造的国内生产总值占全国 GDP 的四分之一左右，其经济地位在我国不言而喻。长三角地区森林覆盖率远高于全国平均水平。在碳中和的大背景下，如何实现森林资源和经济的协同发展，是长三角地区绿色可持续发展的重要问题。2018 年，长三角一体化发展正式上升为国家战略。在一体化发展过程中，如何建立区域协同发展机制，如何走绿色、生态的可持续发展道路，如何实现增绿减排，这些问题涉及经济管理学科中的很多理论，较有代表性的理论有空间结构理论、"两山"理论、经济增长理论及可持续发展理论。

本章首先介绍了有关碳中和的背景及发展脉络，阐述了本书的理论及实际意义，并界定了相关核心概念，进而对有关基础理论进行分析归纳，对各理论的主要内容、主要论点、历史演进进行总结梳理，提出了本书的研究目标、主要内容及拟探讨的问题，概括列出了本书的研究方法与技术路线图，为后续章节的分析提供了论证的理论基础。

第一节　研究背景及意义

一、研究背景

2010 年，我国 GDP 达 40 万亿元，成为世界第二大经济体。2020 年，我国 GDP 首次突破 100 万亿元。我国经济得到了前所未有的快速发展，但我国也是最大的二氧化碳排放国之一。气候变化的治理取决于二氧化碳的排放和通过碳汇吸收大气中的二氧化碳，而人工林的增加有利于造林区陆地碳汇的增加[1]。自 2014 年《中美气候变化联合声明》发表以来，习近平主席多次在不同场合发表重要讲话，表明中国在 2030 年前实现碳达峰、2060 年前实现碳中和的决心，具体信息如表 1–1 所示。

表 1–1　十八大以来习近平主席关于碳达峰与碳中和的部分论述

时间	会议／声明	相关论述
2014–11–12	《中美气候变化联合声明》	"中国计划 2030 年左右二氧化碳排放达到峰值且将努力早日达峰，并计划到 2030 年非化石能源占一次能源消费比重提高到 20% 左右。"
2015–09–25	《中美元首气候变化联合声明》	"中国正在大力推进生态文明建设，推动绿色低碳、气候适应型和可持续发展，加快制度创新，强化政策行动。中国到 2030 年单位国内生产总值二氧化碳排放将比 2005 年下降 60%~65%，森林蓄积量比 2005 年增加 45 亿立方米左右。"
2015–11–30	气候变化巴黎大会开幕式	"中国在'国家自主贡献'中提出将于 2030 年左右使二氧化碳排放达到峰值并争取尽早实现，2030 年单位国内生产总值二氧化碳排放比 2005 年下降 60%~65%，非化石能源占一次能源消费比重达到 20% 左右，森林蓄积量比 2005 年增加 45 亿立方米左右。虽然需要付出艰苦的努力，但我们有信心和决心实现我们的承诺。"

时间	会议／声明	相关论述
2020-12-12	气候雄心峰会	"到 2030 年，中国单位国内生产总值二氧化碳排放将比 2005 年下降 65% 以上，非化石能源占一次能源消费比重将达到 25% 左右，森林蓄积量将比 2005 年增加 60 亿立方米，风电、太阳能发电总装机容量将达到 12 亿千瓦以上。"
2021-04-22	领导人气候峰会	"'十四五'时期严控煤炭消费增长、'十五五'时期逐步减少。此外，中国已决定接受《〈蒙特利尔议定书〉基加利修正案》，加强非二氧化碳温室气体管控，还将启动全国碳市场上线交易。"
2021-10-12	《生物多样性公约》第十五次缔约方大会领导人峰会	"绿水青山就是金山银山。良好生态环境既是自然财富，也是经济财富，关系经济社会发展潜力和后劲。我们要加快形成绿色发展方式，促进经济发展和环境保护双赢，构建经济与环境协同共进的地球家园。"

注：十八大以来习近平主席关于碳达峰与碳中和的更多论述详见附表 1。

2021 年 6 月，浙江省委科技强省建设领导小组印发了《浙江省碳达峰碳中和科技创新行动方案》，该文件成为国内首个省级碳达峰碳中和科技创新行动方案。2021 年 7 月 8 日，浙江省生态环境厅印发《浙江省建设项目碳排放评价编制指南（试行）》，浙江省成为全国首个开展碳评价工作的省份。2021 年 7 月 16 日，全国碳排放权交易市场正式启动上线交易，这也成为中国实现碳达峰和碳中和愿望的重要政策推动力。碳市场是气候变化治理的重要政策之一，但我国的碳市场目前只是基于碳强度而不是碳总量的市场，具有一定的政策激励效果[2]。《"十四五"工业绿色发展规划》《"十四五"原材料工业发展规划》将为重点行业制订碳达峰的具体方案，加快绿色低碳的高质量发展。

2021 年 7 月 13 日，生态环境部发布了《中国应对气候变化的政策与行动 2020 年度报告》，总结分析了 2019 年有关部门和政府在应对气候变化问题方面上所执行的政策及采取的实际措施，从顶层设计、制度完善、缓解气候变化等方面，全面展示了我国控制温室气体排放、体制机制建设等方面的成果，为实现碳达峰与碳中和的"双碳"目标，应从经济结构、能源结构、产业结构等方面进一步推动经济高质量发展和生态环境的高质量保护。

2021年7月21日，生态环境部办公厅发布了《关于开展重点行业建设项目碳排放环境影响评价试点的通知》，在浙江省等7个省市开展将碳排放纳入环境影响评价的试点工作。为了向全世界展现中国智慧、情怀和担当，倡导绿色生态文明的理念，我们必须进一步正确认识和发挥森林碳汇在抵消减排、缓解气候变化与实现碳中和愿景中"低成本、高效率"的优势。森林碳汇主要是指森林植物通过光合作用来吸收大气中的二氧化碳，并将这些二氧化碳固定在植被或土壤中，从而降低二氧化碳在大气中的浓度。在碳中和背景下，我国提出了林业建设2030年的目标，即森林蓄积量要比2005年增加60亿立方米。

2021年7月30日，中共中央总书记习近平主持召开了中共中央政治局会议，分析研究了中国当前的经济形势，会议要求统筹有序做好碳达峰和碳中和工作，尽快出台2030年前碳达峰的行动方案。在实现碳中和的目标下，林业起着举足轻重的作用。[①]"十四五"开局之年，以"增绿"和"减碳"为抓手，增减之间，绿色成为中国经济高质量发展的鲜明底色。2021年9月和10月，中共中央、国务院先后联合发布的《关于深化生态保护补偿制度改革的意见》《关于完整准确全面贯彻新发展理念做好碳达峰碳中和工作的意见》指出，在中国经济发展过程中，践行"两山"理论，做好碳达峰与碳中和工作，努力实现人与自然和谐共生的可持续发展。

2018年，长三角一体化发展正式上升为国家战略。2019年12月，中共中央、国务院印发了《长江三角洲区域一体化发展规划纲要》，规划范围包括上海市、江苏省、浙江省、安徽省全域（面积达35.8万平方千米）。2021年12月8日，国家发展和改革委员会（以下简称"国家发展改革委"）正式印发了《沪苏浙城市结对合作帮扶皖北城市实施方案》，综合考虑资源禀赋、产业结构等因素，扎实推进长三角一体化发展。2018年4月10日，

---

① 蒋建清.实现碳中和 林业有担当 [N].光明日报，2021-07-24.

自然资源部正式挂牌，它的成立主要是为了全民所有的自然资源资产所有者职责的统一行使，其职责还包括国土空间管制和生态保护修复，致力于解决自然资源产权归属不明、空间划分不清晰的问题，以达到保护山水林田湖草、修复生态系统的目的，这足以证明自然资源已经在经济社会的可持续发展中占据不可或缺的地位。

林业发展关乎我国社会经济的可持续发展。森林资源在经济可持续发展中的作用已经越来越受到学者和政策制定者的关注。2016 年 5 月 6 日，国家林业局发布《林业发展"十三五"规划》，推进我国林业现代化建设。2019 年 12 月 28 日，第十三届全国人民代表大会常务委员会第十五次会议通过了新修订的《中华人民共和国森林法》（以下简称《森林法》），增加了"森林权属"这一章，明确了国家和集体所有的森林资源的所有权、使用权和经营权的主体，鼓励商品林的自主经营，并完善了林木采伐制度，在不破坏生态的条件下，可以集约化经营，提高商品林经济效益。2021 年，《"十四五"林业草原保护发展规划纲要》由国家林业和草原局、国家发展改革委共同发布，指出"到 2025 年，森林覆盖率达到 24.1%，森林蓄积量达到 190 亿立方米"。

长三角地区是我国经济发展的枢纽，在区域发展总体格局中具有重要的战略地位。2016 年 6 月，《长江三角洲城市群发展规划》出台，助推绿色低碳生态城区建设成为长三角一体化发展的重要目标之一。2019 年12 月，中共中央、国务院印发了《长江三角洲区域一体化发展规划纲要》，指出要坚持生态保护优先，努力建设绿色美丽长三角。2020 年 7 月 1 日，上海市、江苏省和浙江省人民政府联合印发《关于支持长三角生态绿色一体化发展示范区高质量发展的若干政策措施》。这些政策措施与《长三角生态绿色一体化发展示范区总体方案》共同构成了区域建设的政策框架体系，重点聚焦规划管理、生态保护和土地管理、要素流动等。2020 年 9月 28 日，上海市、江苏省、浙江省和安徽省联合发布《长三角森林康养和生态旅游联合宣言》，以提升森林旅游和休闲养生的品质（具体相关政策梳理见表 1-2）。2018 年，长三角一体化发展正式上升为国家战略，在这四个省（直辖市）的"十四五"规划中，提高森林覆盖率成为其共同目标之一。

表 1-2　改革开放以来部分林业政策及重要讲话

区域	时间	政策/会议	发布方	政策目标
全国范围	2016 年	《林业发展"十三五"规划》	国家林业局	推进林业现代化建设
	2018 年	《关于进一步加强国家级森林公园管理的通知》	国家林业局	脱贫攻坚
	2019 年	新修订的《森林法》	第十三届全国人民代表大会常务委员会	明确森林权属，建立森林生态效益补偿机制
	2020 年	《国家中长期经济社会发展战略若干重大问题》	习近平	实现人与自然和谐共生
	2020 年	《关于坚决制止耕地"非农化"行为的通知》	国务院办公厅	坚决守住耕地红线
	2020 年	中央全面深化改革委员会第十六次会议	习近平	全面推行林长制，坚持生态优先、保护为主，坚持绿色发展、生态惠民
	2020 年	《中共中央关于制定国民经济和社会发展第十四个五年规划和二〇三五年远景目标的建议》	中国共产党第十九届中央委员会第五次全体会议	推动绿色发展，促进人与自然和谐共生
	2021 年	《"十四五"林业草原保护发展规划纲要》	国家林业和草原局、国家发展改革委	森林覆盖率达到24.1%，持续改善生态环境
长三角地区	2005 年	绿水青山就是金山银山	习近平（时任浙江省委书记）	实现经济发展和生态环境保护的协同共生路径
	2019 年	《长江三角洲区域一体化发展规划纲要》	中共中央、国务院	坚持生态保护优先，努力建设绿色美丽长三角
	2020 年	《关于支持长三角生态绿色一体化发展示范区高质量发展的若干政策措施》	上海市、江苏省、浙江省人民政府	生态保护和土地管理等
	2020 年	《长三角森林康养和生态旅游联合宣言》	上海市、江苏省、浙江省和安徽省的林业和文旅部门	提升森林旅游品质
	2021 年	《浙江省林业发展"十四五"规划》	浙江省林业局	建设高质量森林浙江
	2021 年	《江苏省"十四五"林业发展规划》	江苏省林业局	重点实施六大林业工程
	2021 年	《关于全面推行林长制的实施意见》	江苏省委办公厅、省政府办公厅	全面建立管理职责明确、运行机制顺畅的林长制体系

注：更多相关林业政策及重要讲话详见附表 2。

长三角地区的经济和生态地位可见一斑。虽然有诸多政策扶持，我国长三角地区仍然存在以下问题。

第一，长三角地区的经济发展和生态保护之间矛盾突出，区域整体性保护不足。长三角地区的资源管理分属于林业、农业等部门，区域生态保护和恢复需要多方共同努力和协调推进。长三角地区的生态环境形势依然严峻。沿江地区污染排放、生态破坏等问题还很严重，粗放的发展模式没有根本改变，环境治理能力存在诸多短板。

第二，虽然实施了天然林保护、退耕还林、防护林建设等多项措施，但是长三角地区依旧存在生态整体退化的趋势，存在围垦围殖、水质恶化等问题，区域内水土流失严重，一些集约化经营的经济林水土流失严重，加之大量施用的化肥、农药随地表径流进入水体，造成水源区湖库的水体污染。各地区的防污治污能力各不相同。区域内森林、水资源、土地等资源不能综合管理并进行合理有效的开发利用。

第三，长三角地区虽然是我国经济发展较为活跃、开放程度较高、创新能力较强的地区，但是区域之间的经济发展、资源禀赋、气候条件等方面差异较大。区域森林资源具有质量不高且分布不均匀的特点，林种结构和龄组不够合理，相较于该区域所处的自然条件，绿化其实还有很大的提升空间。

第四，长三角地区的经济地位举足轻重，但碳排放总量较高。长三角地区城市间的碳排放总量差异较大，且呈现出非常明显的集聚特征。在碳中和及长三角一体化发展背景下，长三角地区尚未形成有效的零碳发展的协同机制。

因此，本书拟探讨以下问题：

（1）长三角地区森林资源与经济发展的协同成效。

（2）考虑空间因素和地理区位，分析森林资源丰裕度对经济发展水平及经济低碳发展的影响。

（3）森林资源丰裕度对经济发展水平及经济低碳发展的具体传导机制。

（4）结合碳中和大背景，提出长三角地区经济低碳发展的政策建议。

二、研究意义

（一）理论意义

（1）在理论上，完善森林资源对经济发展的影响机制，助力实现碳中和。

本书梳理了国内关于自然资源丰裕度和资源依赖度的衡量标准，结合现有研究将目前所用的模型、指标体系、影响因素等内容进行了统一整理、归纳，并在此基础上，对我国森林资源诅咒的存在性进行了验证，将研究重点放在长三角地区森林资源层面上，以空间区位因素、社会经济因素、自然资源因素等作为控制变量，丰富了目前国内关于森林资源对经济发展影响的研究，并结合森林资源在固碳、减少碳排放上的重要作用，充分发挥森林植被在吸收二氧化碳方面的优势，通过加强林地管理以实现森林蓄积量的增加，减少经济活动对森林生态系统的破坏，控制碳源并减少二氧化碳排放，进一步探索碳中和的市场化路径，真正将"绿水青山"转化为"金山银山"，为实现碳中和添砖加瓦。

（2）为践行新发展理念、提高绿色经济发展效率提供理论基础。

在"四新经济"（新技术、新业态、新产业、新商业模式）和追求共同富裕的大背景下，传统的经济增长模式和路径已经难以持续，中长期和全局的发展战略更是当务之急。本书为深入贯彻党的十八大精神和十九大精神，践行"两山"理论、共享共建等新发展理念提供了一定的理论基础，同时也有利于政府制定恢复生态功能的政策，为其提供正确合理的政策导向。

（二）实际意义

（1）有利于地方根据自身禀赋优势因地制宜地制定绿色、一体化发展战略。

在中央和地方政府政策的推动下，为全面贯彻党中央和国务院发展长三角的重要战略部署，以提高森林覆盖率、培育优质森林为目标，区域内的城市应充分发挥自身的优势，积极推进宜林地造林。宜林地面积相对较大的地方，应营造以水土保持、水源涵养为主的防护林和国家储备林。对于多山地区，应充分发挥景观异质性，打造城乡绿色景观带，科学配置阔叶树种、彩色树种。

（2）为全国树立绿色低碳经济发展的标杆和榜样。

倡导绿色低碳的可持续发展，不仅要关注减少二氧化碳的排放，还要关注有助于清洁和减少污染的方方面面。目前，绿色低碳发展的重要问题是污染控制和清洁能源的利用，传统的经济发展方式是依靠大量的人力、资金和资源的投入，而绿色低碳发展更注重资源利用效率和科技创新发展，要走环境友好型的集约型经济发展路径。长三角地区经济总量占全国比重由 2018 年的 24.1% 上升到 2021 年上半年的 24.5%，其经济地位举足轻重。2019 年，全国森林覆盖率近 23%，长三角地区平均森林覆盖率为29.3%[①]，高于全国平均水平。《长三角生态绿色一体化发展示范区总体方案》提出，把生态保护放在优先位置，构建优美和谐的生态空间。长三角地区作为我国改革开放的前沿阵地，探讨该地区森林资源对经济发展的影响及路径为全国绿色低碳经济发展树立标杆和榜样。

第二节　核心概念界定

一、自然资源的概念及属性

（一）自然资源的概念

较早研究自然资源的概念来自地理学。地理学家金梅曼在《世界资源与产业》一书中提出，只要能满足或者被认为能满足人类的需要，无论是整个环境还是只有某些部分，都可以被称作自然资源。《辞海》（第七版）认为，自然资源指人类可直接从自然界获得，并用于生产和生活的物质资源，如土地、矿藏、气候、水利、生物、森林、海洋、太阳能等；《中国大百科全书》（第二版）认为，自然资源是自然生成、以自然状态存在、主要受自然规律支配的资源，是人类社会发展不可或缺的自然物质基础。

根据联合国环境规划署（United Nations Environment Programme，

---

① 　数据来源于国家统计局官网。

UNEP）1972年的解释，自然资源指的是在一定条件下，可以产生经济效益，可以提高人类现在和未来福利的自然因素和条件。根据资源的时效性，自然资源被分为两大类型，即不可更新资源类和可更新资源类。蔡运龙在《自然资源学原理》中认为，自然资源是从自然界获得的用于满足人类需要和欲望的所有天然生成物并作用于这些需要和欲望的人类活动成果。自然资源是天然存在或者没有人类活动干预而存在的资源，是一个动态性的概念。

根据联合国资源分类框架（United Nations framework classification for resources，UNFC），可以从资源来源、发展阶段和可再生性三个方面对自然资源进行分类。根据自然资源的来源，可以分为生物资源和非生物资源；根据发展阶段，可以分为潜在资源、实际资源、储备资源和库存资源；根据可再生性，可以分为可再生资源和不可再生资源，具体信息详见表1-3。

表1-3　自然资源分类标准

分类标准	资源种类	内涵	具体资源种类
资源来源	生物资源	来自生物和有机物质	森林和动物，以及可从中获取的物质，包括煤炭、石油等
	非生物资源	来自非生物和非有机物质	包括土地、淡水、空气，以及稀土金属和重金属（包括金、银、铜、铁等矿石）
发展阶段	潜在资源	未来可能使用的资源	沉积岩中的石油
	实际资源	目前正在使用的资源	木材
	储备资源	未来有利可图的实际资源的一部分	
	库存资源	经过调查但由于缺乏技术而无法使用的资源	氢气
可再生性	可再生资源	补充/恢复率超过消费率	阳光、空气、风、水、森林等
	不可再生资源	资源消耗率超过补充/恢复率	矿物质：煤、石油等

（二）自然资源的属性

1. 基本属性

自然资源是人类赖以生存的基础，应保护好、利用好。自然资源首先应当是有用的，而且应当是可控的，如果超过了人的控制范围或者经济承受能力，就不能称为自然资源。不同的资源呈现出不同的区域特性，在利用和管理时务必因地制宜。资源不能独立存在，其内在相互制约、相互影响，构成了一个自然共生伴生系统。随着时间发展或者受外力干扰，资源会出现不同程度的变化，针对不同特性的资源应采用不同的开发手段，确定不同的开发力度。例如，对于矿产类的恒定型资源，应适当控制开采力度；对于风能、光资源等流逝性资源，则应抓住机会尽快开发利用。正是生态系统的不断循环往复，催生了自然资源[3]。

2. 经济属性和社会属性

资源不能为每个自然人所有，这是由资源的稀缺性决定的[4]。即使总量上不缺，优质的资源依旧有较大的需求量。拥有排他性和竞争性的物品均为私人物品，反之则为公共物品。资源产权配置不公平，会影响资源收益和社会效益的公平和效率，同时也有可能会产生资源寻租、腐败等现象。资源对经济的影响到底是促进还是抑制，新政治经济学主要是从资源收入如何诱发寻租方面展开研究[5]，而后从挤出效应的角度分析资源如何引发经济的停滞[6]。在自然资源的开发过程中，会产生外部性，对于产生较大负外部性的行为，可以通过征税、收费的方式减少负面影响或者使外部性内在化。资源会对后代产生很大的影响，因此要考虑在资源不合理开发和利用的情况下，如何实现社会的可持续发展[7]。

二、森林资源相关概念

森林是陆地生态系统的主体，森林的发展关系经济社会的可持续发展。《森林法》按照用途将森林分为如下五类：第一类，以防护为主要目的的防护林，如水土保持林、护岸林等；第二类，以国防、环境保护、科研等为主要目的的特种用途林，如国防林、风景林等；第三类，以生产木材为主要目的的用材林，如竹林；第四类，以生产果品、食用油料、工业原料及药材等为目的的经济林；第五类，以生产燃料为目的的能源林。

根据《中华人民共和国森林法实施条例》，森林资源包括森林、林木、林地及依托森林、林木、林地生存的野生动物、植物和微生物。其中，森林包括乔木林和竹林，林木包括树木和竹子，林地包括郁闭度 0.2 以上的乔木林地以及竹林地、灌木林地、疏林地、采伐迹地、火烧迹地、未成林造林地、苗圃地和县级以上人民政府规划的宜林地。一般认为这里的森林资源的概念是广义上的概念，而研究中多以狭义的概念为主，即森林资源仅指以林木、林地为主的森林植物。

森林资源丰裕度和森林资源依赖度是两个完全不同的概念。森林资源丰裕度实质是森林资源储量，反映的是森林资源的丰裕程度，或者可利用的森林资源的数量，在一定程度上直接影响森林资源开发的规模和利用程度。森林资源丰裕度分为绝对丰裕度和相对丰裕度。其中，绝对丰裕度指的是拥有的森林资源总量；相对丰裕度必须考虑人口、地域等经济社会因素。因此，采用地均或人均的相对概念，更能反映森林资源丰裕度的真实水平。森林资源依赖度实际上指的是经济对森林资源的依赖程度，实质是森林资源产业依赖度，这种依赖程度主要体现在森林产业对经济的产业结构、就业结构、科技水平等的影响程度上。因此，森林资源丰裕度和森林资源依赖度的概念有本质的区别。

三、经济发展相关概念

经济发展是指一个国家或地区从贫穷落后状态，逐步走向经济和社会生活现代化的过程，经济发展不仅仅是经济总量的提升，更是生活质量的提高。经济发展的内容已经超出了单纯的经济增长。经济发展主要包括四个方面的内容：一是经济增长，主要是规模不断扩大的社会再生产过程和社会财富的增值过程，通常用国民生产总值来衡量经济增长水平；二是结构变迁，主要指产业结构的变化，包括分配结构、技术结构、就业结构、产品结构及各个层次上的经济结构的变化；三是福利的改善，指的是生活水平的提高，包括教育、医疗、文化、健康、公益事业等方面的保障；四是环境和经济的可持续发展，主要指经济发展的过程不能以危害环境为代价，应以自然资源为基础，使生态环境和经济社会协调发展。

经济低碳发展是指减少高碳能源消耗的可持续发展模式，通过技术等手段以减少空气中的二氧化碳排放量。碳排放量分为绝对排放量和相对排放量，其中相对排放量是与经济增长挂钩的相对值。中国作为发展中国家，经济发展和节能减排同样重要，不能以牺牲经济发展为代价换取二氧化碳排放的减少。同时，作为发展中国家，我国在资金和技术上肯定和发达国家有一定的差距，减少碳排放有一个非常重要的因素就是能源结构的改善，尽量使用清洁能源和清洁技术，减少高碳排放和高污染能源的使用，这种做法有利于转变经济粗放的发展模式为集约式的经济发展模式。但是，在实际操作过程中，作为发展中国家，能源结构快速有效的更新换代需要一个过程，同时也需要大量的资金投入和技术研发投入。经济低碳发展是将"低碳"和"发展"相结合，因此，除了探讨绝对碳排放，本书还使用相对碳排放的概念，即单位 GDP 碳排放量，以及动态的碳排放量的概念，将森林碳汇考虑进来，即单位 GDP 净排放量，最终，本书将单位 GDP 碳排放量和单位 GDP 净碳排放量指标作为经济低碳发展的衡量标准。

第三节　相关理论

一、空间结构理论

（一）空间结构理论的发展阶段

空间结构一直是国内外学者研究的主要内容，主要是基于经济学和地理学等学科的交叉研究。我国的研究主要集中在空间结构的格局演变、结构特征、形成机理、影响因素，以及空间结构和经济发展的耦合关系。

在社会空间结构方面，空间结构主要包括同心圆模式、扇形模式、多核心模式、工业城市模式、"desakota"的城乡混合模式。其中，"desakota"的城乡混合模式的实质是建立在区域综合发展基础上的城市化。该模式打破了传统的城乡二元结构理论，提出了基于区域的城乡空间发展和演变模式[8]。在土地价值理论方面，不同学者有不同解读。亚当·斯密认为，城市土地是非生产性的。约翰·穆勒把城市土地看作一个简单的垄断问题。马歇尔主要研究了能够产生价值的各类城市土地的利用问题。阿隆索构建了地租模型，并在这个模型的基础上研究了土地供求均衡中地价和土地使用的决定问题，运用地租竞价曲线诠释了城市内部居住分布的空间分异模式。阿隆索的突出贡献在于将空间作为地租问题的一个核心进行了深入分析，解决了城市地租计算的理论分析方法。伯吉斯于 2015 年提出引入城市形态的土地同心圆理论，该模型同时考虑了土地利用和社会结构的空间分布。大部分学者普遍关注空间关系，而忽略了空间结构要素之间的数量关系。空间资源的配置尤为重要，高效的空间资源配置有可能使空间结构逐步完善，低效甚至无效的空间资源配置有可能造成资源的浪费。

（二）空间结构理论的实质内容

空间结构理论本质上是一种空间的相互作用和空间区位关系，这种作用体现在一定区域范围内的社会经济各组成部分，以及各组成部分的组合类型。该理论是反映这种空间相互关系和空间区位关系的空间集聚规模和集聚程度的学说。空间结构理论是在古典区位理论的基础上演变发展而成的一种总体的、动态的区位理论。对于任何一个区域、国家或者这些区域、国家所处的不同发展阶段，空间结构存在很大的差异。因此，基于区域自然基础条件，不断完善与之相适应的空间结构，对该区域的社会经济发展有非常重要的意义。空间结构理论研究的主要内容包括：第一，社会经济不同发展阶段的空间结构特征；第二，合理的空间集聚度及最优规模；第三，区域经济增长和区域平衡发展之间的倒 U 型非线性关系；第四，以城市为中心的土地利用和位置级差地租之间存在的空间结构；第五，城镇居民体系的空间形态；第六，社会经济客体在空间的相互作用；第七，以点到轴的渐进性扩散模式和以点到轴的系统构建。空间结构理论在实践中的重要作用在于可以为国土资源开发和区域发展战略提供指导性意见，并且该理论是地理学科和区域学科的重要理论基础。

二、"两山"理论

（一）"两山"理论的起源

"绿水青山就是金山银山"，简称"两山"理论，是时任浙江省委书记习近平于 2005 年 8 月 15 日在浙江余村调研时提出的科学论断。2021 年 10 月 12 日，国家主席习近平出席《生物多样性公约》第十五次缔约方大会领导人峰会，并强调"人与自然应和谐共生"，"人不负青山，青山定不负人"。"两山"理论自提出以来，经过了萌芽阶段、深化阶段、成熟阶段及实践操作阶段后，不断完善发展。"两山"最初指的是良好的生态环境（绿水青山）最终会带来物质财富的"金山银山"。"两山"理论的核心思想是生态文明与经济的可持续发展，其过程可表现为绿色发展、可持续发展、发展的高效生态性和现代化，发展过程应是生态、经济、社会、文化和政治五大价值维度的协同发展[9]。我国越来越意识到森林资源对社会可持续发展的重要影响，森林就是"绿水青山""金山银山"。2010 年，根据《森林法》《中华人民共和国森林法实施条例》等法律法规和国家有关林地保护管理的方针、政策，国家林业局制定了《全国林地保护利用规划纲要（2010—2020 年）》，旨在优化林地资源配置，提高森林覆盖率，促进国土绿化和森林资源持续增长。2015 年，"坚持绿水青山就是金山银山"被写进《关于加快推进生态文明建设的意见》这一中央文件中。2016 年，国家林业局发布《林业发展"十三五"规划》，推进我国林业现代化建设。2021 年，国家林业和草原局、国家发展改革委共同发布《"十四五"林业草原保护发展规划纲要》，制定了中国森林资源的具体发展目标，进一步推动我国林业的高质量发展。

（二）"两山"理论的核心内容

"两山"理论体现的是以人为本、和谐共生、责任担当等价值理念，是生态文明建设的重要价值遵循。"两山"理论实质体现的原则是生态系统动态平衡、经济发展和环境保护协调发展、以人民为中心共建共享。[①]人与自然的和谐共生是"两山"理论的最大愿景，该理论强调的是人与自然和谐发展。"两山"理论也是正确妥善处理代际之间、人与自然之间公平与效率问题的重要指导，有助于解决我国面临的环境问题，有助于积极推进我国生态文明建设，更好地建设美丽中国。

---

① 刘晓璐．"两山"理论：新时代生态文明建设的根本遵循 [N]．学习时报，2020-05-06．

三、经济增长理论

（一）古典经济增长理论

古典经济增长理论的代表人物有亚当·斯密、马尔萨斯、大卫·李嘉图、约翰·穆勒等。该理论建立在对重商主义的批判基础之上，目的在于探寻一国经济增长的源泉，认为自由的经济政策才能促进经济增长。亚当·斯密提出了较为系统的经济增长理论，认为劳动分工和资本积累是带动国家经济增长的主要动力，主要关注国民财富。马尔萨斯强调人口在经济增长中的重要作用。大卫·李嘉图则认为资源分配是产出的重要因素，虽然从传统意义上来说，资本、劳动和土地也是影响经济增长非常重要的因素，但是技术匮乏及生产要素的边际报酬递减则可能导致经济增长停滞。约翰·穆勒则采用基本经济增长方程，重点考虑了资本增长率、人口增长率和生产技术在不同情况下的动态变化，认为如果综合考量土地报酬递减规律、人口几何级数增长规律及利润率下降规律，人类社会将处于静止状态。

（二）新古典经济增长理论

随着产业革命的完成和资本主义生产方式的最终确立，社会阶层收入差距越来越大，社会财富的分配矛盾越来越尖锐，经济学家开始关注效用理论和分配理论，基于边际分析方法和均衡分析方法的一般均衡体系逐渐建立，数学被引入经济学的研究当中。在这一时期，萨伊定律一直占据重要地位，供给可以创造自身需求。直到20世纪30年代美国爆发经济危机，引发了经济学史上的第二次革命，即凯恩斯革命。哈罗德－多马经济增长模型则是对凯恩斯革命产生的经济理论的进一步延伸和扩展。随后索洛和斯旺也构建了一个资本和劳动相互替代的经济增长模型，引入柯布－道格拉斯效用函数。索洛－斯旺模型存在很多缺陷，但却为现代经济增长理论的研究确立了一个基本范式，如拉姆齐－卡斯－库普曼斯模型，在经济增长模型中引入了动态最优化的方法。

（三）新经济增长理论

新古典经济增长理论将生产要素设定为外生变量，很多学者认为这个理论无法解释经济增长的现象本身。20世纪四五十年代，第三次科技革命出现，知识积累和科技进步对经济增长的影响越来越重要，众多学者认为科技进步因素应该被纳入经济增长的模型当中。以罗默、卢卡斯等为代表的经济学家开始研究技术内生和经济增长的关系。第一条思路是将技术进步看作生产和投资行为的副产品，主要有阿罗模型和罗默模型。基于罗默模型无力解释技术进步的投资动力问题，经济学家通过引入不完全竞争，设立专业的研发部门，并产生了第二条思路，即将技术进步看作研发活动的成果。这期间还诞生了阿格赫恩－豪威特模型，该模型继承了熊彼特关于技术创新是创造性破坏的过程的思想，因此被称为新熊彼特经济增长理论。1988年，卢卡斯提出，不同国家的技术水平的差距主要在于人力资本，即不同素质的劳动者身上，因此从人力资本的角度出发，将人力资本存量的变动内生化到经济增长模型中。

（四）经济增长理论的多元化发展

之前的理论共同的特点是都没有讨论制度的因素。虽然新经济增长理论通过技术内生化解释了经济增长的动力机制问题，但是技术进步不仅受到市场价格机制的影响，还会受到制度的影响。新制度经济学将制度和技术进步都看作经济增长的内生变量，主要代表人物有舒尔茨、科斯、诺斯等。舒尔茨认为经济制度和经济增长之间存在内在联系，并将制度进行内生化研究。科斯提出了交易成本的概念，为新制度经济学的经济增长理论打下了基础。诺斯在产权的基础上，构建了制度和经济增长的分析框架，主要研究了制度变迁如何引导经济增长变化的路径机制。此后，我国经济学家杨小凯等采用超边际分析方法，建立了宏观经济增长的微观模型。经济增长理论的发展演变如表1–4所示。

表1-4　经济增长理论的发展演变

阶段	代表人物	主要观点	研究方法	历史意义
古典经济增长理论	亚当·斯密	批判重商主义，探究国民财富。	历史主义方法、演绎方法、经验主义方法、描述法与抽象法、逻辑方法与归纳法等分析方法。	建立了经济增长分析的基本框架，并构建了完善的微观经济学体系。
	大卫·李嘉图	资源分配是产出的重要因素，资本、劳动和土地虽然是重要的影响因素，但是技术缺乏、生产要素的边际报酬递减则可能导致经济增长停滞。		
	约翰·穆勒	重点考虑了资本增长率、人口增长率和生产技术等因素在不同情形下的动态变化，如果综合考虑土地报酬递减规律、人口几何级数增长规律及利润率下降规律等规律，人类社会将处于静止状态。		
新古典经济增长理论（技术外生与经济增长）	萨伊	萨伊定律，供给可以创造自己的需求。	严格的数学推导。	确定了现代经济增长理论研究的基本范式，也形成了现代经济增长理论模型的基准形式。
	凯恩斯	由微观领域再次转向宏观领域，相应的研究方法也由个量分析法过渡到总量分析法。		
	哈罗德、多马	哈罗德-多马经济增长模型进一步扩展了凯恩斯革命所创立的宏观经济理论。		
	索洛、斯旺	构建了一个资本和劳动能够完全相互替代的经济增长模型，引入柯布-道格拉斯效用函数。描述了一个完全竞争的经济，劳动供给的增加和储蓄率的上升会推动经济持续增长。		

续表

阶段	代表人物	主要观点	研究方法	历史意义
新经济增长理论（技术内生与经济增长）	罗默	假设知识具有外部性、知识自身生产报酬递减、知识的报酬递增，竞争性均衡与经济稳定增长的兼容性问题和阿罗模型增长路径发散的问题得到了较好的解决，但技术创新的投资动力问题无法得到合适的解释，之后引入了不完全竞争经济增长模型，这种方式对传统经济增长理论进行了重大修正。	内生经济增长模型使用总量生产函数，放松了新古典生产函数对递增规模收益的限制，且坚持动态一般均衡的研究范式。	将原本作为外生变量因素的技术内生化，使一般均衡理论更贴近现实。
	阿格赫恩、豪威特	创造性破坏模型，新熊彼特经济增长理论将技术进步视为经济增长的重要推动力，但这一过程不再是线性的。		
	卢卡斯	不同国家之间技术进步水平往往有差距，这种差距一般体现在不同素质的劳动者身上，而有用知识存量方面则基本没有差距。		
多元化发展（制度变迁与经济增长）	舒尔茨	认为经济制度与经济增长之间有内在联系，并将制度作为内生变量进行研究。	数理模型分析越来越受到经济学家的青睐。	体现了现实经济现象的复杂性，扩大了经济理论对现实解释的范围，并增强了其解释能力。
	科斯	提出了交易费用的概念，并构建了交易费用的理论分析框架。		
	诺斯	以产权为基础，以制度变迁为核心，构建了制度与经济增长关系的分析框架，并对制度变迁如何影响经济增长的路径进行了研究。		
	杨小凯	采用超边际分析方法，建立了宏观经济增长的微观模型。		

资料来源：根据 Barro 和 Sala-i-Martin[10]、Acemoglu[11] 等文献资料整理所得。

四、可持续发展理论

（一）可持续发展理论的形成与发展

1968 年 4 月，罗马俱乐部成立。这是由国际知名自然科学家、经济学家和社会学家组成的团体，聚焦使人类陷入困境的世界性难题，该社团最为知名的报告之一是《增长的极限——罗马俱乐部关于人类困境的报告》。1972年6月，第一次联合国人类环境会议在瑞典召开。1980年3月，《世界保护自然大纲》正式发表，"可持续发展"概念第一次被明确提出。1987年，世界环境与发展委员会在《我们共同的未来》中将环境和社会的发展视同一个整体来考虑。1992年6月，联合国环境与发展大会通过的《21世纪议程》是世界范围内可持续发展行动计划。2002年，可持续发展问题世界首脑会议通过了《可持续发展问题世界首脑会议执行计划》，评估了过去可持续发展的实践，并对未来提出了具体的可持续发展规划。森林资源是人类赖以生存的资源，对实现千年目标有重要的推动作用。2003年，世界林业大会在加拿大魁北克召开，呼吁各国做出政治承诺，未来努力减少对森林的毁坏，维护和扩展森林覆盖面积，提高森林恢复功能，加强种植业以弥补对森林的开发使用，重视森林土著人和森林工人的权利，等等。这次世界林业大会首次探讨了人类对森林的需求与森林如何可持续地为人类服务的问题。2005年3月，联合国粮食及农业组织"森林资源委员会"召开森林资源部长级会议，推动各国在保护森林资源方面做出承诺并拿出实际行动。2015年，联合国可持续发展峰会通过了《变革我们的世界：2030年可持续发展议程》，该目标是完成千年发展目标尚未完成的事业。

可持续发展理论在形式上主要有弱可持续发展和强可持续发展。其中，弱可持续发展是一种以人为中心的观点，自然只不过是一种资源，为了人类的利益，可以将资源效用最大化。如果科技进步可以满足人类日益增长的需求，则人类的需求不用刻意抑制。强可持续发展主要是以自然为中心的观点，人类应该减少对自然资源的需求，人造资本不能完全替代自然资本。可持续发展的提出主要是为了保护资源和维护社会公平。可持续发展理论的提出，强调了自然和社会的有机融合与发展。在融合与发展的过程中，"可持续发展"的概念逐渐发生转变，从"以经济、社会目标为中心"的弱可持续发展逐渐转变为"以环境为中心"的强可持续发展。

（二）可持续发展理论的支持系统

可持续发展理论是通过相应管理的落实，寻求对"自然—社会—环境"复杂系统可持续性的有效调控、路径选择、目标确定和最优实现。可持续发展的目标是实现人与自然的平衡发展、人与人之间的和谐。可持续发展的目标主要体现在人类对自然索取的同时必须对大自然进行平衡的回馈，代际矛盾必须解决，必须平衡人类当代的努力和后代的共享，在发展本区域的同时要兼顾其他区域的利益，要遵循公平性、持续性和共同性的基本原则。

自然资源的可持续发展管理问题主要源于三个层面：国家层面、区域层面和产业层面。国家层面上，为了实现美丽中国和现代化强国的资源潜力及前景；为了应对气候的变化，创新资源利用方式，提升资源利用效率；双循环背景下如何保障资源安全。区域层面上，资源如何实现集约利用和经济的绿色发展，以及区域间资源流动与绿色发展的问题。产业层面上，如何实现能源转型与产业升级的技术协同发展，等等。从投入替代的角度来看，自然资源系统与可持续发展目标是紧密关联的。可持续发展是生态文明建设的国家需求，也是自然资源管理的实践需要。自然资源资产与生态系统服务、收益之间存在链式关系，生态系统、自然资源和可持续发展需同时并举。共栖现象下的自然资源管理框架如图 1-1 所示。

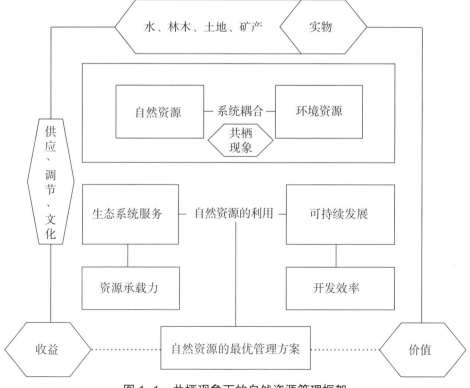

图 1-1　共栖现象下的自然资源管理框架

第四节　研究目标与主要内容

一、研究的主要目标

（1）测算长三角地区森林资源与经济发展之间的耦合协调度，以分析森林资源和经济发展的协同成效。

（2）通过构建空间计量模型，分析森林资源丰裕度对经济发展水平的影响机理，进一步分析森林资源丰裕度对经济发展水平的具体传导机制，提出促进经济可持续的一体化发展路径。

（3）结合碳中和的背景，探讨长三角地区森林资源丰裕度对经济低碳发展的影响，以单位 GDP 碳排放量和单位 GDP 净碳排放量衡量长三角地区的经济发展质量，并分析森林资源丰裕度对经济低碳发展的传导机制，引导民众养成绿色低碳的生活方式，深化森林生态效益补偿机制，充分发挥森林资源的固碳潜力和经济低碳发展的协同效应。

二、研究的主要内容

本书主要研究在碳中和背景下，长三角地区森林资源丰裕度对我国经济发展的影响及传导机制，并提出长三角地区经济低碳发展的政策建议。通过对我国自然资源及森林资源与经济发展关系的总体识别，分别从经济增长维度、资源环境维度、社会市场维度、制度体系维度、地理区位维度、模型论证维度六个方面探寻自然资源与经济发展的关系。基于空间结构理论、"两山"理论、经济增长理论、可持续发展理论，分析长三角地区森林资源状况与经济发展水平及城市异质性，通过构建耦合测度模型分析森林资源和经济发展的协同成效。基于 2007—2019 年长三角地区 41 个城市的统计数据，构建空间计量模型，分别从经济发展的"量"和"质"两个层面，即经济发展水平和经济低碳发展，分析长三角地区城市层面森林资源对经济发展的影响，并构建中介效应模型进一步分析其传导机制，最终提出长三角地区经济低碳发展的政策建议。

（1）森林资源与经济发展关系的总体识别。对找到的实证类文献，分别从自然、经济、社会等角度，对我国自然资源与经济发展及森林资源与经济发展的关系进行总体识别，为后续分析打下理论基础。

（2）长三角地区森林资源与经济发展的城市异质性及协同成效分析。对长三角地区森林资源状况、林业产值和森林碳汇等方面进行分析，并对长三角地区的经济发展现状及趋势进行剖析，结合 SBM（slack based measure，基于松弛值测算）方向性距离函数，对 DEA-Malmquist 函数进行修正，采用基于方向性距离函数的 Malmquist-Luenberger 指数方法计算绿色全要素生产率（green total factor productivity，GTFP）。利用 2005—2019 年城市层面的数据，构建资源诅咒系数，从时空演变的角度对资源型地区、非资源型地区进行森林资源与经济发展水平的城市异质性分析。以科学性、全面性、可操作性和代表性四个原则为出发点，构建森林资源与经济发展的耦合模型，并深入分析森林资源与经济发展的协同成效。

（3）长三角地区森林资源丰裕度对经济发展水平的影响。根据自然资源对经济发展影响的总体识别结果和变量数据收集的可行性，从资源、环境、区位、社会、经济等角度，基于长三角地区 41 个城市面板数据，构建空间计量模型，客观地评价森林资源丰裕度对经济发展水平的影响，以及长三角地区经济发展水平的影响因素。

（4）长三角地区森林资源丰裕度对经济低碳发展的影响。结合碳中和的大背景，根据长三角地区的相对碳排放、净碳排放和固碳的现状，从资源、环境、区位、社会、经济等角度，基于长三角地区城市面板数据，构建空间计量模型，客观评价森林资源丰裕度对长三角地区经济低碳发展的影响。

（5）长三角地区森林资源丰裕度对经济发展的具体传导机制。通过构建中介效应模型，主要研究以下内容：一是森林资源丰裕度对经济发展水平的具体传导机制；二是森林资源丰裕度对经济低碳发展的具体传导机制；三是比较森林资源丰裕度对经济发展水平和经济低碳发展的影响和传导机制。

（6）长三角地区经济低碳发展的政策建议。根据实证研究结果，从以下四个方面进行阐述：一是做好森林资源管理，科学拓展国土规划；

二是发展林业碳汇，深化森林生态效益碳补偿机制；三是转变经济发展方式，优化能源消费结构；四是持续发展低碳城市化，提高外商投资质量。

三、拟探讨的主要问题

基于以上分析，本书拟探讨以下关键问题：

（1）森林资源的经济优势及森林资源与经济发展的协同成效。基于传统的自然资源丰裕度的衡量标准，根据森林资源的空间异质性及自身的特性和复杂性，确定森林资源禀赋的衡量标准，构建森林资源诅咒系数以分析森林资源的经济优势，同时构建修正的耦合协调度模型，分析长三角地区森林资源与经济发展的协同成效。

（2）森林资源丰裕度对经济发展的影响。结合碳中和背景及实现低碳发展的需求，分别从经济发展的"量"和经济发展的"质"两个方面，即经济发展水平和经济低碳发展，结合空间因素，通过构建空间计量模型验证森林资源丰裕度对经济发展的影响程度，并进行稳健性检验和内生性问题处理。

（3）森林资源丰裕度对经济发展的传导机制。通过构建中介效应模型，分析森林资源丰裕度对经济发展水平的具体传导机制，以及森林资源丰裕度对经济低碳发展的具体传导机制，并进一步分析比较森林资源对经济发展水平和经济低碳发展的具体影响及传导机制，最终为实现长三角地区经济低碳发展提出合理的政策建议。

第五节　研究方法与技术路线图

一、研究方法

（一）文献综述法

根据相关关键词查找国内外文献，从经济增长、资源种类、社会经济变量、地理区位变量及传导机制的角度出发，分析我国自然资源对经济发展的影响机制及背后存在的原因与影响路径，根据中国知网数据库查找相关文献，并剔除所有非实证类文章、博士论文、非核心期刊及影响因子较低的期刊，按照系统分析方法，将实证类的文章里所涉及的实证模型、结论、变量选取、实证分析方法等统一归类，深入分析，以此为理论基础，构建长三角地区森林资源丰裕度与经济发展研究的理论框架。此外，在国内外权威期刊上查找有关自然资源与经济发展、森林资源与经济发展的相关文献，并根据研究主题对文献进行梳理、归纳，以有效反映国内外相关研究的学术演进史和研究动态。

（二）描述性统计及数据包络分析

秉持科学性、全面性、可操作性及代表性的原则，对长三角地区森林资源现状及环境、经济发展现状做描述性统计，直观观测二者的发展情况。分别从全局和局部的角度出发，从"量"和"质"的角度分析长三角地区森林资源概况。为全面考察经济发展的"量"和"质"，不仅要分析长三角地区的人均 GDP 水平，还要构建基于方向性距离函数的 Malmquist-Luenberger 指数，分析长三角地区的绿色全要素生产率；根据自然资源与经济协调发展的指标体系，结合熵权法构建修正的耦合度及耦合协调度模型，分析 2005—2019 年长三角地区森林资源与经济发展协同成效的时空演变。

（三）面板数据的实证分析法

以长三角地区为研究对象，选取 2007—2019 年的 41 个城市层面的数据，建立计量经济学模型。基于相邻权重及地理距离权重矩阵，构建空间杜宾模型（spatial Dubin model，SDM）和空间自相关模型，分析这些不同城市森林资源丰裕度如何通过产业结构、科技教育水平、城市化水平、外商投资水平、政府干预程度、污染环境、资源承载力等因素对经济发展产生影响，进而研究并验证森林资源丰裕度对经济发展的影响是否存在环境库兹涅茨曲线。为检验模型结果的稳健性，本书采用了更换权重矩阵、调整样本期、更换被解释变量等计量方法；为缓解模型设计可能存在的内生性问题，本书还使用了工具变量法等计量方法。同时，本书构建中介效应模型，进一步研究森林资源丰裕度对经济发展水平及经济低碳发展的具体传导机制，并进行对比研究。

（四）空间结构分析法

本书的研究目的是实现长三角地区经济的绿色低碳发展，即在规模效应下实现产业的协同发展。现实生活中，自然资源越丰裕的地方，经济增长的表现往往并不强劲，而自然资源稀缺的中心城市经济增长反而较快。因此，应从空间结构的角度综合考虑自然资源禀赋、产业结构的优势、经济发展水平、合作基础等因素，分析如何利用中心城市的发展来带动周边城市的发展，以缩小长三角地区内部的发展差距，进一步推进长三角地区绿色一体化的可持续发展。

二、研究技术路线图

通过对我国自然资源与经济发展关系的总体识别，确定森林资源对经济发展影响的理论分析框架，根据科学性、全面性、可操作性和代表性原则，构建资源和经济协调发展的指标体系，分析长三角地区森林资源与经济发展的协同成效，结合碳中和大背景及社会经济因素、资源因素、环境因素、制度因素等，构建空间计量经济学模型，检验长三角地区城市层面森林资源丰裕度对经济发展水平的影响及空间效应。结合碳中和的大背景，分析长三角地区森林资源对经济低碳发展的影响程度，并通过中介效应模型分析森林资源对经济发展水平及经济低碳发展的具体传导机制，并对分析结果进行总结比较。在此基础上，提出长三角地区经济低碳发展的对策建议。技术路线如图 1-2 所示。

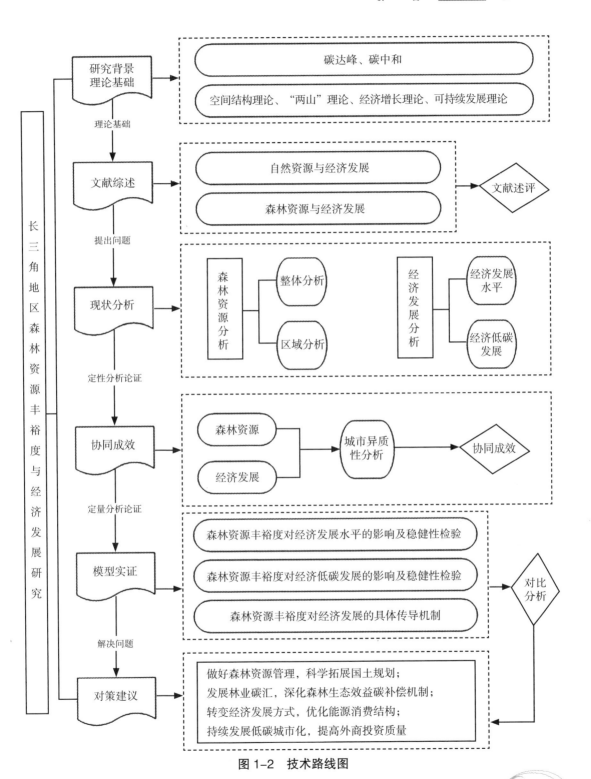

长三角地区森林资源丰裕度与经济发展研究

研究背景理论基础 —（理论基础）→ 文献综述 —（提出问题）→ 现状分析 —（定性分析论证）→ 协同成效 —（定量分析论证）→ 模型实证 —（解决问题）→ 对策建议

研究背景理论基础
- 碳达峰、碳中和
- 空间结构理论、"两山"理论、经济增长理论、可持续发展理论

文献综述
- 自然资源与经济发展
- 森林资源与经济发展
- 文献述评

现状分析
- 森林资源分析 —— 整体分析 / 区域分析
- 经济发展分析 —— 经济发展水平 / 经济低碳发展

协同成效
- 森林资源 / 经济发展 —— 城市异质性分析 —— 协同成效

模型实证
- 森林资源丰裕度对经济发展水平的影响及稳健性检验
- 森林资源丰裕度对经济低碳发展的影响及稳健性检验
- 森林资源丰裕度对经济发展的具体传导机制
- 对比分析

对策建议
- 做好森林资源管理，科学拓展国土规划；
- 发展林业碳汇，深化森林生态效益碳补偿机制；
- 转变经济发展方式，优化能源消费结构；
- 持续发展低碳城市化，提高外商投资质量

图1-2　技术路线图

第六节　研究的特色与创新之处

一、研究的特色

（1）本书结合《中华人民共和国国民经济和社会发展第十四个五年规划和2035年远景目标纲要》《长江三角洲区域一体化发展规划纲要》，确定了以长三角地区作为主要研究区域，以长三角地区的41个城市作为研究样本，分析了森林资源在经济发展中所起的作用，并进一步分析了森林资源丰裕度影响经济发展水平的空间效应及具体传导机制。

（2）在研究对象上，本书以传统资源诅咒假设为理论框架，以可再生资源（即森林资源）为主要研究对象，并结合资源环境、经济、社会、制度等控制变量，利用空间计量经济学，从空间区位的角度考察森林资源对经济发展水平影响的空间效应，结合碳中和的伟大愿景，分析森林资源丰裕度对经济低碳发展的影响及传导机制，最终实现长三角地区经济的低碳发展和可持续发展。

二、研究的创新之处

（1）本书从可再生资源的角度出发，探讨经济的低碳发展，并建模印证了相关经济理论。本书是在资源诅咒理论框架下，结合经济发展的相关理论，根据经济发展的现实需求和国家战略导向，以"增绿"和"减碳"为抓手，在规范分析的基础上，建模验证了长三角地区城市层面森林资源丰裕度对经济发展的影响及传导机制，为相关理论的实践提供了一定的参考依据。

（2）本书分别从经济发展的"量"和"质"两个层面，结合空间因素，深入分析了森林资源丰裕度对经济发展的影响。在经济发展的过程中，既要保证经济发展水平的提升，又要保证经济发展质量的提高，同时，经济发展过程中空间区位因素的作用逐渐受到关注。本书基于碳达峰、碳中和的大背景，构建空间面板计量模型，结合环境、社会、制度等因素，探讨森林资源丰裕度对经济发展水平和经济低碳发展的影响，并通过中介效应模型分析森林资源丰裕度对经济发展的具体传导机制，并在此基础上提出经济低碳发展的对策建议。

（3）在经济低碳发展的指标选取上，基于碳的"来源"和"去向"，本书同时考察了静态和动态的相对碳排放概念，分别是单位 GDP 碳排放量和单位 GDP 净碳排放量。经济低碳发展的核心在于"低碳"和"发展"，在实现双碳目标的过程中，不能以牺牲经济增长速度为代价。在建模验证过程中，研究发现森林资源丰裕度会促进经济的低碳发展，但同时固碳也会产生一定的社会成本，结合森林资源的物质属性和经济效益属性，本书提出建立碳交易平台，使森林资源的生态效益和经济价值实现和谐共生。本书的研究结论能为进一步深化森林生态效益补偿机制的改革提供一定的参考。

第二章　文献综述

　　国内外学者关于自然资源与经济发展的研究，最为经典的是资源诅咒假设，即自然资源丰裕的地区并没有比自然资源稀缺的地区在经济发展上有更好的表现。本章基于资源诅咒假设的理论框架，从可再生资源的视角，结合经济社会发展的实际需求，从资源诅咒假设的发展脉络等方面对自然资源与经济发展的相关研究进行文献梳理，并进一步对森林资源与经济发展水平、森林资源与经济低碳发展进行文献梳理归纳，为后续章节的分析提供论证的合理性和必要性。

第一节　自然资源与经济发展

一、资源诅咒假设的理论发展

　　自 20 世纪 90 年代以来，人们对自然资源与经济增长之间的联系越来越感兴趣，特别是像中国这样快速发展的发展中经济体。拥有丰富自然资源（如石油和天然气）的国家将以更快的速度发展[12]。然而，Sachs 和 Warner[13, 14] 发现，与自然资源稀缺的经济相比，拥有丰富自然资源的经济往往增长速度较慢，这被称为资源诅咒[15]。这种现象背后驱动力的研究越来越受到相关学者的关注。

关于资源诅咒假设的起源与发展可以追溯到 20 世纪 80 年代以前，亚当·斯密在其 1776 年出版的著作《国富论》[16]和大卫·李嘉图在 1817 年（第三版在 1821 年）的著作《政治经济学及赋税原理》[17]中认为自然资源在经济发展过程中起着非常重要的促进作用。

Corden[18]于 1984 年提出荷兰病效应概念。荷兰病指的是 20 世纪 60 年代荷兰天然气的发现所带来的负效应。当自然资源繁荣增加国内收入和商品需求时，就会发生荷兰病。这种增长导致实际汇率的通货膨胀和升值。结果，非资源商品的相对价格上涨，其出口相对于世界市场价格变得昂贵，导致非资源商品及招商引资的竞争力下降。荷兰病效应产生示意图如图 2-1 所示。

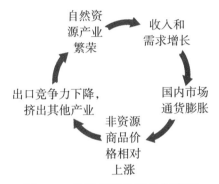

图 2-1　荷兰病效应产生示意图

Gelb[19]在其著作《油灾：祝福或诅咒》中首次分析了石油租金的经济影响。通过描述性分析，Gelb 完成了一篇资源诅咒论文，提出使用石油资源的成本可以抵消意外收获本身的收益。Auty[20]用"资源诅咒"这个术语来描述自然资源丰裕的国家似乎无法利用这些财富来增加经济收入，以及这些国家的经济增长率如何低于自然资源较为稀缺的国家。

受以上研究结论启发，Sachs 和 Warner[13, 14, 21]发表了一系列横截面数据的论文，以证明自然资源和经济增长之间存在负相关关系。此后，冰岛经济学家 Gylfason 和 Zoega[22]开始专注于研究自然资源依赖对经济可持续增长的传导机制，如储蓄、投资和人力资本形成。Auty[20]则从政策的视角重新看待资源诅咒的问题，认为低收入国家的经济表现与其自然资源财富成反比的关系并不是确定的，因此政策的实施很重要。环境与经济综合核算体系（the system of integrated environmental and economic accounting,

SEEA）可以通过加强自然资源的健全管理，以及以净储蓄率的形式提供政策可持续性指标，帮助改善自然资源丰裕的低收入国家的政策和绩效。资源诅咒假设的理论发展如表2-1所示。

表2-1　资源诅咒假设的理论发展

时间	代表人物	主要观点
20世纪80年代之前	Adam Smith[16] David Ricardo[17]	自然资源促进经济增长。
1984年	Corden[18]	首次提出荷兰病概念，自然资源产业兴盛会带来挤出效应。
1988年	Alan Gelb[19]	分析了石油租金的经济影响，认为成本足以抵消收益。
1993年	Richard Auty[15]	资源诅咒概念被提出。
1995年	Sachs和Warner[13]	利用横截面数据证明自然资源与经济增长之间的负相关关系。
2006年	Gylfason和Zoega[22]	资源依赖对经济可持续增长的传导机制。
2007年	Richard Auty[20]	资源诅咒不是确定存在的，政策很重要。

关于资源诅咒假设的争论目前仍然受到经济学家和其他社会科学家的挑战。例如，Brunnschweiler[23]在大约100个国家的样本中确定了自然资源丰度与经济增长之间的直接正相关关系，因此没有发现资源诅咒的证据。Butkiewicz和Yanikkaya[24]使用面板数据为100多个发达国家和发展中国家找到了资源诅咒的证据，但没有根据横截面数据找到相同的结果。此外，资源诅咒似乎只存在于发展中国家而不是发达国家，可能是由于前者的制度基础建设和人力资本更加有限，通常分别以法治和预期寿命的滞后对数来衡量。

Satti等[25]还发现，从长远来看，根据1971—2011年的数据可知，自然资源丰富可能会阻碍经济增长。尽管自然资源与经济绩效之间存在反比关系，但经济政策可以发挥重要作用[26]。如果资源利用得到有效管理，资源丰富的低收入国家更好地利用现有的制度基础建设或投资更强大的机构可能会使发展中国家的资源诅咒成为资源福利[27]。在国际文献的荟萃分析和评论中，Shao和Yang[28]以及Havranek等[29]得出结论，在自然资源丰裕对经济增长的影响及这种影响背后的传导机制方面尚未达成共识。此外，没有统一的方法来测量自然资源丰裕度。虽然一些研究仅使用一个指标，但其他研究中也可能使用两个或三个指标[20]。对自然资源与经济增长之间的关系产生影响的因素有可能还包括投资水平、资源类型、资源丰裕度和资源依赖性的差异，以及矿物、石油和天然气的数量。此外，在应用研究方法中可以观察到潜在异质性也可能发挥作用。

目前对于资源诅咒是否存在，主要有三种观点：一是资源诅咒是存在的；二是资源诅咒是不存在的；三是资源诅咒是有条件存在的。针对自然资源，主要有两种衡量方法：一种是自然资源丰裕度，另一种是自然资源依赖度。这两种衡量方法的争议都很大。大多数国外文献把自然资源分为点资源和散资源，而国内大多数学者把资源分为能源类资源和矿产资源[30]。在自然资源丰裕度或者依赖度的衡量上，采掘业投资占固定资产的投资比或者采掘从业人数占总就业人数的比重是常用的评价标准[31]。资源产业依赖与经济增长和全要素增长率之间均呈显著的倒 U 型关系，制造业发展、对外开放程度和市场化发展程度是破解资源诅咒的关键因素，而政府干预的加强则会增加资源诅咒发生的风险[32]。对于资源依赖比较明显的地区，短期内应维持能源产业的长期增长，长期则应完善制度和政策环境[33]。而在国际层面上，基于动态面板系统广义矩估计（generalized method of moments, GMM），资源依赖度和经济增长之间呈倒 U 型关系[34]。自然资源丰裕度的衡量指标和来源如表 2-2 所示。

表 2-2　自然资源丰裕度的衡量指标和来源

衡量指标	来源
初级产品出口占 GDP 的比重	Sachs 和 Warner[13]；Brunnschweiler[23]；van der Ploeg[35]
初级产品出口占国民生产总值的比重	Sachs 和 Warner[14]
资源租金占 GDP 的比重	Collier 和 Hoeffler[36]；Auty[26]
矿产量占 GDP 的比重	Papyrakis 和 Gerlagh[37]
自然资源资本占总资本的比重	Gylfason 和 Zoega[22]

目前，学术界对资源诅咒的研究已经比较透彻，对自然资源的内涵和属性也有了比较深刻的理解。对于资源诅咒假设的理论研究一直在不断演变发展，在研究对象上也逐渐从可再生资源慢慢渗透到不可再生资源，为

经济的可持续发展及相关领域的研究和创新提供了较好的参考依据和理论基础。

二、资源诅咒假设的争议

（一）从模型角度看资源诅咒争议

模型不同，资源诅咒的结论也不同。我国资源诅咒的研究始于徐康宁和韩剑[38]，他们构建了以煤、石油、天然气为代表的能源资源的自然资源丰裕度的衡量标准。资源诅咒现象在我国省际确实存在，丰富的自然资源确实能够抑制经济增长，三重门槛模型研究发现资源红利现象存在，但当资源产业规模扩张以后，资源诅咒现象开始出现[39]。冯旭芳和班纬[40]通过固定效应模型，发现经济高度依赖资源产业，但是通过面板门限模型，发现二者并非简单的线性关系，适度开采资源有利于经济增长，但过度开采将会制约经济发展，形成资源诅咒效应。黄秉杰等[41]运用信息熵评价法构建我国省级经济、就业、社会和环境的评价体系，证明资源诅咒在我国省级层面是存在的。资源依赖度越高，经济实力排名就越靠后，而第三产业的发展则能带动地区经济发展。陕西地区市级层面上资源诅咒并不成立，资源丰裕度与资源依赖度均能拉动经济增长[42]。郑尚植和徐珺[43]运用门槛面板模型，发现在我国省域层面上资源诅咒并不存在，市场发展程度越高，资源依赖对经济的不利影响将逐渐得到改善。万建香和汪寿阳[44]运用Hamilton优化模型和门槛模型，证实社会资本和技术创新可以弱化资源诅咒，而跨越门槛值以后，资源诅咒有可能变为资源福利。考虑到生态因素的影响，SBM被用以研究资源诅咒并进行生态效率测量，结果认为我国大部分城市的发展是以牺牲资源和生态环境为代价的，而资源和经济之间并非简单的线性关系，适当的资源丰裕度（8%~15%）对经济发展是最有利的[45]。资源诅咒及国家政策可以用双重差分方法进行计量验证[46]。

（二）从资源种类看资源诅咒争议

自然资源禀赋的度量一直以来是个难点，我国学者往往用采掘业固定资产占投资总额的比重、采掘业从业人数比重、采掘业职工收入比重及采掘业总产值比重来衡量自然资源丰裕度[47]。但据此也可以看出，此类衡量标准基本只着眼于不可再生资源，尤其是矿产资源。从资源丰裕度的衡量标准来看，不可再生资源的关注度较高，而对于可再生资源（如森林和水资源）则较为缺乏。不可再生资源方面，煤炭资源诅咒存在，但如果提高煤炭资源就地转化水平，则资源诅咒将变成资源福利[48]。虚拟农业水资源首次被用于自然资源诅咒的研究，西北四省农业虚拟水确实存在资源诅咒效应[49]。资源种类研究较为全面的是张菲菲等[50]的研究，他们的研究涵盖了水、森林、耕地、能源和矿产资源，除水资源外，其他资源都呈现出资源诅咒现象。森林资源和经济增长之间的关系并非简单的线性关系，在库兹涅茨曲线的理论基础上，随着经济的持续增长，木材产量和造林面积在达到相应的转折点后经济增长率会先增后减，要想实现经济的可持续发展，就必须注意森林资源的有效保护和利用[51]。

（三）从空间分布看资源诅咒争议

空间分布上，我国资源诅咒呈现明显的地区特点，西部地区存在资源诅咒的现象明显比东部地区多，从时间收敛趋势上看，东西部地区资源诅咒系数分别变小和变大，经过 PVAR（panel vector autoregression，即面板向量自回归）模型的测算，资源诅咒的存在会影响产业结构的演变，资源依赖度高的地区，产业结构会加剧资源诅咒[52]。基于空间计量模型证明我国省际层面资源诅咒是存在的，过度依赖资源型产业会阻碍经济增长[53]。利用 DSGE（dynamic stochastic general equilibrium，即动态随机一般均衡）模型，自然资源和经济增长之间呈倒 U 型关系，资源诅咒并不存在，且资源福利主要来源于产业结构调整并且只有短期效应[54]。制度因素导致的资源错配，使资源对经济绩效产生负向影响。通过向量自回归和误差修正模型，我国长期并不存在资源诅咒现象，且自然资源对经济的影响会通过产业结构等释放掉[55]。利用空间动态面板，考虑资源环境损失，资源诅咒现象呈现区域差异化分布，地理位置对经济发展有重要影响，但随着政策约束性的增强，地理区位对资源诅咒的影响逐渐减弱[56]。资源依赖和经济增长并不是直接的线性关系，而是与经济周期紧密相连，不同的经济周期，资源对经济发展的作用是不一样的，在经济繁荣期资源依赖往往可以促进经济发展，但在经济衰退期，资源依赖则会抑制经济的增长[57]。资源诅咒在我国是否存在一直尚无定论，但二者的关系地区特色非常明显。

（四）资源诅咒的成因、传导机制和破解路径

产生资源诅咒的原因有多个方面。对于自然资源比较丰裕却又逐渐衰

失劳动密集型产业比较优势的地区，快速的资源开采和滞后的工业发展都将拖累经济增长[58]。金融的发展水平对经济增长呈负面效应，金融的发展使大量的资本积累投入虚拟经济，实体经济受到制约，从而加剧资源诅咒程度[59]。资源型地区地方政府行为对经济发展和产业结构的影响很重要，第二产业尤其是采掘业得到重点扶持，这会导致产业结构失衡，易形成资源诅咒[60]。不同城镇化水平下资源诅咒的情况也有所不同，城镇化水平低的地区资源诅咒现象明显，且资源依赖主要通过劳动力、制造业、科技发展、对外开放和市场化程度共同影响经济增长，推进城镇化有助于减少自然资源对经济的负面影响[61]。资源禀赋会影响资源生产和资源消费，资源消费有利于经济增长但是资源生产却会阻碍经济增长，即资源生产诅咒和资源消费福音是存在的且地区特色明显，市场分割能有效缩小地区间经济发展差距[62]。制度、收入分配和寻租行为的存在也使资源高度依赖的国家可能会长期陷入"中等收入陷阱"[63]。大量持续涌入的外商直接投资（foreign direct investment，FDI）改变了我国的生产方式和消费方式，也进一步加剧了中国式的荷兰病效应[64]。通过金融和法治环境的健康发展，即外部治理环境水平可以将资源诅咒变为资源红利[65]。在矿业开发过程中，应注重创新和发展，构建新型资源观，将潜在的资源诅咒转化为资源福利。

自然资源对经济发展的传导机制主要集中在挤出效应、制度弱化和荷兰病效应，但不同的研究层面传导机制需要进一步验证。跨国层面上，资源丰裕度与经济增长存在负向关系，并且通过对资本、制造业、人力资本积累和高效管理制度的挤出效应，对经济绩效产生激励与约束。资源依赖度与对研发投入的挤出效应成正比，资源依赖度越高，研发投入对经济增长的贡献率越低[66]。能源开发对经济阻碍效应较大，间接的传导机制使资源开发未能带动其他行业发展，制度弱化和荷兰病效应同时存在。但煤炭资源诅咒在我国市级层面并不存在，煤炭虽然通过荷兰病效应对经济产生抑制作用，但外商投资、人力资本和科技投入并没有显示出明显的挤出效应[67]。

自然资源对经济的绿色发展产生了抑制作用，主要是因为对科技创新和对外贸易产生了挤出效应，并使产业结构单一[68]。县域层面上，森林资源对经济增长具有明显的负向作用，森林资源诅咒存在，且资源诅咒的传导机制之一是荷兰病效应[69]。西部地区确实存在资源诅咒，且资源开发利用对科研、人力资本和环保投入等均会产生挤出效应，完善资源产权制度和平衡利益分配关系，可有效缓解资源对经济带来的抑制效应[70]。家庭层面上，有学者利用 240 个家庭的季度社会经济数据来研究我国南方与森林相关的收入与农村生计之间的联系，以验证环境库兹涅茨曲线的存在，结果显示，与森林有关的平均收入份额为 31.5%，主要来自培育的非木材来源。与森林有关的收入对所有家庭都很重要。让贫困人口获得林地，提高生产力，消除小农参与木材营销的限制，可以增加与森林有关的收入[71]。

众多学者对如何破解资源诅咒，主要是从资源诅咒产生的原因的角度进行分析。从利益分配角度来看，破解资源对经济发展的抑制作用要从收益分配、各部门之间的要素配置、产业结构升级的角度出发，进而提高社会福利[72]；应从资源税制改革和租金使用角度来控制寻租行为、利益分配和共享机制，进而减少资源对经济发展的抑制作用。资源税率应当根据社会资本和技术创新来决定，即实现内生化的资源税率，才能打破资源对经济的负面影响[44]。

从制度角度来看，虽然自然资源本身可以促进经济增长，但它会影响政府行为，进而抑制其对经济增长的促进作用[73]。资源禀赋对经济增长是一把双刃剑，其中制度因素是关键，制度高效则起正向推动作用，制度低效则起阻碍作用[74]。对于资源型产品出口，由于关税、配额及出口许可证政策等限制因素，要打造"资源—资产—政策"一体化的现代资源企业，努力开展对外合作，以实现资源型产品的顺利出口[75]。

从产业结构角度来看，构建全产业链可以缓解资源对经济发展的抑制作用[76]。对于资源型城市，尤其是油气城市，因地制宜地针对不同的矿种采用不同的政策，可有效提高能源的利用效率。资源诅咒在西部地区广泛存在，应从建立人力资本、技术创新、现代产业体系和制度保障等方面，实现内生增长，打破传统的资源诅咒现象[77]。社会资本会激励科技创新，从而减弱资源开发对技术创新的挤出效应，而自然资源与经济增长存在倒 U 型关系，社会资本会使倒 U 型关系的拐点后移[78]。资源诅咒现象产生的原因之一是自然资源依赖对技术创新投入与产出的挤出效应，提高科技创新投入产出效率可以有效规避资源诅咒。自然资源对技术的挤出效应间接抑制了经济增长，而要规避资源诅咒，就要对资源开发和利用进行严格管理，并加大技术投入，促进产业结构调整。自然资源对经济增长存在抑制作用，而物质资本使这种抑制作用更加明显，但人力资本和技术投入可以减弱这种抑制作用[79]。

我国资源诅咒产生的直接原因是中西部地区产业结构不合理，对制造业产生挤出效应，破解资源诅咒应加大对制造业和人力资本的投入[80]。破解资源诅咒的根本路径是技术创新，通过技术创新促进我国产业结构升级[81]。自然资源禀赋是影响经济增长的重要因素，除了自然资源禀赋以外，科学技术、人力资本等其他生产要素同样影响着经济增长。对于资源丰裕地区，为避免过度依赖自然资源而陷入资源诅咒陷阱，应及早规划产业转型，资源匮乏地区应主动寻求地区间的合作共赢[82]。对于资源型城市的可持续发展，技术创新虽然可以使资源型地区和非资源型地区差距收敛，但只有技术创新率大于资源衰减率时资源诅咒才能破解。虽然我国城市层面资源诅咒并不存在，却存在潜在的资源诅咒威胁，破解资源诅咒的根本路径应该是采用非资源依赖型的经济增长方式[83]。

三、资源诅咒假设的存在性检验

（一）描述性统计

本书进行了定性荟萃分析，以检验我国自然资源丰裕度和依赖性对经济增长的影响。本书将从以下几个方面来分析这种关系：经济结构和增长背后的驱动力、自然资源环境的作用、社会资本的影响、制度体系维度、地理区位的影响，以及计量经济模型的特征。

遵循 Nelson 和 Kennedy[84] 提供的荟萃分析指南，本书根据自然资源、经济增长、资源诅咒、资源丰富和资源稀缺等关键词在中国知网数据库进行了系统搜索，确定了 106 篇中文期刊文章和 12 篇博士论文，然后进行筛选，剔除非实证的研究，总共产生 52 篇实证类文章，其中 46 篇发表在我国期刊上，6 篇是博士学位论文。为保证分析结果的可信度，剔除了非核心期刊及影响因子较低的论文，并剔除全部博士论文，最终剩下 32 篇高质量论文。32 篇论文发表时间为 2005—2020 年，详细信息见表 2-3。

现有研究主要集中于自然资源丰裕度（或稀缺度）对经济增长的影响及传导机制。每项研究中涉及的具体的自然资源与经济发展的问题从一个资源型城市扩展到多个城市和省份。大部分文献比较注重传统的社会变量和经济变量，对空间区位的因素考虑并不多。

在资源诅咒的研究中，资源种类可以对资源诅咒假设起到决定性的作用，但从资源丰裕度的衡量标准来看，对不可再生资源的关注度较高，而对于可再生资源，如森林和水资源则较为缺乏。所选文章中，对采矿业研

表 2-3　研究自然资源与经济发展的 32 篇文献信息

序号	作者	研究的时间区间	研究的地理区位	研究的资源	衡量标准	是否存在资源诅咒	计量模型	观测值
1	徐康宁、韩剑[38]	1978—2003年	25个省份	煤炭、石油、天然气	资源丰裕度指数=省煤炭基础储量/全国煤炭基础储量×75%+省石油基础储量/全国石油基础储量×17%+省天然气基础储量/全国天然气基础储量×2%	是	OLS[①]	650
2	徐康宁、王剑[85]	1985—2003年	29个城市	煤炭、石油、天然气和铁矿石	煤炭、石油和天然气的产量[a]	是	GLS[②]	261
3	张菲菲、刘刚、沈镭[50]	1978—2004年	30个省份	水、土地、森林、能源、矿业	某资源储量除以总储量[a]	是	OLS	810
4	胡援成、肖德勇[86]	1999—2004年	31个省份	矿业	采矿基础设施投资除以固定资产投资总额[a]	是	GLS	186
5	邵帅、齐中英[6]	1991—2006年	10个省份	煤炭、石油等能源	能源工业产值占工业总产值的比重	是	FGLS[③]	160
6	徐盈之、胡永舜[87]	1987—2007年	1个城市	矿业	能源开发强度，即采掘业部门的投入水平[d]	是	OLS	21
7	邵帅[88]	1997—2007年	28个城市	煤炭	采矿行业从业人员数除以总就业人数[a]	是	GLS	308
8	孙永平、叶初升[89]	1997—2008年	190个城市	矿业	采矿业雇用的劳动力除以总劳动力[d]	是	GLS（RE）[④]	2090
9	周晓唯、茱慧美[90]	1990—2009年	1个自治区	煤炭、石油和天然气	采矿能源年产量[a]	是	OLS	10
10	孙永平、叶初升[91]	2003—2007年	198个城市	矿业	采掘业雇用的劳动力除以总劳动力[d]	是	GLS（RE）	990

续表

序号	作者	研究的时间区间	研究的地理区位	研究的资源	衡量标准	是否存在资源诅咒	计量模型	观测值
11	靖学青[92]	2004—2009年	31个省份	矿业	采矿业的固定资产投资除以固定资产投资总额[a]	否	GLS	186
12	韩健[93]	1990—2010年	12个省份	煤炭、石油和天然气	能源行业的固定资产投资除以固定资产投资总额	是	动态FE[⑤]面板	252
13	陈浩、方杏村[94]	1998—2011年	23个城市	矿业	采矿部门雇用的劳动力除以总劳动力[a]	是	面板数据（FE, RE）	322
14	宋瑛、陈纪平[95]	2000—2010年	31个省份	矿业	采掘业的就业人数除以总人口[a]	否	OLS	341
15	邓伟、王高望[96]	1990—2010年	28个省份	矿业	采掘业产值除以GDP[a]；采掘业增加值除以GDP	不确定	动态FE面板	588
16	杨莉莉、邵帅、曹建华[97]	1993—2010年	31个省份	矿业	采矿业产值除以工业总产值[a]	是	空间面板（SL[⑥], SE[⑦]）	558
17	田圭华[98]	2005—2011年	285个城市	矿业	采矿部门雇用的劳动力除以总劳动力[a]	否	OLS	1995
18	贺俊、范小敏[99]	1997—2011年	30个省份	矿业	采矿业的固定资产投资除以固定资产投资总额[a]	是	FE面板数据	465
19	王石、王华、宗尧[100]	1993—2012年	28个省份	矿业	采矿部门雇用的劳动力除以总劳动力[a]	是	动态面板（GMM）	560
20	黄新颖、马颖[101]	1997—2014年	7个城市	石油	石油行业雇用的劳动力除以总劳动力[d]	是	动态面板（GMM）	126

续表

序号	作者	研究的时间区间	研究的地理区位	研究的资源	衡量标准	是否存在资源诅咒	计量模型	观测值
21	余鑫、傅春、杨剑波[102]	1992—2013年	6个省份	矿业	采掘业产值除以工业总产值[a]	是	OLS	132
22	黄悦、李秋雨、梅林等[103]	1999—2012年	20个城市	钢铁和伐木业	采矿部门雇用的劳动力除以总劳动力[a]	是	GLS（RE）	280
23	张在旭、薛雅伟、郝增亮等[104]	1997—2012年	10个城市	石油和天然气	石油、天然气行业劳动力除以城市总劳动力[d]	是	GLS（GMM）	160
24	薛雅伟、张在旭、李宏勋等[105]	1999—2013年	30个省份	矿业	采掘业从业人员数除以城市总就业人数[d]	是	GLS（GMM）	255
25	何雄浪、姜泽林[106]	1994—2012年	30个省份	煤炭、石油和天然气	煤炭、石油和天然气行业的总产值除以国家总就业人数及行业总产值[a]	是	2SLS[8]	570
26	赵领娣、徐乐、张磊[107]	2003—2013年	286个城市的99个行政区域	矿业	采矿部门雇用的劳动力除以总劳动力[a]	是	动态面板（GMM）	990
27	薛雅伟、张在旭、王军[79]	1999—2013年	15个省份	采掘业[9]	资源产业空间集聚[d]	是	GLS（GMM）	210
28	万建香、汪寿阳[44]	1998—2013年	31个省份	采矿业	（1）资源出口量（2）采矿业就业人数比	否	门限回归模型	465

续表

序号	作者	研究的时间区间	研究的地理区位	研究的资源	衡量标准	是否存在资源诅咒	计量模型	观测值
29	周晓博、魏玮、董璐[57]	2003—2014年	109个城市	耗竭性矿产资源	采矿业从业人数占城市从业人员总数的比重 d	不确定	系统GMM	1308
30	陈运平、何珏、钟成林[108]	2014—2016年	30个省份	能源、金属、非金属类矿产资源	每种资源的权重×每种资源的标准化储量的和 a	是	门限回归模型	390
31	李江龙、徐斌[68]	2003—2012年	275个地级市	采掘业	采掘业从业人数的对数值	是	系统GMM	2750
32	孟望生、张扬[109]	2003—2017年	30个省份	采掘业	采掘业固定资产投资占全社会固定资产投资的比重 d	是	Tobit回归模型	450

注：a 代表自然资源丰裕度；d 代表自然资源依赖度。

①OLS 为普通最小二乘法。

②GLS 为广义最小二乘法。

③FGLS 为可行性广义最小二乘法。

④RE 为随机机效应模型。

⑤FE 为固定效应模型。

⑥SL 为空间滞后模型。

⑦SE 为空间误差模型。

⑧2SLS 为二阶段最小二乘法。

⑨根据1984年国家统计局发布的《国民经济活动行业分类与代码》(GB 4754—84)，采掘业主要包括固体矿山，液体矿山和天然气的开采。2002年，在《国民经济活动行业分类与代码》(GB/T 4754—2002)的第二版中，采掘业的名称改为采矿业，主要包括黑色和有色金属采矿，油气开采和洗涤业。煤矿开采和洗涤业、石油天然气开采、黑色金属采矿和非金属金属开采。

究的最多，如对煤炭、石油和天然气的研究。仅有少数几篇文章涉及可再生资源，如森林资源和水资源。资源诅咒是否存在的区域分布见图 2-2。

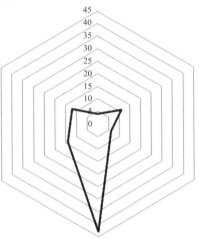

存在资源诅咒的省份：湖北省、安徽省、江西省、四川省、辽宁省、吉林省、西藏自治区、河南省、黑龙江省、贵州省、青海省、宁夏回族自治区、新疆维吾尔自治区

资源诅咒不确定的城市：鞍山市、通化市、大庆市、伊春市、黑河市、东营市、盘锦市、克拉玛依市、濮阳市、松原市、延安市、毕节市等

不存在资源诅咒的城市：沈阳市、大连市、丹东市、锦州市、营口市、辽阳市、朝阳市、长春市、四平市、白城市、哈尔滨市、齐齐哈尔市、佳木斯市、绥化市等

不存在资源诅咒的省份：江苏省、浙江省、上海市、福建省、天津市、北京市、山东省、河北省、重庆市、海南省、广西壮族自治区

资源诅咒不确定的省份：广东省、山西省、陕西省、甘肃省、湖南省、内蒙古自治区

存在资源诅咒的城市：抚顺市、本溪市、阜新市、葫芦岛市、吉林市、辽源市、白山市、鸡西市、鹤岗市、双鸭山市、七台河市、牡丹江市、铁岭市、邢台市、大同市、朔州市、阳泉市、长治市、晋城市、乌海市、赤峰市、徐州市等

图 2-2　资源诅咒是否存在的区域分布

（资料来源：根据 Zhang 和 Brouwer[110] 的研究重新绘制。地区分布是文献中明确提到的城市或者省份，没有明确指明的均不在此图中展示）

（二）自然资源与经济发展关系的多维检验

1. 经济增长维度

从经济增长维度来看，GDP 相关变量是常用的经济增长的衡量指标。一半以上的研究采用人均 GDP 增长率作为衡量经济增长的因变量，也有使用其他变量的，如 GDP 增长率、人均 GDP 和 GDP 来衡量经济增长。部分研究将初始 GDP 水平作为控制变量，因为经济初始状态是支撑经济增长的关键因素之一[29]。

孙永平和叶初升[91]发现1992—2007年我国经济发展的特点与经济增长中的传统"经济收敛"理论相一致。该理论表明，人均GDP相对较低的城市将具有绝对优势，并具有更快的经济增长速度[111]。1992年对我国经济来说是特殊的一年。这一年，邓小平视察南方、在中国共产党第十四次全国代表大会上作出重要讲话，明确了建立社会主义市场经济体系的改革目标。随后，我国经济进入快速发展的第二阶段[91]。

为了控制宏观经济波动，赵领娣等[107]引入了时间趋势变量，关注的是我国的资源型城市。加入时间趋势变量有助于滤除宏观经济条件变化对特定时间段内资源型城市经济增长的影响，同时避免与时间相关的因素对其他解释变量的干扰。研究结果发现，自然资源丰富的地区极有可能存在单一资源的产业结构。随着资源产业的扩张和制造业的紧缩，资源配置可能会变得效率低下，并最终影响经济的长期稳定。这可能会导致荷兰疾病和资源诅咒陷阱。一方面，工业对资源的依赖将增加对固定资产的投资；另一方面，资源优势对技术创新、经济开放、人力资本的投资具有挤出效应，最终失去其作为经济增长动力的作用。

有两项研究使用了工业化的解释变量，认为工业化显著推动了经济增长，并且与经济绩效有显著的正相关关系[94, 99]，使用较少第二产业的产出、市场发展程度或私营企业的存在之类的变量，并且这些变量对经济增长的影响具有较大差异。市场发展与石油资源丰富的城市的经济增长有显著的负相关关系。由于我国石油部门的制度结构，私人资本很难进入石油行业。近一半的研究通过该部门雇用的劳动力在总就业中所占的份额或固定资产投资分析了制造业发展对经济增长的影响。

有三项研究特别关注第三产业的发展。研究表明，第三产业的发展对经济增长具有显著的正相关性。但是，在考虑人力资本和技术投入等变量的影响后，发现自然资源与经济增长存在显著的负相关关系。贺俊和范小敏[99]引入了一个虚拟变量的交互作用项，以评估该地区的经济增长是否基于资源，以及不同省份的第一产业、第二产业和第三产业的GDP增长率，来深入调查资源丰裕度、产业结构与经济增长之间的关系。他们发现自然资源丰裕度与经济增长呈负相关关系，而第三产业的发展与经济增长呈正相关关系。资源丰裕度与第一产业和第二产业之间的相互作用项的系数并不显著。另外一项研究则考虑了产业多样化和产业结构对经济增长的影响[57]。产业多样化有利于增强知识溢出效应，弥补区域资源产业发展造成的溢出损失；产业结构的转型升级对绿色经济增长具有重大的积极影响。

在所挑选的 32 篇文献中，实物资本投资和投资率是常用变量。特定年份的有形资本投资或投资率通常以固定资产投资与 GDP 的比率、总投资额或者固定资本存量来衡量。近一半的研究认为，实物资本投资与经济增长之间存在正相关关系。几乎一半的研究将技术进步或研发作为解释变量，如以科技部门雇用的劳动力与总就业人数的比率、科技资本存量数据、科学预算在财政预算中的比例或对研发的投资来衡量。它们的影响主要取决于投入和产出的特定时滞。此外，我国科技创新虽然数量较多，但现有研究成果显示，科技成果转化率不高。

2. 资源环境维度

为了研究自然资源在经济增长中的作用，必须使用常用的指标来衡量自然资源。尽管这些术语有时互换使用，但现有文献中有两种关键的自然资源量度，即自然资源丰裕度和自然资源依赖度。自然资源丰裕度指估算的地下财富或矿产、石油和天然气储量，而自然资源依赖度通常指城市或省份对自然资源开采的财政收入的依赖程度[12]。

资源丰裕度指数通常用特定采矿部门的就业人数与城市或省一级的总就业人数之比来衡量。在所挑选的文献中，自然资源丰裕度还可以通过以下方式来衡量：资本投资水平、有形单位的自然资源存量、以投入产出比衡量的生产规模、自然资源的有形单位产出等。就业和产出这两种方式通常用来衡量自然资源依赖度。

为了研究资源依赖与经济增长之间的关系是线性的还是非线性的，有些学者还具体研究了石油和天然气[104,105]。王石等[100]也更具体地探讨了能源价格、资源依赖和经济增长之间的关系，发现能源价格增长率是影响资源诅咒的重要因素。徐盈之和胡永舜[87]进行了一项较早的研究，以检验能源价格对经济增长的影响。这项研究的主要能源是煤炭，他们发现，西部大开发战略增加了制造业投资并促进了经济发展，而能源价格上涨带来的红利并没有促进经济发展，当加入资源丰裕度和消费者价格指数（consumer price index, CPI）的交互作用项时，发现资源诅咒并不存在，反而出现了资源福利的现象。这与 1998 年之后的资源价格上涨密切相关，而这种正向关系在 1997 年之前并不明显。后者的价格上涨可能是由于1998 年后我国重工业的发展，导致对能源和原材料的需求增加[96]。

资源依赖度和经济增长之间呈明显的倒 U 型关系，只有当自然资源遭到过度开采，资源诅咒才会出现，资源优势并非总是经济增长的阻碍，但是对于非资源型城市来说，资源依赖和绿色经济增长之间存在负相关性，但并不是特别显著。资源丰裕度对区域经济增长的影响也存在差异性[108]，且受经济周期的影响较大。经济繁荣时，资源依赖会促进经济增长，但是经济衰退期，资源依赖会阻碍经济增长[57]。陈运平等[108]将资源分为完全资源、能源资源、金属资源和非金属资源，资源诅咒的结果也存在显著差别。环境规制对提升绿色经济增长水平有促进作用，而技术的创新和清洁能源的生产和消费同样对提升绿色经济增长效率十分重要。

3. 社会资本维度

人力资本变量（如劳动力规模和研究区域的总人口的教育水平）是常用变量。胡援成和肖德勇[86]使用了一个测量人力资本阈值的假设与自然资源丰裕度之间的交互项。研究结果表明，自然资源丰裕度系数显著为负，而交互作用项系数显著为正。这一发现表明，人力资本投资只有在超过特定阈值时，才有可能推翻资源诅咒现象。

赵领娣等[107]还加入了自然资源依赖与人力资本之间的交互作用项，以分析资源依赖与经济增长的关系。研究结果表明，尽管资源依赖系数为负，但在资源依赖较低的地区，人力资本与经济增长呈正相关关系。但是，它对资源依赖程度高的区域影响不大。交互作用项的系数是显著为正的，但是当包括时间趋势变量和其他控制变量（如外商直接投资和资本投资）时，对经济增长的积极影响仅在资源依赖程度较低的地区才显著，而总体上资源对经济增长的依赖性保持不变。

有时还可以通过在回归模型中纳入受教育程度来评估劳动力质量。如果将员工的平均受教育年限包括在内，则资源诅咒效应会降低[106]。在随后的研究中，以煤炭、石油和天然气部门的就业人数与制造业部门的总就业人数之比来衡量自然资源丰裕度，并引入该指标与劳动力数量之间的交互作用项，该系数显著为负，但是资源丰裕度与受教育年限之间的交互作用的系数为正。该研究结果表明，劳动力质量的提高可以减轻资源诅咒的影响，甚至可以使自然资源的获取成为该地区的福祉。但也有研究结果表明，人力资本对绿色经济增长虽然有促进作用，但结果并不显著，主要原因在于教育投入水平不足，人力资本综合水平偏低，区域差异较大。社会化的内生资本会影响到技术创新和经济的发展水平，而这种交叉效应的引入，会使社会资本加速将优质劳动力引入科创部门，并最终打破资源和经济之间的资源诅咒，甚至将资源诅咒变成资源福利[44]。

4.制度体系维度

制度结构对经济增长的作用有时难以衡量，主要是不同研究使用了不同的衡量标准，而且很难概括这些变量的影响，从而导致其统计学意义和对经济增长的影响方向不同。近50%的研究发现制度结构与经济增长之间存在正相关关系。但是，并不是所有的结果都具有统计学意义，特别是按进出口占GDP的比例衡量时，有可能存在负面影响。在我国中部地区，制度性市场特征对经济增长的影响被认为是微不足道的，但由于可能的寻租行为和由垄断资源引起的腐败能限制经济发展[102]。

政府廉洁度指标用来衡量制度体系，但用得较少。该指标是用每万名公职人员中腐败案件的数量占GDP的比率来表示的，该指标结果越大，说明政府的腐败程度越严重。政府廉洁对资源和经济增长的关系产生了积极影响，该变量的加入使资源诅咒现象得到有效缓解，资源丰裕度和经济增长之间的负弹性系数均变小，但是影响的方向却始终没变，这说明政府廉洁度在短期内并不能从根本上改变资源对经济增长的阻碍[108]。部分文献的制度结构变量是以外商直接投资与GDP的比率或进出口总量与GDP的比率来衡量的。这两项指标均用于衡量我国经济的开放程度。

通常来说，制度质量的衡量标准如下：①基于对决定经济开放性的因素（如财政收入、经济市场的发展水平等）进行主成分分析得出的总值[87, 90]；②私营部门雇用的劳动力与总就业人员的比率[101]；③政府廉洁度指标，用每万名公职人员中腐败案件的数量占GDP比值来表示，该比值越大，说明政府廉洁度越低，腐败程度越高[108]。此外，也有学者使用城镇个体和私营经济从业人员占总就业人员的比重来衡量制度质量。政府干预的程度可以在一定程度上通过政府支出在GDP中的比重来衡量[86,89,97]。几乎一半的研究文献认为制度质量可对经济增长产生积极影响，而另一半的文献则得出了相反的结论。

经济开放程度对经济发展有双面影响，有研究表明经济开放可以改善城市或省的经济绩效，对经济增长有正的影响[57]，也有研究得出了相反的结果[103]。邓伟和王高望[96]使用我国特定行政区域内自然资源丰裕度和经济开放度的交互项变量，来反映资源丰裕度对经济增长的边际影响是否取决于经济开放度。通过使用进出口与 GDP 的比率，发现经济开放存在阈值。他们仅在区域开放度变量超过此阈值时验证到资源诅咒，这可能是由于矿物产品的生产旨在满足国内市场的需求这一事实。关于制度结构对石油行业经济增长的重大影响，有研究开始考虑时间虚拟变量。通过考虑时间趋势虚拟变量来说明石油市场的变化，该数据在 1997—2002 年为 0，在 2003—2013 年则为 1。石油行业于 1998 年进行了重组，市场体系的改革于 2002 年完成。通过加入该时间虚拟变量，试图更好地了解行业结构对经济增长的影响。黄新颖和马颖[101]继续了这项研究，并使用相同的模型结构将研究区间从 1997 年延长至 2014 年。

5. 地理区位维度

越来越多的研究关注空间效应，如将到重要港口、省会城市或一线城市（如上海）的距离或特定的位置变量作为解释因素。徐康宁和韩剑[38]认为地理位置的确是影响经济增长的重要因素。为此，孙永平和叶初升[89]等学者在其经验模型中加入了区位的虚拟变量。宋瑛和陈纪平[95]也引入了虚拟变量，以衡量采矿业自然资源对我国中西部地区经济增长的影响。

其他空间变量包括：①与我国最重要的港口城市的最短距离，以研究获得商业运输机会和世界市场对经济增长的影响；②与中央直辖市和省会城市的最短距离，研究周边大城市对经济增长的影响；③与我国的主要城市的最短距离，如上海、香港和天津。结果表明，这些空间变量的加入有助于进一步完善经济增长的地理位置，并减少对诸如我国东部沿海地区等区域自然资源的依赖[89]。黄新颖和马颖[101]也考虑了区位因素，特别是东北资源型城市到省会和中部地区城市的距离。模型估计结果认为，地理位置越远，自然资源对经济增长的影响就越大。孙永平和叶初升[89]发现地理位置对经济增长的影响并不是线性的。一个城市对自然资源的依赖程度越低，与我国主要港口、中心城市和主要区域经济中心的距离越近，其经济增长就会越快。但是，我国东部地区的经济增长并不太依赖自然资源。

何雄浪和姜泽林[106]区分了资源型地区（即存在大量煤炭、石油和天然气的中西部省份）和非资源型地区（主要指我国东部省份）之间的区别，并表明地理距离与经济距离不同。地理距离是通过虚拟变量测得的，如果数据是基于资源的省份，则取值为 1，否则为 0，而经济距离是根据差旅成本、差旅时间或区域之间人均 GDP 的差异计算的[112]。

6. 模型论证维度

在所挑选的 32 篇文章中，用于衡量自然资源对经济增长影响的计量经济学模型是回归模型，采用 OLS、GLS 或 2SLS 回归方法。不同的模型得出不同的结论。有关更多详细信息，请参见表 2-4 和表 2-5。在大多数情况下，资源诅咒存在的概率较大。

表 2-4　32 篇文献中使用的不同计量模型统计

数据类型	模型类别				总计
	OLS	GLS	2SLS	其他①	
时间序列	2（2：0：0）②	0	0	0	2（2：0：0）
截面数据	3（1：2：0）	1（1：0：0）	0	1（1：0：0）	5（3：2：0）
面板数据	6（4：2：0）	10（9：1：0）	1（1：0：0）	8（6：0：2）	25（20：3：2）
总计	11（7：4：0）	11（10：1：0）	1（1：0：0）	9（7：0：2）	32（25：5：2）

①这些研究未指定模型类型，而是根据可用的数据结构构建回归模型。一些研究使用基于横截面和面板数据的逐步回归方法，其他研究则使用逐步回归模型来缓解潜在的内生性。

②括号（1：2：3）中的数字分别表示资源诅咒存在、资源诅咒不存在、资源诅咒不确定。

徐康宁和韩剑[38]最早尝试检验我国的资源诅咒假设。他们测量了资源丰裕度，即每个省的煤炭、石油和天然气储量与这三种能源在国家一级的总储量之比。随后使用四分位数分析，将数据集按大小排序并分为 4 个相等的部分，以评估自然资源丰裕度与经济增长率之间的关系。在此分析的基础上，徐康宁和王剑[85]使用 GLS 回归模型对资源丰裕度与经济增长之间的相关关系进行建模，将不同年份、不同省份的经济增长率与采矿和制造业的投入相关联，并与预期会影响经济增长的其他解释变量（如研发投资、教育投资和体制结构等）相关联。空间计量经济学于 2011 年被采用以验证资源诅咒是否存在，如 SL 模型和 SE 模型，这解释了观测误差引起的区域溢出效应。随后，空间计量模型多次被用于验证资源诅咒的存在。

表2-5 模型方法相关信息一览表

模型	估计过程			空间分析			数据类型			是否存在资源诅咒		资源类型			文献编号
	GMM	FE	RE	SL	SE	SD	面板数据	时间序列	截面数据	是	否	不可再生资源	可再生资源	未指明	
OLS							√			√		√			3
OLS									√	√			√		1
OLS									√		√	√[e]			14
OLS									√		√	√[e]			17
OLS								√		√		√			6
OLS								√		√		√[m]			9
OLS							√			√		√[e]			21
OLS	√						√				√	√[e]			31
OLS（Tobit模型）							√			√		√[e]			32
OLS（门限回归模型）							√			√		√[e]			30
OLS（门限回归模型）							√			√		√[m]			28
GLS		√					√			√		√[m]			7
GLS			√				√		√	√		√[e]			5
GLS							√			√		√			2
GLS							√			√		√[e]			4

续表

模型	GMM	FE	RE	SL	SE	SD	面板数据	时间序列	截面数据	是	否	不可再生资源	可再生资源	未指明	文献编号
GLS			✓				✓			✓		✓[m]			10
			✓				✓			✓		✓[m]			8
			✓				✓			✓			✓		22
	✓						✓			✓		✓			27
	✓						✓				✓	✓			11
	✓						✓			✓		✓			24
	✓						✓			✓		✓			23
2SLS	✓						✓			✓		✓[m]			25
		✓					✓			✓		✓[m]			13
		✓							✓					✓	12
其他	✓						✓			不确定		✓[e]			15
		✓					✓			✓		✓[m]			26
	✓						✓			✓		✓[m]			19
	✓						✓			✓		✓			20
				✓	✓		✓			不确定		✓[m]			16
		✓		✓			✓			不确定		✓			18
	✓						✓			不确定		✓[m]			29

注：m 代表采矿业，e 代表采掘业。

　　然而模型使用的方法不同，资源诅咒是否存在的结论也存在差异性。孟望生和张扬[109]通过省级面板数据分析了我国自然资源禀赋对绿色经济增长的影响，他们基于数据包络分析的框架，采用非径向方向距离函数，测算了省级层面的绿色经济增长效率，并以此结果为基础，结合采掘业固定资产的数据，构建了面板数据模型，选择 Tobit 模型分析了我国省级层面自然资源禀赋对绿色经济增长效率的影响。实证结果显示，自然资源禀赋对绿色经济增长效率存在一定的抑制作用，即存在资源诅咒效应，而自然资源禀赋对技术创新具有明显的挤出效应，技术创新有利于绿色经济增长，但是技术引进可能会抑制绿色经济增长效率。要实现经济的绿色发展，需要注重资源利用的效率和环境的改善。

　　通过可决系数 R^2 测得的 SL 模型和 SE 模型的解释力似乎高于相同的 OLS 模型。此外，SE 模型的可决系数高于 SL 模型。空间计量经济模型得到了进一步扩展，SL 模型和 SE 模型扩展为空间滞后面板数据模型（SLPDM）和空间误差面板数据模型（SEPDM）。后者结果的可靠性优于 SL 模型和 SE 模型。

　　许多研究采用逐步回归方法来避免多重共线性[86]，而其他研究[88]则采用基于加权横截面数据的 GLS 来消除可能存在的异方差。另一个重要挑战是内生性和遗漏解释变量偏误。荟萃分析中仅有几项研究通过以下三种方式解决了内生性，即通过运用完全修正的普通最小二乘法（FMOLS）、GMM 和工具变量法（Ⅳ）分析。

　　FMOLS 估计从其真实值纠正了不足，并克服了内源性和与序列相关的问题[102]。静态面板估计容易忽略导致估计误差的动态因素，如忽略解释变量中滞后项的影响。动态面板数据模型可以通过添加解释变量的滞后项来有效控制此类内生性问题，以更好地捕获和反映动态经济行为。GMM 和 Ⅳ 是两种最常用的动态面板分析方法。由于用于计算资源丰裕度的比率方法（如采矿中的就业人数与总就业人数的比率）可能会产生内生性问题，因此大多数研究使用 Ⅳ 对此进行控制。

　　例如，邓伟和王高望[96]将年炉渣（矿石熔化或精炼过程中从金属中分离出的石质废料）与总就业人数之比作为工具变量。在将此 Ⅳ 运用到估计方程后，自然资源丰裕度和区域开放度的交互项的系数略有变化，这表明实证结果是可靠的。何雄浪和姜泽林[106]将三个省份的主要自然资源开发部门的企业总数（各省煤炭、石油和天然气企业）作为工具变量。将 Ⅳ 运用到估计方程后，这些变量的结果将变得更加重要。宋瑛和陈纪平[95]

将采掘业的就业人数与每个省的总人口之比用作衡量区域资源丰裕度的工具变量，并找到了自然资源福利的经验证据。

（三）自然资源抑制经济发展的主要原因

通常意义上，石油、矿产等自然资源丰裕的国家并没有更好的经济表现，主要原因包括资源价格的波动、对制造业的挤出效应、专制或寡头机构的存在及荷兰病效应等。自然资源并不直接抑制经济增长，自然资源应得到充分利用且发挥最大价值，进而促进经济增长[113]。在对搜集到的我国相关文献的荟萃分析中，我们发现 25 项研究证实了在省市级层面，特别是在我国中部、西部和东北地区存在自然资源对经济发展的抑制作用。在发现自然资源对经济发展具有抑制作用的 25 项研究中，几乎有一半集中在省级层面，而另一半集中在城市层面。大多数研究认为，我国东部地区自然资源对经济发展没有抑制作用，或者自然资源禀赋与经济增长之间的关系不显著。在五项研究中没有发现自然资源抑制经济发展的经验证据，这五项研究表明，自然资源对经济的抑制作用的存在取决于特定条件的普遍性，如取决于经济周期或者对自然资源的开采程度。

自然资源抑制作用的经济机制主要有五种：第一，如先前文献所述，丰富的自然资源可能导致自然资源产品的出口增加和资源产业的扩张，这增加了产业结构单一和对其他制造业投资不足的风险。第二，自然资源的收入可能会减少对物质和人力资本、科学技术的投资。第三，对资源的依赖有望影响对全球市场的开放程度，并降低我国的外商直接投资和其他投资水平。这些因素可能会严重影响潜在的荷兰病现象，从而影响我国的地方或区域经济发展。第四，现有的产权结构，包括法律制度和市场规则，也可能发挥重要作用。在这种情况下，高昂的资源租金可能导致寻租行为并可能导致腐败，从而损害经济发展。这可能是导致经济发展受到自然资源限制的原因。第五，那些基础设施差、交通运输薄弱且现有市场竞争能力有限的城市或省份更容易出现这种所谓的资源诅咒现象。

根据现有文献，自然资源抑制经济发展的主要原因可以归结为五大维度，分别是自然资源维度、经济增长维度、社会资本维度、地理区位维度和制度体系维度，如表 2-6 所示。

表 2-6　自然资源抑制经济发展的主要原因

主要原因分组	资源诅咒存在的具体原因
自然资源维度	荷兰病效应
	挤出效应
	资源依赖
	资源开发
经济增长维度	产业结构
	第三产业的发展
	物质资本投资
	制造业投资
	外商直接投资
	固定资产投资
社会资本维度	人力资本或教育
	劳动力质量
	科技创新
地理区位维度	资源产业空间集聚
	区位交通
制度体系维度	制度效应
	政府干预
	经济开放度
	规模不经济
	生态环境效应

　　由于在样本和指标选取上存在偏误，自然资源是否真的抑制了经济发展并不能真正得到验证，传导路径也值得商榷[114]。国家或地区的实践证明，资源有可能是福音也可能是诅咒，关键看制度是否合理，以及利益分配机制是否完善[115]。资源丰裕度和经济增长呈正相关关系，但资源依赖度却是资源诅咒产生的重要原因，产业结构虽然可以在一定程度上调整经

济增长对资源的依赖，但不够稳定。而通过实证发现，资源诅咒在我国城市层面并不成立，且资源丰裕城市对其他城市具有正向的溢出效应，也可以促进其他城市的工业化发展[116]。资源对经济增长到底是红利还是诅咒，取决于政策制度或者人[117]。制度安排会通过影响资源贫乏地区的人力资本和物质资本投入，进而对经济增长产生影响[118]。丰裕的自然资源限制了经济发展，主要原因是资源丰裕区的产业通常集中在干中学效应较小的资源部门，只是按照仅有的资源禀赋来被动确认自己的定位[119]，且资源通过对物质资本、人力资本、科技研发和第三产业等来制约经济增长，资源与经济发展出现悖论[120]。而荷兰病效应、人力资本投入不足和制度效率低下是资源诅咒的作用机理。

目前我国的资源诅咒研究成果尚未形成体系，需要经济学家尤其是地理学家从区位空间的角度进行深入研究[121]。资源匮乏的国家或地区往往靠技术和制度创新实现经济增长，而资源丰裕的国家则容易陷入资源诅咒陷阱[122]。由于每个地区都有自己独特的优势和劣势，我国必须通过考虑这种存在的差异来逃避资源诅咒；在我国西部地区，可以通过改善教育、促进高科技产业及调整经济战略以平衡区域发展，从而实现社会经济的可持续发展[123]。

第二节　森林资源与经济发展水平

一、森林资源丰裕度的衡量

对于森林资源丰裕度和依赖度的衡量，目前并没有统一的标准。森林资源丰裕度和资源依赖度对经济增长所起的作用是不一样的。森林资源有其复杂性和特殊性，精准衡量才能更好地进行社会经济研究。有的学者通过以下三个指标来衡量地区的森林资源丰裕度：第一，森林覆盖率是否大于30%；第二，人均林地面积是否大于0.33公顷；第三，人均蓄积量是否小于10立方米[124]。也有的学者以人造林面积[69]或者人均森林蓄积量[125]来衡量森林资源丰裕度。目前针对森林资源依赖度的研究并不多，有的学者以传统资源诅咒研究为基础，将林业从业人数占全社会从业人员总数的比例作为森林资源依赖度的衡量标准[125]。以上学者均考虑了森林资源的数量及质量的物质特性，而没有考虑森林资源生态经济功能的非物质特性。因此，从林地、林木的数据和质量方面的物质特性，以及林业经济发展方面的非物质特性综合衡量，才能比较全面且客观地反映森林资源的丰裕度[126]。相关数据往往来自国家或地区公开发布的统计数据或者实地调研数据；但往往因为数据的可得性，关于森林资源丰裕度的衡量，在考虑森林资源变动的情况下，有的学者采用了存量性质指标，如森林覆盖率和林地面积，有的学者采用了流量性指标，如采伐率、造林面积、木材产量等[127]。森林资源丰裕度和森林资源依赖度衡量见表2-7。

表2-7　森林资源丰裕度和森林资源依赖度衡量

一级指标	二级指标	度量指标
森林资源丰裕度	人均资源占有量指标	人均森林蓄积量、人均林地面积（>0.33公顷）、人均蓄积量（≥10立方米）[124]
	森林资源物质指标	活立木总蓄积量、森林覆盖率、活立木蓄积量[126]
	森林资源非物质指标	林业总产值、林业二三产业产值比例、林业企业人员收入[126]
	森林资源的存量指标	森林覆盖率（>30%）[124]、林地面积[127]
	森林资源的流量指标	采伐率、造林面积、木材产量[127]、人造林面积（平方米/人）[69]
森林资源依赖度	相对值指标	林业从业人员数占全社会从业人员总数的比例[125]

二、森林资源与经济发展水平的总体识别

关于森林资源影响经济发展的研究文献中，森林资源是否抑制经济发展的结论并不确定，主要有以下几种观点：森林资源促进了经济发展；森林资源抑制了经济发展；森林资源与经济发展呈非线性关系。

从区域层面来看，黑龙江省的森林资源在我国是比较丰富的，森林面积大，总量居全国第一位。黑龙江省的森林资源和经济增长有特定的趋势，过熟林和天然林蓄积与人均GDP成反比，而森林面积、人工林面积、人

工林蓄积、幼龄林蓄积、中龄林面积和中龄林蓄积、天然林面积都与人均GDP成正比[125]。北京作为我国的首都，经济发展水平位居全国前列，并在努力建设生态城市，实证研究发现，北京森林资源和经济发展水平之间具有十分紧密的关系，活立木蓄积量、森林覆盖率在1978—2006年呈曲线增长趋势，增长速度由慢变快，森林蓄积量与人均GDP之间先随经济增长而增加，但增幅逐渐由小变大；而林木采伐量与人均GDP的关系较复杂[128]。山西的森林资源和经济增长呈正相关关系。具体而言，森林蓄积量、森林覆盖率、人工林面积、森林面积均和人均GDP呈正向关系[129]。

从县域层面来看，森林资源对经济增长具有一定的抑制作用[69]。谢煜和王雨露[130]从森林资源诅咒的存在性、传导机制和破解对策对国内外的文献进行了梳理。随后，王雨露和谢煜[131]利用我国1976—2017年29个省级行政区的数据，通过聚类分析，对我国省级层面的森林资源诅咒效应进行了研究。

从全国层面来看，为了促进森林资源与经济增长的协调发展，森林资源的利用和开发与经济增长之间倒U型的关系得到了验证，并从森林资源禀赋和社会经济发展程度的角度，分析了经济发展对森林资源造成的压力。基于全国第七次森林资源的清查数据，改革开放到2008年我国森林资源与经济增长呈共同增长的趋势，但二者之间的环境库兹涅茨曲线的关系并不能得到证实[127]。森林对我国的可持续发展至关重要，近年来，森林资源的有效利用已成为我国关注的重要问题。Hao等[51]基于环境库兹涅茨曲线（EKC）假设，利用中国30个省份2002—2015年的面板数据和GMM检验森林资源与经济增长之间的关系。实证结果表明，随着经济的持续增长，木材产量和造林面积在达到相应的拐点后会先增加后减少，森林资源存在环境库兹涅茨曲线。

研究结果表明，中国追求更平衡的增长路径，减少森林资源的开发利用和积极保护森林资源的政策，产生了积极的影响。森林资源诅咒的验证主要从森林资源丰裕度和森林资源依赖度两个方面来衡量。研究结果证明，森林资源丰裕度与经济增长呈正相关关系，资源诅咒并不存在；林业政策改革前，森林资源与经济增长呈负相关关系，1998年林业政策的转变在很大程度上缓解了森林资源对经济增长的负向作用。森林资源对经济的影响也分为长期效应和短期效应。考虑森林资源的物质特性与非物质特性，从单一指标来分析森林资源的丰裕度，森林资源呈现明显的区域分布不平衡的特点，区域间森林资源变化呈现一定的趋同性[126]。

关于森林资源与经济增长的关系，国外学者的研究多停留在某一年的截面数据上，因此不能直接证明人均收入的增长能带来森林面积的增加。世界森林总面积呈下降的趋势，但是印度的森林覆盖率有所增加。为了验证与人口增长和收入增长相关的林产品需求的增加会不会促进森林资源的增长，Foster 和 Rosenzweig[132]利用印度村镇层面 29 年时间跨度的数据，证明了农业劳动力的扩张和收入的增长并没有带来森林覆盖率的增长。林业曾是印度尼西亚新秩序经济时期重要的经济支柱，林业资源的开采对经济和社会的发展有重要的作用，且为该国收入增加提供了最简单的方法[133]。着眼于森林问题，将资源诅咒假设扩展到环境退化——森林禀赋如何影响森林砍伐？实证结果表明，拥有较高森林覆盖率和较多林业部门的国家似乎比其他国家森林砍伐更多，因此会获得更多的收入。这一结果支持了环境资源诅咒的假设，但是，对于重要的木材认证过程中，国家森林砍伐率较低[134]。在欧洲森林增长的研究上，森林所有者的收入及森林工业的利润随着时间的推移而增加[135]。环境经济学中始终没有解决的问题之一是森林砍伐的环境库兹涅茨曲线。经济体在初始增长期间会充分利用其环境资源，但随着经济进一步增长超过某个水平，环境衰退会达到一个转折点。与环境资源不同的是，森林砍伐与二氧化碳有密切的联系，即二氧化碳可以通过重新造林、补充森林基地来缓解，而这些研究与数据、时间的完整性及横截面的覆盖范围有很大的关系[136]。

森林资源会带来生态系统服务价值和经济价值，但存在一定的差异。Perman 等[137]利用经济学和金融学的概念解释了生态系统和经济之间的关系，认为生态系统是对经济增长的生物物理约束，并强调需要用合适的方法以使资源可持续利用和经济可持续发展。基于德国某森林会计数据网络的数据，Wildberg 和 Möhring[138]分析了树种多样性对风险和收益的影响。数据表明，林业企业的树种多样性与收益的波动性呈负相关关系，因此呈现出积极的多元化效应。林业企业观察到的收益波动率低于其基础树种的加权收益波动率。就具体树种而言，云杉产生最高的经济收益，有着最高的绝对波动性，其次是阔叶树和松树。研究结果表明，具有多样化树种组成的林业企业不会产生高回报，但能够在给定的回报水平下将风险降至最低。不断变化的森林干扰制度也对森林的发展构成了重大挑战。对森林的自然干扰会带来一定的经济损失。将森林生产的经验函数和生存模型相结合，可以分析自然干扰给林业带来的具体的经济损失。同时，在极端干扰后，抢救性采伐并不一定会给森林所有者带来重大经济损失[139]。森林资源所带来的生态系统服务和经济价值差异较大，且森林资源的生态系统服务应整体评估而非单独评估特定的服务，而采用估值方法则可能会认为，以木材和生物质能源为目的的工业人工林具有最大的经济价值，这种结论有失偏颇，因为这种方法忽略了森林管理中固有的权衡，忽视了天然林提供的多种生态系统服务。这些发现有助于通过传达与不同森林特征相关的经济价值差异的相关信息来评估全球森林生态系统服务的经济价值，从而有助于为森林管理提供信息[140]。根据 2005—2017 年中东和北非国家的数据回归结果，森林资源开发利用与人均 GDP 之间呈非线性关系，且二氧化碳排放增加了森林的开发利用。此外，城市化水平提升也显著增加了森林资源的开发利用。因此，必须加大投资力度，使用可再生能源，减少对化石燃料的依赖。此外，有必要防止城市化率的蔓延，以减少资源的消耗并延长能源的使用寿命。对中东和北非国家需要实施适当的政策，使农林业、生态旅游和科学研究等经济活动多样化，以此来保护森林资源，而不是直接消耗森林资源[141]。

三、森林资源对经济发展水平的影响路径

在现有的研究中，森林资源对经济发展水平的影响路径主要是产业结构、荷兰病效应、收入和就业、出口及森林的康养价值，进而体现森林的经济价值和保存价值。

森林资源依赖呈现明显的资源诅咒效应，而在缓解资源诅咒的路径上，应提升林业产业效率，努力将森林资源比较优势转为竞争优势，着力调整区域产业结构，加快提升人力资本水平等[125]。在影响路径上，森林资源在收入不平等的层面上对经济发展存在一定的抑制效应，具有明显的区域异质性。森林资源不丰富的地区，经济增长会带来相应的区域收入不平等；森林资源相对丰富的地区，森林资源丰裕度每增加 1%，该区域内的基尼系数将提升 0.005%。对于缓解森林资源诅咒的方式，前者应转变经济增

长方式，后者应重新定位森林资源在经济增长过程中的角色[142]。基于资源诅咒的角度，森林资源丰裕度与区域贫困的关系可以解释为：越是资源丰富的地方，贫困问题越明显。而从贫困的变动趋势来看，贫困变动趋势也存在一定的差异。森林资源不丰富的地区，人力资本是经济增长的主要动力，资源贫乏地区人力资本的提升带来区域经济增长率的变化要高于森林资源丰裕的地区。但从总体上来看，森林资源诅咒并不存在。森林资源丰裕地区的农村居民可支配收入和城镇居民可支配收入均低于同区域内的平均水平，应从森林碳汇的角度建立精准扶贫、低碳发展、补偿机制来提升林农收入水平。此外，退耕还林工程虽然增加了农户的收入，但是拉大了农户总收入的不平等。以生态恢复来提高农民收入的政策要引起人们的高度重视[143]。

森林资源抑制经济发展的一个重要原因是存在荷兰病效应，且从国外的研究来看，有些森林资源较丰裕的国家，如所罗门群岛，其2014年近一半的外汇和1/6的政府收入来自对森林的砍伐，通过伐木增加出口，进而获得收入，但是随着其他国家退出热带原木贸易，原本依靠原木出口生存的国家将面临很大的外援冲击，这将进一步拉大贫富差距，带来经济发展的不平衡[144]。林产品行业应最大限度地提高采伐木材和相关产品的价值，以便在全球市场上具有竞争力。通过林产品供应链的优化模型，将加拿大安大略西北部森林经营单位的林木进行分类，在确定林木质量的前提下，毛利润比不确定的情况要高49%，通过供应链和市场化管理，林木经营的成本和销售损失可以得到有效控制[145]。

收入和就业方面，Li等[146]通过计算增加值、就业和劳动收入来估计全球森林部门对国民经济的经济贡献，他们利用2011年58个国家的数据的投入产出模型，估计主要森林部门的直接影响、间接影响和诱发影响。林业部门通过后向联系在国内部门创造的就业岗位超过了林业部门本身的直接就业岗位数量，林业部门在其他部门产生的间接和诱发的附加值总额也超过了林业部门产生的直接附加值。经济乘数的比较表明，林业子行业的连锁反应各不相同，木材加工子行业的乘数效应普遍高于林业和伐木子行业。研究结果表明，2011年全球森林部门通过直接影响、间接影响和诱发影响总共直接雇用了超过1821万人，并支持了超过4515万个工作岗位。全球森林部门直接贡献超过 5390 亿美元，对世界 GDP 的总贡献超过 12980 亿美元。很多贫困地区的农村人口往往依靠森林和林木系统维持生计。

森林系统的存在与脱贫有较密切的联系。通过对现有文献的搜索，发现森林资源和林木系统主要通过帮助家庭提高收入，提供粮食、健康及人文精神价值来维持福利水平，同时，森林资源也有可能通过使家庭陷入贫困的外部性来降低福利水平。森林资源到底是通过何种路径产生具体的影响取决于当地的地理环境、社会环境、经济环境和政治环境。少数研究发现，森林和树木提供生计多样化和帮助家庭摆脱贫困的好处的证据仍然有限。然而，Razafindratsima 等[147]的研究发现森林和树木提供的生态系统服务在维护福祉和粮食安全方面发挥着关键作用，并有可能为帮助家庭摆脱贫困做出更多贡献。这些研究结果表明，充分发挥森林生态服务系统的作用并进行可持续管理，可以推进持续增加收入的目标。此外，森林还具有吸收颗粒物并提供康养和娱乐的功能，因此，应充分发挥森林的环境功能，对居民进行森林环境功能的教育，并通过居民的支付意愿建立相关的保全基金，以最大化发挥森林资源的经济价值[148]。

依赖森林的农村社区常常会经历人口下降和经济繁荣，因为与木材纤维的采伐、运输和加工相关的技术变革增加了所需的资本投资，同时减少了就业。那么，以森林资源为主要经济驱动力的社区如何增加可用于经济发展的财富呢？van Kooten 等[149]通过检查不同森林管理制度创造更多就业和财富的潜力，特别是包括碳价值的管理选项，探索了这个问题的答案。他们以加拿大的不列颠哥伦比亚省的内陆森林地区为研究区域，因为该地区生产的木材产量和出口价值最大，分析了森林生态系统中收入（以净现值衡量）、就业和碳排放之间的权衡与潜在的协同效应，碳排放用以衡量森林生态健康程度。研究结果显示，没有任何管理策略能够满足所有技术、环境、社会和文化限制，因此应同时提供以森林为基础的经济发展，来防止农村地区的衰落。

第三节　森林资源与经济低碳发展

一、森林资源与经济低碳发展的总体识别

低碳发展是中国乃至全球的共同目标，工业化发展过程中虽然带来了很多经济红利，但是也带来了高污染、高排放等环境问题，中国的产业政策更偏重于支持低碳产业的发展[150]。低碳发展的重要路径之一是实现二氧化碳的减排和全要素生产率的提升，进而提升碳生产率。

自 1990 年以来，我国一直致力于植树造林和森林保护计划，森林资源快速增长。我国森林的动态发展对应对全球气候变化及经济的低碳发展具有重要意义，林业在减缓气候变化和增加区域产值方面具有双重作用。Zhang 等[151]通过分析森林面积、生物量动态及影响毁林和森林恢复的因素，发现自然灾害和经济发展推动了中国森林的转型。经济和人口的增长推动了对林产品的需求，促进了森林砍伐；相反，蓬勃发展的经济推动了政府对森林恢复和保护计划的投资。自然灾害也时常给森林带来毁灭性打击，但同时也刺激当局采取补救性林业政策和计划，最终增加森林资源。我国的造林高峰几乎和重大自然灾害（如洪水、干旱和沙尘暴）的高峰相一致，近 40 年森林面积的增长加强了森林的碳汇功能，而碳汇可以为森林资源丰富的欠发达地区带来经济效益。

减缓全球变暖、实现经济低碳发展是当务之急，也是所有国家的责任。2015 年，《巴黎协定》的缔约方承诺要将全球气温上升控制在 2℃以内，并尽力将气温上升幅度控制在工业化之前的 1.5℃以内。但是目前全球的主导能源依旧是化石燃料，要想将气温升幅控制在 1.5℃以内，必须减少化石燃料的使用，且必须限制石油和煤炭等原料的开采[152]。为满足《巴黎协定》的要求，欧盟为森林碳汇设定了新的目标。如果这些地区限制其森林资源的经济利用，可能会影响欧洲木材使用部门的未来发展潜力及其在新的循环生物经济中的贡献。全球对森林产品和世界其他地区可用森林资源的需求不断增长，但由于森林碳汇的新目标，这些地区的木材采伐和森林工业生产的减少将提高全球木材和森林工业产品的价格，并增加世界森林部门的生产和就业。森林工业生产的下降会使森林碳汇政策的气候减

缓效益大大减少。此外，还可能出现跨部门的碳泄漏，因为部分木材消耗将转向对能源需求更高的竞争材料[153]。

Nakicenovic 和 Lund[154] 在研究中探讨了欧洲如何才能成为第一个"气候中和"大陆的条件，并提出如何加速从化石燃料向可再生能源转型的政策建议。政策制定者应认识到所有参与者和利益相关者对创造低碳能源包容性环境的作用，能源政策的选择应从技术多样性、解决深层复杂性、治理和监管、行为和参与、全球领导力与供应链安全六个方面进行评估，逐步使用清洁能源和绿色能源，提升减排潜力、经济效率及维持社会平衡的能力。能源转型的核心应采用创新技术，而这种创新技术应受到监管且被市场支持，鼓励选择低碳能源，并加大投资，快速发展灵活有效的能源系统，结合碳价，构建一个持续有效的监管系统。全球变暖对全球造成了重大的环境和社会经济影响。森林被细分为不同的脆弱性和恢复力，制定可持续的环境政策有利于监测和减轻气候变化带来的经济损失和损害[155]。

森林管理政策的制定要充分考虑森林资源的归属和利益相关者。Howley[156] 通过对爱尔兰 263 家农场经营者的全国性调查，发现森林所有权目标非常重要，主要取决于经济利益、生活方式导向及多功能利益，经济动机较强的农民更有可能获得间伐林，而生活方式导向的农民则刚好相反。政策制定者可根据森林所有权目标的异质性制定相应的激励措施。木材供应是森林部门模型的重要组成部分。使用木材供应模型可以为每个国家确定每年的森林采伐量、森林资源的年度变化及森林面积的年度变化。研究结果表明：1999—2030 年，全球森林面积将减少 4.77 亿公顷，其中亚洲和非洲的森林面积减少幅度最大。然而，全球森林蓄积量将增加 250 亿立方米，其中欧洲、北美洲和中美洲的增幅最大[157]。但是对于原木市场，如果森林所有者得到足够的补偿，他们的收入不受森林生物多样性保护的影响，即收入对供应弹性不敏感[158]。而日本森林资源的增长有以下特点：日本长期靠木材进口，但日本的森林面积不变而蓄积量却持续增长，其中 82% 左右的森林是人工林且人工林多以私有林为主，可利用的林木资源较多。但是，因为长期的采伐利用不足及林业经营管理不善，日本的森林资源增长质量较低[159]。日本应充分利用定性和定量建模，以使森林管理效益最大化。

森林资源为社区提供经济效益和社会效益。森林资源为我们提供了非常广泛的产品和服务。权衡供给与需求必须比较使用森林资源的成本和收益。但森林产出往往是有竞争性的，如森林砍伐和单一树种人工林的集约化木材管理可能会降低森林的娱乐性和生物多样性价值，而通过市场化价格信号及评估工具可能会使森林资源的效益最大化[160]。在欧洲，森林部门至关重要。然而，森林部门也应对一些环境影响负责，确保这些影响不超过所描述的收益至关重要。根据不同林产品的生命周期进行建模，发现对环境的影响程度并不相同。因此，林业部门可以根据不同类别和生命周期对森林进行管理，以尽可能减少对环境的负面影响[161]。森林管理在减少燃料和未来野火方面的潜在驱动因素和潜在作用存在政策辩论。受到火灾影响的森林恢复轨迹往往面临较复杂的管理挑战。根据与专家协商开发的决策树，并在特定的生态条件下进行森林管理有助于利益相关者了解特定恢复目标的机会成本，并估计森林管理未来的管理投入[162]。

二、森林资源对经济低碳发展的影响路径

森林资源对经济低碳发展的影响路径的研究主要集中在森林碳汇、碳交易、森林生态服务系统带来的经济效益和生态效益等方面。碳汇是中国平衡经济发展与减缓气候变化矛盾的有效措施。森林固碳是调节全球气候的重要生态系统服务之一，同样重要的是碳固存的社会经济共同利益，因为固碳对热带森林保护或恢复的政策有影响。很多学者和政策制定者围绕如何解释和最大化碳封存的共同利益开展研究。了解碳固存潜力与森林类型和动态之间的空间关系可以更好地估计它们的社会经济效益。将碳固存和利益转移相结合，可以更好地推断碳固存的货币成本。通过碳固存可以隔离等量的二氧化碳，固碳的社会成本也会相应提高。通过对固碳的优势及气候变化对国民福利账户的负面影响的测算，可以更好地制订有关固碳和减排的激励计划[163]。

森林碳汇主要是森林吸收大气中的碳，森林碳汇是一种物理特性。森林在固碳方面的作用非常重要。大多数环保组织根据其目标积极保护环境。Lin 和 Ge[164]通过对 139 个国家的面板阈值模型，考察制度自由度与森林碳汇的关系，验证得出森林碳汇与经济发展的 U 型关系。森林碳汇

与经济发展之间的 U 型曲线与环境库兹涅茨曲线相同。在不同经济发展门槛下，制度自由对森林碳汇的影响是非线性的，当国家经济增长放缓时，制度自由会损害森林碳汇，但是当经济发展较高时，存在正效应，即制度自由对森林碳汇的有益作用随阈值的增加而逐渐增大。Lin 和 Ge[165]研究了森林碳汇的环境绩效通过降低减排成本体现在经济价值上。碳交易系统用于展示森林的环境价值和经济价值。通过建立市场模型，评估如何在2030 年之前降低各地区的减排成本，以实现我国碳排放强度目标。结果表明，碳汇交易可以降低减排成本，可以体现森林碳汇的价值。尤其是在我国经济保持中低水平增长并且以发展低碳经济为目标的情况下，具有碳汇功能的全国碳交易市场将更有效地降低碳减排成本。此外，用 SBM 和 Malmquist-Luenberger 指数来衡量我国 30 个地区林业生产力的静态效率和动态变化。生态发展以森林碳汇为理想产出衡量，经济发展以林业产值衡量。利用三阶段数据包络分析（data envelopment analysis, DEA）模型，引入经济和环境因素来调整区域森林碳汇和林业产出松弛量，从及时演化和空间非均衡的角度，对森林生态经济效率和全要素生产力进行分析。结果表明，生态效率和生产力的估计值大于森林的经济发展；中国西南地区的生态经济效率和生产力最高。进而表明，森林收获对环境改善并没有明显影响[166]。

碳交易可以为造林碳汇项目提供必要的资金支持。在碳交易和碳补偿机制方面，吴昊玥等[167]通过 2000—2018 年我国种植业 20 个省份的数据测算了种植业的碳补偿率，并利用空间计量模型分析了碳补偿率的省级差异收敛性，证明碳补偿率存在明显的空间相关性，为分源头、分区域制定碳补偿及减排政策提供了政策建议。曹先磊[168]基于最优投资时机选择理论，采用 Faustmann-Hartman 模型对造林碳汇项目的价值进行测度，认为应发挥好林业在气候变化中的重要作用，并完善碳价格调控机制，未来需建立林业碳汇补贴制度。碳价最理想的状态应该是刚好和碳的社会成本相等[152]。碳交易能有效提升高污染企业的经济绩效，并有效激励企业创新，不断完善我国碳市场建设[169]，碳定价和非化石能源的补贴政策的混合使用能有效降低实现碳排放强度与碳中和目标的成本[170]。

森林管理者应根据森林生态服务指标进行有效管理，并根据社会经济因素的广泛发展，与生态系统服务建立透明的联系[171]。在管理过程中，可以将定性分析和定量分析结合起来。森林部门的定量建模包括许多模型参数，这些参数在建模框架中被视为确定性的，但实际上通常具有高度不确定性。Jåstad 等[172]通过量化的方式研究了挪威森林部门的主要市场不确定性，并分析了它们对挪威森林部门模型研究结果的影响。不确定性来自国际林产品价格和汇率的历史时间序列。而采用定量建模中的概率方法对林业采伐和林业生产水平有重大影响。挪威森林部门最重要的不确定性因素是国际林产品市场的发展，因此，在使用定量建模的方法进行森林资源管理时，应高度重视改进的需求数据。干旱是影响森林生长的压力来源，导致森林所有者的经济损失和社会的舒适性损失。由于气候变化，未来此类自然事件将更加频繁和严重。

在森林管理决策方面，Ovando 和 Brouwer[173]对 20 年来发表的研究进行了全面回顾，研究应用不同的经济方法来解决森林流域管理决策，并评估了这些方法将生态水文和经济系统联系起来时所涉及的复杂性，以进一步将流域服务纳入森林管理决策。Shigaeva 和 Darr[174] 系统研究了 146 篇关于丝绸之路沿线 15 个国家的天然和人工培育的核桃林的社会经济重要性的文章，以全面评估当前的知识状况，确定知识差距并明确进一步研究的优先事项。尽管丝绸之路沿线广泛分布着天然和人工培育的核桃林，但研究发现核桃林显著减少并持续退化，说明过去的森林保护政策和方案往往无效，因此迫切需要新的战略和实施模式来实现森林可持续管理目标。研究结果表明，有利的经济政策、资金充足的国家核桃育种计划和经济激励计划可以有效促进核桃种植园的建立，经济政策和资金投入都对退化土地的开垦和恢复及农业系统的多样化做出了重大贡献。

森林生态系统可以为人类提供有价值的服务。然而许多森林正在退化，其服务价值被低估，主要问题在于森林治理的制度安排不完善。森林治理制度不仅对森林土地利用和土地覆盖有显著的影响，而且对源自森林的生态服务系统的数量和价值也有显著影响。森林的生态服务系统受到替代森林治理制度的不同影响：一些生态服务系统在某些治理制度下数量和价值增加，而在其他治理制度下减少。其中有一种经济估价方法是用碳的社会成本估算森林碳储存和封存的经济价值，研究结果显示没有哪一种治理制度是最优的，可能是因为这项研究与构建的森林管理的特定情景是有关的，但结果同样也显示私人森林治理情景不如社区治理情景[175]。

我国对林业部门的政策干预改善了国家的环境和生态状况，尤其对当地社会经济条件的相应影响也更微妙，这说明这些政策的实施在改善环境的目标上是成功的。这些政策通过自下而上和自上而下的混合方法让利益相关者都能参与，可以更有效地进行政策设计和实施。例如，根据当地社会生态条件调整土地实践，考虑到额外的土地使用权和监管改革以降低交易成本，进一步吸引当地机构参与，并吸引新投资，以更好地实现环境保护的目标。未来的研究应更好地理解中国林业部门在实现联合国可持续发展目标和为 2060 年实现碳中和中国做出贡献方面的预期作用，以及考虑中国森林部门长期政策影响的分布维度[176]。我国应进一步研究和指导管理决策制定可持续的环境政策，以监测和减轻气候变化损害。森林碳汇虽然有固碳效应，但是也会通过腐烂、燃烧等将固定的碳重新排到大气中，因此，森林是严格意义的碳中性，所以不能寄希望于通过植树造林就能完全实现碳中和[177]。

第四节　文献述评

第一，国内外学者关于自然资源与经济发展的研究成果较丰富，目前已有大量的关于资源诅咒假设的理论和实证论文，为后续相关问题的研究打下了良好基础，并提供了很好的研究范例，关于资源诅咒假设理论的研究多集中在煤矿、石油、天然气等不可再生资源领域。国内外学者对于资源诅咒假设概念的提出、资源诅咒假设存在的条件、影响因素及破解的路径等方面的研究已经较深入。自然资源抑制经济发展现象的存在取决于某些条件的普遍性。例如，对自然资源的依赖、资源价格上涨带来的额外收益，可能会使资源福利出现，但是，忽视第三产业的发展及对科学和创新的投资不足可能最终导致自然资源抑制经济发展的后果。从期限来看，自然资源在不同的经济发展阶段对经济的影响也不同。从短期来看，自然资源价格上涨带来的资源红利可以刺激经济增长，并减轻资源对经济的负面影响。从长远来看，对制造业的投资不足会增加资源诅咒陷阱的风险。此外，区域经济开放程度在资源诅咒的存在中也起着重要作用。资源丰裕到底是陷阱还是福利，主要取决于物质资本、人力资本投资、科技创新、经济开放度和第三产业的发展。自然资源对经济产生抑制作用的关键因素是资源依赖而不是资源丰裕。仅仅资源丰裕似乎并不限制经济增长，特别是在技术创新和经济开放改善了资源丰裕与经济增长关系的情况下。前人的研究提供了较多的理论参考依据和厚实的理论基础，但是以往的研究中也存在一些需要完善的地方，如在自然资源丰裕度和自然资源依赖度的衡量方法上，有时候会出现混用的情况，尤其是在森林资源丰裕度和森林资源依赖度的衡量方法上也并没有统一标准。在计量论证中，对不可再生资源的讨论会多一些。由于数据的可得性，省级层面的资源数据较全面，但是在城市层面和县域层面上，部分文献使用了森林资源的非物质特性或者流量的指标以反映森林资源的丰裕度。

第二，我国森林资源与经济发展的相关研究也较丰富，为本书提供了较好的理论基础和参考依据。在经济发展的"量"的研究方面，多数文献探讨的是森林资源丰裕度对经济发展水平的影响，且这种影响主要受到产业结构、荷兰病效应、收入和就业、出口等因素的影响；而在经济发展的"质"的研究方面，基于碳达峰和碳中和的大背景，追求经济的低碳发展已经成为或者即将成为很多国家或地区的目标之一，森林资源由于其自身的固碳等功能，在低碳经济的发展过程中起着一定的平衡作用。目前多数文献关于森林资源与经济低碳发展的研究主要集中在森林碳汇、碳交易、森林生态服务系统带来的经济效益和生态效益等方面。因此，基于森林资源"碳中性"的特点，在"增绿"和"减碳"的过程中，既要考虑森林资源的生态效益，又要考虑森林资源的经济效益，还要考虑森林固碳的社会成本，从而全面考察并建模验证森林资源丰裕度对经济发展的影响。

第三，森林资源与经济低碳发展的研究以理论分析和情景案例分析为主，这为本书提供了较好的理论基础。经济低碳发展的核心是"低碳"和"发展"，不仅要考虑碳排放，还要考虑经济发展。部分相关文献讨论的核心多是森林碳汇，动态的相对碳排放的内容逐步受到国内外学者的关注。有学者开始讨论森林资源丰裕度对经济低碳发展的影响及如何利用定性、定量的分析方法对森林资源进行可持续经营和管理。在森林资源对经济低碳发展的研究上，多数文献仅考量了森林碳汇对缓解气候变化和绝对碳排放量的影响。在经济低碳发展的过程中，要警惕进入碳减排误区，以免产生更大的碳排放风险。

　　国内外学者开展了大量的相关研究，丰富了该领域的理论研究成果。准确地定义了自然资源丰裕度和资源依赖度的概念，可以更加科学、合理地评估自然资源丰裕度对经济发展的影响。同时，国内外文献见证了应用建模方法的重大改进，特别关注了经济市场和经济发展背后的相关空间维度。对于自然资源（包括森林资源）对经济发展的不同影响及传导机制，需要结合区域特点、产业发展、制度因素、科技创新等因素，进一步深入分析并用合适的方法进行验证。

第三章　长三角地区森林资源
与经济发展现状

　　在第一章和第二章相关理论分析及文献综述的基础之上，本章主要对长三角地区森林资源和经济发展现状进行事实性描述，首先对中国森林资源总量及面临的困境进行总体分析，以分析长三角地区在全国的重要战略地位，其次从全局到局部分别从森林资源总量和结构、林业产值、森林碳汇等方面进行分析，最后对长三角地区经济发展水平和经济低碳发展进行分析，并选择长三角地区 2005—2019 年的数据进行量化分析和比较。基于长三角地区传统的"高投入、低效率"的经济增长模式，为全面评价长三角地区的经济发展水平，本章还利用基于方向性距离函数的 Malmquist-Luenberger 指数对长三角地区的全要素生产率进行测算和评价，并使用静态和动态的相对碳排放概念，以单位 GDP 碳排放量和单位 GDP 净碳排放量作为经济低碳发展的衡量方法，以全面真实地反映长三角地区经济的低碳发展。本章为后续长三角地区森林资源丰裕度与经济发展水平、经济低碳发展的实证研究提供了数据基础和事实依据。

第一节　森林资源概述

一、我国森林资源总量分析

森林资源在经济发展过程中起着非常重要的作用。《中共中央关于制定国民经济和社会发展第十四个五年规划和二〇三五年远景目标的建议》发布以后，我国经济的发展趋势是推动绿色发展，促进人与自然和谐共生。坚持绿水青山就是金山银山的理念，坚持绿色发展，坚持山水林田湖草系统治理，推行林长制，全面提高自然资源利用效率。

森林资源是指林地及生长的森林有机地的总称，主要包括林木、林地，以及依托林木、林地生存的野生动物、植物和微生物等。森林资源可按森林的作用、人为影响的程序、林木特征及森林的自然属性进行分类。按照林业经营的目的，可将森林资源分成防护林、特种用途林、用材林、经济林、能源林。

森林的功能主要有自然价值和社会价值。森林作为地球上可再生、可复制的自然资源及陆地生态系统的主体，被称为"地球之肺"。森林的自然价值主要有净化空气、调节气候、供给木材、防止水土流失、维持生物物种多样性、涵养水源等。森林资源的存在可以减少水分从地表的蒸发量，减少地表热平衡和对流层内热分布的变化，维持地面附近的温度，调节局部地区的气候。森林还能调节大气中的二氧化碳，世界森林资源总体上每年吸收大约 15 亿吨二氧化碳，相当于化石燃料燃烧释放的二氧化碳的 1/4，根据联合国粮食及农业组织的估算，全球热带森林的砍伐会使每年多增加 15 亿吨以上的二氧化碳的释放。《人民日报》于 2021 年 1 月 14 日报道，中国森林植被固碳能力已经达到 92 亿吨，年均增加森林碳储量在 2 亿吨以上，相当于碳汇 7 亿吨到 8 亿吨。中国森林面积每增加 1 亿立方米，二氧化碳可多固定 1.6 亿吨。可见，森林植被是二氧化碳的优质吸收器和贮存器。森林生态系统物种较为丰富，保护森林资源可以有效保护动植物物种免遭破坏和灭绝，同时也可以避免严重的水土侵蚀的情况发生，减少土地沙化、滑坡和泥石流等自然灾害的发生，也能从根本上提高土壤的保水能力，减少土壤侵蚀造成的河湖淤积及洪涝的危害。森林是大自然的调度师，能调节水汽循环，保护土壤，减少污染给人类带来的危害。除自然价值之外，森林还有一定的社会价值。绿色环境有助于人类身体健康，能在一定程度上减少人体肾上腺素的分泌，使人感到平和舒适，能有效降低人体皮肤温度 1~2℃，增强视听觉和思维活动的灵敏性。此外，森林还可以改善人们的居住环境，森林的树叶可以吸附和过滤尘粒，每公顷森林年吸附粉尘 50~80 吨[1]，非城市绿化地带的含尘量要比城市绿化地带的含尘量至少多一倍，而且在吸收噪声方面，一条 40 米宽的林带可以降噪 10~15 分贝[2]。此外，森林还可以为人们提供生产和生活所需的各种资源。

2010 年以来，工业化进程的加快、气候变暖、沙漠面积扩大和水土流失加剧的问题都直接或者间接导致全球森林资源萎缩，而我国采取了相关的林业产业政策，如开发区域特色生态旅游，建设以市场为导向的林产业加工集群，重点扶持天然林资源保护，支持林区森林工业改造等。我国林业的发展十分迅速，林业的发展促进了农村地区的收入增加和社会的经济增长。我国森林资源的趋势总体向好，数量持续增加，质量稳步提升，效能不断增强。我国已经连续 30 多年保持森林面积和蓄积量的"双增长"。

我国是一个森林资源较缺乏的国家，与世界平均水平相比，我国的森林覆盖率远远低于全球 31% 的平均值。人均森林面积和人均森林蓄积量更低，分别只达到世界水平的 1/4 和 1/7。我国森林资源总量依旧较为匮乏，质量较低且呈现明显的空间异质性。"十三五"期间，我国累计造林面积达 5.45 亿亩（1 亩 ≈ 666.67 平方米），森林覆盖率达 23.04%，森林蓄积量达 175 亿立方米，森林面积达 2.2 亿公顷。2020 年，我国完成造林 677 万公顷，森林抚育 837 万公顷，种草改良草原 283 万公顷。2000—2017 年，全球新增绿色面积中，1/4 以上来自中国，中国对绿色的贡献较高。到 2030 年，我国的森林蓄积量要比 2005 年增加 60 亿立方米，这将为我国实现碳达峰、碳中和目标及维护全球生态做出较大贡献。但目前造林难度越来越大，投入成本也越来越高。从我国九次全国森林资源清查统

---

[1]　广东省林业局官网，见 http://lyj.gd.gov.cn/news/special/encyclopedias/content/post_1875516. html。

[2]　中国科学院地理科学与资源研究所，见 http://www.igsnrr.cas.cn/cbkx/kpyd/zybk/slzy/202009/ t20200910_5692937.html。

计数据来看，我国森林面积和森林蓄积量呈稳步增长的态势，森林覆盖率虽然比全球平均水平要低，但是依旧呈现良好的发展趋势，具体如图3-1所示。1973年以来，我国总的造林面积也呈现阶段性变化的特征。图3-2显示的是2004—2020年我国造林总面积和当年人工造林面积。

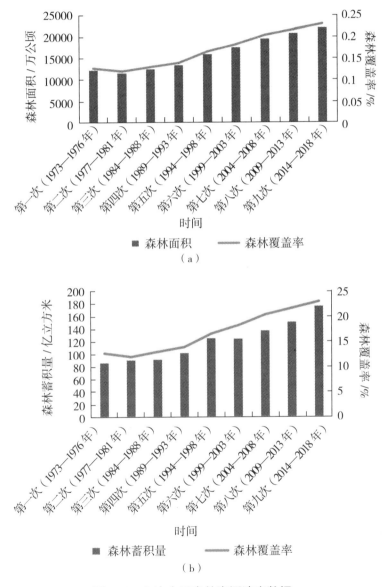

（a）

（b）

图 3-1　九次全国森林资源清查数据

（资料来源：根据国家统计局数据、《中国林业统计年鉴》整理）

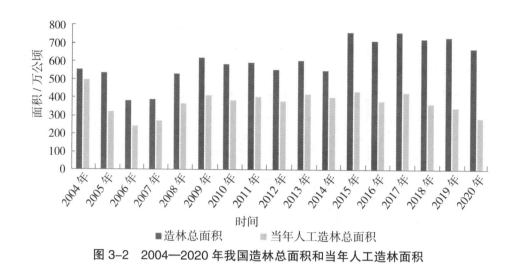

图 3-2　2004—2020 年我国造林总面积和当年人工造林面积

（资料来源：根据国家统计局数据整理）

二、我国森林资源的发展困境

我国森林资源发展的困境主要体现在以下三个方面：第一，森林覆盖率低，远低于全球 31% 的平均水平，人均森林面积仅为世界人均水平的 1/4，人均森林蓄积量只有世界人均水平的 1/7，森林资源总量相对不足、质量不高、分布不均匀。第二，林地分布不均。我国林地主要分布在东南地区，西北地区较少，西北地区的土地面积占全国 32.2%，但是森林资源仅占全国的 11.2%，活立木面积仅占全国的 7.7%。第三，木材安全问题较突出，可用资源少。根据第九次全国森林资源清查的结果，我国森林的有效供给与日益增长的需求矛盾较突出，木材的对外依存度在 50% 左右，现有的用材林中可采面积仅占 13%，可蓄积面积仅占 23%，且我国森林资源的生态系统功能较脆弱，森林资源的可持续发展仍是较突出的问题。我国的森林资源行业经营的主导模式之一是森林分类经营。目前的经营模式主要分为商品林区、重点生态保护区和一般生态保护区。商品林区主要针对新造林、抚育林和利用林，重点生态区主要针对新造林和禁封林，一般生态区主要分为新造林和改培林两大垂直经营小类。我国地域辽阔，地貌较为复杂，水热条件南北差异较大，进而形成了复杂的地理环境，以及种类繁多和植被多样的森林资源。

我国森林覆盖率呈现明显的地区差异。按照森林覆盖率的不同，可将森林资源分为 7 个等级。森林覆盖率小于 10% 的省份有 2 个，分别是青海省 5.82%、新疆维吾尔自治区 4.87%；介于 10%~20% 的省份有 7 个，分别是山东省 17.51%、江苏省 15.20%、上海市 14.04%、宁夏回族自治区 12.63%、西藏自治区 12.14%、天津市 12.07%、甘肃省 11.33%；介于 20%~30% 的省份有 5 个，分别是安徽省 28.65%、河北省 26.78%、河南省 24.14%、内蒙古自治区 22.10%、山西省 20.50%；介于 30%~40% 的省份有 3 个，分别是湖北省 39.61%、辽宁省 39.24%、四川省 38.03%；介于 40%~50% 的省份有 7 个，分别是湖南省 49.69%、黑龙江省 43.78%、北京市 43.77%、贵州省 43.77%、重庆市 43.11%、陕西省 43.06%、吉林省 41.49%；介于 50%~60% 的省份有 4 个，分别是浙江省 59.43%、海南省 57.36%、云南省 55.04%、广东省 53.52%；森林覆盖率超过 60% 的省份有 3 个，分别是福建省 66.80%、江西省 61.16%、广西壮族自治区 60.17%。[①] 2020 年，乔木林面积由高到低的区域依次为西南地区（重庆市、四川省、贵州省、云南省、西藏自治区）、中南地区（河南省、湖北省、湖南省、广东省、广西壮族自治区和海南省）、东北地区（辽宁省、吉林省、黑龙江省）、华北地区（北京市、天津市、河北省、山西省、内蒙古自治区）、华东地区（上海市、江苏省、浙江省、安徽省、福建省、江西省、山东省）、西北地区（陕西省、甘肃省、青海省、宁夏回族自治区、新疆维吾尔自治区），这六大区域乔木林面积占全国总面积的比重分别为 27.13%、21.49%、17.52%、13.46%、13.28%、7.12%；在森林蓄积量上，这六大区域占全国总面积的比重从高到低依次为西南地区（37.53%）、东北地区（18.57%）、中南地区（15.5%）、华东地区（11.56%）、华北地区（10.2%）、西北地区（6.63%）。[②]

在森林资源构成上，主要是乔木林。乔木林占全国森林面积的 82.43%，竹林占全国的 2.94%，特殊灌木林占全国的 14.63%。乔木林中，荷木森林蓄积量为 1.9 亿立方米，主要分布在广东省、江西省、福建省、浙江省；枫香森林蓄积量达 0.9 亿立方米，主要分布在广西壮族自治区、贵州省、安徽省和福建省；竹林主要分布在全国 13 个省，其中毛竹林面积 70 万公顷以上的仅有 4 个省，分别是福建省、江西省、湖南省和浙江省。总体上，

---

① 不含港澳台数据。

② 不含港澳台数据，数据之和不等于 100% 系四舍五入造成的。

我国的森林资源呈稳步增长的趋势，主要体现在以下几方面：①全国森林蓄积量增长速度较快，年均增长率约 3.5%；②全国的乔木林单位面积蓄积年均增长率 3% 左右，在树龄上以幼中龄为主；③全国天然乔木林数量有所增长；④天然林依旧是乔木林的主要组成部分，且天然林无论是在数量上还是在质量上都优于人工林。

三、长三角地区在全国的重要战略地位

长三角地区在我国经济发展中起着非常重要的作用，是我国经济发展最活跃、开放程度最高、创新能力最强的区域之一，长三角的发展在我国现代化建设全局和全面对外开放格局中的战略地位是举足轻重的。2018 年，长三角一体化战略正式上升为国家战略。长三角一体化发展的推进，有利于提升长三角区域创新能力和竞争力，提高经济集聚、区域互联互通和政策协调效率，对引领国家高质量发展、建设现代化经济体系具有重要意义。

《长江三角洲区域一体化发展规划纲要》中详细指出，长三角的一体化发展规划范围包括上海市、江苏省、浙江省、安徽省全域（面积 35.8 万平方千米）。其中，中心区的城市共 27 个，面积达到 22.5 万平方千米，具体行政范围包括上海市，江苏省南京、无锡、常州、苏州、南通、扬州、镇江、盐城、泰州，浙江省杭州、宁波、温州、湖州、嘉兴、绍兴、金华、舟山、台州，安徽省合肥、芜湖、马鞍山、铜陵、安庆、滁州、池州、宣城，以这些城市为中心逐渐辐射到周围区域，带动长三角地区高质量发展。逐步打造以上海青浦、江苏吴江、浙江嘉善为代表的长三角生态绿色一体化发展示范区（面职约 2300 平方千米），带动引领长三角地区更高质量一体化发展；逐步打造中国（上海）自由贸易试验区新片区，如上海临港等地区，逐步让上海与国际通行惯例接轨，并将其打造为更有国际影响力和竞争力的特殊经济功能区。

长三角地区的发展主要是依靠沿江城市和便利交通发展起来的，逐渐形成了高水平的区域集群。长三角城市群是整个区域经济、文化和交通中心，可以辐射到周边地区经济的发展。2010 年国务院正式批准实施了长三角区域规划，明确了"一核九带"的空间发展格局，即以上海为核心，以沿沪宁和沪杭甬线、沿江、沿湾、沿海、沿宁湖杭线、沿湖、沿东陇海线、沿运河、沿温丽金衢线为发展带。2016 年，国家发展改革委发布了《长江三角洲城市群发展规划》，进一步扩大了长三角城市群范围，包括上海市、江苏省、浙江省、安徽省，空间规划格局变为"一核五圈四带"。上海作

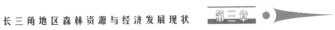

为超大城市被列为一核，"五圈"是南京都市圈、杭州都市圈、合肥都市圈、苏锡常都市圈和宁波都市圈，"四带"是沿海发展带、沿江发展带、沪宁合杭甬发展带及沪杭金发展带。2018 年，长三角一体化发展正式上升为国家战略。为贯彻党的十九大精神，2019 年 12 月中共中央、国务院发布了《长江三角洲区域一体化发展规划纲要》，指出要紧扣"一体化"和"高质量"，带动长江经济带和整个华东地区的经济发展，并将其打造成高水平的区域集群。长三角地区拥有通达江海、承东启西、连南接北的区位优势，资源丰富，国内外联系紧密，区域间的生产要素合理流动，区域内城市间功能互补特点十分明显。上海是国际知名的经济中心和重要交通枢纽，南京文化底蕴雄厚，上海青浦、江苏吴江和浙江嘉善是长三角生态绿色一体化发展示范区，上海临港是中国（上海）自由贸易试验区新片区，南京、杭州、合肥、苏锡常、宁波等城市群同城化效应明显。

"十三五"期间，长三角地区在生态维护、经济发展、资源开发和保护之间的矛盾日益突出，生态承载力有待提高。林业投资方面的增加，有效保护了森林资源，增加了森林面积，改善了生态环境。2019 年，长三角地区森林覆盖率为 29.3%，而全国的森林覆盖率近 23%。江苏省、浙江省和安徽省分别在《江苏省"十四五"林业发展规划》《浙江省林业发展"十四五"规划》《安徽省林业保护发展"十四五"规划》中提出要提升森林覆盖率到 24.1%、61.5% 和 31%，上海也致力于绿色发展，持续提升森林覆盖率。

目前长三角地区面临的主要问题在于土壤污染严重，生态环境质量下降。人口密度大，经济发展水平高，人均耕地面积少，化肥的使用可以有效促进单位面积粮食产量，但会导致水土污染的问题，而水质污染又会导致水产资源减少。空气质量也有待提高，一系列的环境问题接踵而至。长三角区域内城市文化水平和城镇化水平较高，但是区域发展极不平衡，人口分布不均。导致经济发展不协调的原因在于：产业带内部发展差异较大，经济发展重点几乎集中在上海市、江苏省和浙江省；产业结构不合理；城市间合作程度有待加深；人口密度大，污染严重，生态环境有待改善。

"十四五"期间，将持续提升森林覆盖率作为长三角地区的共同目标之一，以实现经济的绿色低碳发展，并进一步提升长三角地区的经济贡献度。

基于以上研究内容，本书以长三角地区（三省一市）为研究范围，并以城市层面为研究落脚点。长三角三省一市 2022 年 GDP 占比及定位分工图如图 3-3 所示。

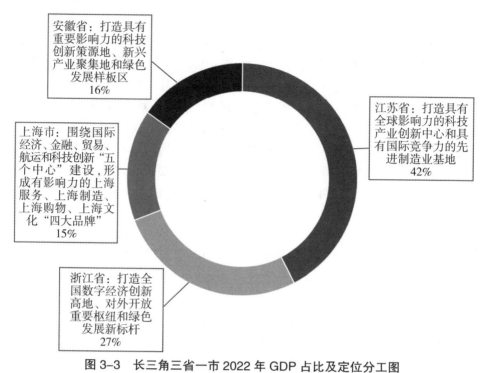

图 3-3　长三角三省一市 2022 年 GDP 占比及定位分工图

（资料来源：《长江三角洲区域一体化发展规划纲要》）

第二节　长三角地区森林资源概况

一、长三角地区森林资源介绍

　　长三角地区森林资源分布不均，结构不合理，开发利用过程中存在产权归属不清等问题。长三角处在国家沿海经济带、长江经济带和"一带一路"的接合部，地域面积占全国的 3.7%。截至 2020 年 9 月，三省一市共拥有自然保护区 95 个，森林公园 284 个。长三角地区客观条件得天独厚，森林康养和生态旅游资源十分丰富。

　　从森林资源的总量上来看，2000—2018 年，长三角地区林业用地面积、森林面积、人工林面积、活立木蓄积量、森林蓄积量都有所提升，森林覆盖率从 22.29% 上升到 29.33%，远超全国平均水平。同期，全国的森林覆盖率从 18.21% 上升到 22.96%。数据显示，2018 年，长三角地区林地面积共 0.13 亿公顷，仅占全国的 3.97%；森林面积共 0.12 亿公顷，仅占全国的 5.29%；人工林面积为 0.06 亿公顷，仅占全国的 7.96%；天然林面积为 0.06 亿公顷，仅占全国的 3.94%（图 3-4）。同时，活立木蓄积量为 67803.9 万立方米，仅占全国的 3.57%；森林蓄积量为 57795.29 万立方米，仅占全国的 3.29%；人工林蓄积量为 27293.21 万立方米，仅占全国的 7.9%；乔木林单位面积蓄积量为 255.41 立方米 / 公顷，远高于全国的 94.83 立方米 / 公顷；天然林蓄积量 30502.08 万立方米，仅占全国的 2.16%；木材产量总计 707.77 万立方米，仅占全国的 8.03%；林业产业生产总值 14008.6 亿元，占全国的 18.37%。在森林资源的构成方面，主要有温带落叶阔叶林，主要在江苏省的淮北平原，以栎林最为常见，黑松等常见于荒山绿化中；亚热带常绿落叶阔叶混交林，最常见的是榆科落叶树种等组成的混交林、亚热带常绿阔叶林，主要以壳斗科、山茶科等为主。

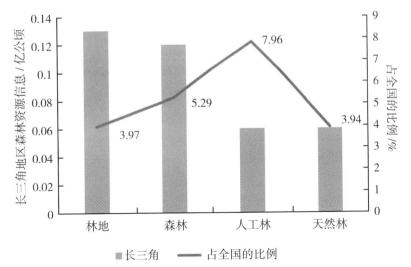

图 3-4　2018 年长三角地区森林资源信息

（资料来源：根据国家统计局数据整理计算得出）

长三角地区森林变迁经历了较长的历史过程。近年来，长三角的水旱灾较为严重，而森林植被具有较好的维持生态系统稳定的功能。长三角地区开展了较大规模的植树造林运动，森林覆盖率有所上升，造林面积从 2010 年的 15.153 万公顷上升到了 2020 年的 32.848 万公顷，且主要集中在灌交林和混交林，新造竹林较少。其中，上海市的造林面积相对比较稳定，安徽省的增长幅度较小，但波动较大，2010—2020 年造林面积增长率只有 2.11%。2010—2020 年，上海市的造林面积从 0.135 万公顷增长到 0.544 万公顷，江苏省的造林面积从 8.626 万公顷减少到 5.164 万公顷（详见图 3-5）。森林资源的破坏第一阶段是稻作农业面积增加，稻作农业直接导致了平原森林的逐步消失；第二阶段是旱作农业面积增加，旱作农业是丘陵森林枯竭的主要原因；第三阶段是美洲作物（如玉米）的发展使中高山地森林逐步萎缩。

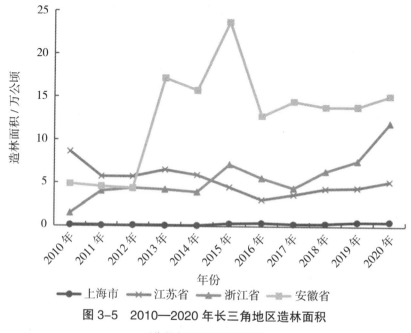

图 3-5　2010—2020 年长三角地区造林面积

（资料来源：国家统计局）

长三角地区森林资源分布不均匀，结构不合理，在开发利用过程中存在一定的统一性等问题。此外，从森林资源的生态状况来看，森林灾害也是一个不可忽视的问题。2013—2021 年，林业有害生物发生面积从 59.6 万公顷上升到 105.89 万公顷。安徽省和浙江省问题较突出，2021 年，浙江省林业有害生物发生面积为 51.62 万公顷，其次是安徽省的 41.80 万公顷，江苏省的 11.13 万公顷，上海市的 1.34 万公顷。其中，轻度林业有害生物发生面积为 96.00 万公顷，中度为 7.59 万公顷，重度为 2.30 万公顷。轻度林业有害生物发生面积呈上涨趋势，但是中度和重度林业有害生物发生面积呈逐渐波动下降趋势。2013—2021 年，长三角地区森林有害生物防治率达 88.75%，防治率基本保持稳中有升，从 2013 年的 90.06% 上升到 2021 年的 91.72%，其中，上海市最高，平均防治率为 98.25%，江苏省其次，为97.91%，浙江省为85.49%，安徽省为73.35%。

　　长三角地区森林病害发生率从2013年的0.58%上升到2021年的3.07%，森林病害发生率不断增长，除了江苏省呈逐步下降趋势之外，上海市、浙江省和安徽省均有所增长（见图3-6）。但同时，长三角地区森林病害防治率也逐步提升。2021年，长三角地区整体区域的森林病害防治率达到了91.72%。除了上海市森林病害的防治率有所下降（但幅度很小），江苏省、浙江省和安徽省基本保持稳定。2021年，森林病害防治率从高到低依次为江苏省99.99%，上海市99.92%，浙江省94.76%，安徽省72.22%。

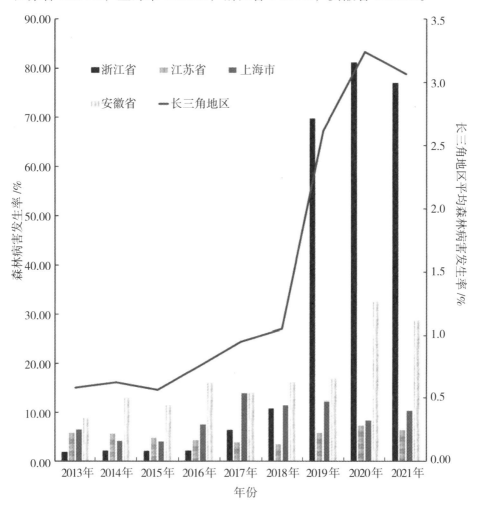

图3-6　2013—2021年长三角地区森林病害发病率

（资料来源：同花顺 iFinD 数据库）

1999—2018 年长三角地区森林虫害发生面积从 34.01 万公顷增长至 65.59 万公顷，且有稳定增长的趋势。安徽省趋势最为明显，森林虫害发生达到了年均 30.92 万公顷，虫害发生面积最少的是上海市，年均 0.85 万公顷，江苏省年均 7.61 万公顷，浙江省年均 7.05 万公顷，且趋势都有明显增加的态势。1999—2018 年，长三角地区森林虫害防治率平均为 89.33%，且防治率呈现波动上升的趋势。上海市、江苏省、浙江省和安徽省的森林虫害防治率依次为 96.87%、87.08%、92.12% 和 81.24%。

二、长三角地区分区域森林资源概况

（一）上海市森林资源概况

从森林资源总量上看，2021 年，上海市森林覆盖率为 14.04%，森林蓄积量只有 0.04 亿立方米，乔木林单位面积蓄积量为 62.1 立方米 / 公顷，湿地保护率为 50.47%，生态发展上，造林总面积 3183 公顷，国际重要湿地 2 个，面积为 3.64 万公顷，林业产业总值为 327.06 亿元，涉林产业主要是经济林产业的种植与采集，包括森林食品种植和林产品采集，产值分别为 169 万元和 500 万元。2018 年上海市护林员总人数 8155 人，专职 8040 人，兼职 115 人。崇明区是上海市重要的生态战略要地，2020 年，崇明区的森林覆盖率达到 30%。

森林资源构成方面，上海市属北亚热带季风气候，境内西南部有少部分丘陵和山脉，其他地区以平原为主，土壤主要是中偏碱性，但由于人类活动较为频繁，自然森林植被低于 1%，且主要分布在松江区佘山和大金山岛的常绿落叶阔叶混交林，以乔木林为主，竹林为辅[178]。在森林的构成方面，2016 年，崇明区的乔木林占森林总面积最多，比例高达 78%，特灌林占森林总面积的比例为 18%，竹林最少，比例仅为 4%。近年来，崇明区的林地新增较多，但是林木的树龄偏小。幼龄林面积占到乔木林面积的一半以上，而近熟林和成熟林的面积占比均不超过 10%，过熟林最少，面积只有不到 2%。从森林的蓄积量来看，幼龄林的蓄积量远低于其面积的比重，蓄积量只有不到 30%，成熟林虽然面积占比不高，但是成熟林的蓄积量占到总蓄积量的 26% 左右。上海市崇明区的森林资源主要以人工林为主。上海市近些年的植树造林使人工林资源快速增长，森林组成结构不断优化，但是灌木林面积不断减少，乔木林面积在持续增长，灌木林和

乔木林对森林资源的稳定性影响较大。上海市森林资源的年龄结构还是以幼龄林为主，但是相比幼龄林的面积，其单位面积蓄积量还是很小，这导致上海市整体的森林蓄积量较小。

（二）江苏省森林资源概况

从森林资源总量上看，2021 年，江苏省森林覆盖率为 15.2%，森林蓄积量只有 0.7 亿立方米，乔木林单位面积蓄积量为 55.57 立方米 / 公顷，湿地保护率为 38.07%，生态发展上，造林总面积 4.34 万公顷，国际重要湿地 2 个，面积为 53.1 万公顷，林业产业总值为 4739 亿元，涉林产业主要是经济林产业的种植与采集，江苏省的经济林产业主要涉及三类，即森林药材种植、森林食品种植、林产品采集，产值分别为 24.14 亿元、13.69 亿元和 49.24 亿元，花卉和观赏植物种植产值为 252.77 亿元。2018 年江苏省护林员总人数 1908 人，专职 607 人，兼职 1301 人。

森林资源结构方面，江苏省森林资源缺乏稳定性，树种结构不丰富，低龄化树种采伐严重。苏北平原地区的杨树林面积采伐较大，致使全省杨树林面积和乔木林面积减少。江苏省的森林各龄组不断优化，森林结构比例越来越符合法正林理论比例。在树种结构上，江苏省森林资源以针叶林、阔叶林和针阔混交林为主。针叶林主要有水杉、柏木、杉木、湿地松、雪松和马尾松及其混交林等；阔叶林主要有杨树、樟木、榆树、柳树、刺槐、栎类，其他硬阔和软阔及其混交林等[179]。2015 年，江苏省针叶林、阔叶林和混交林的蓄积比例由 2010 年的 8 ∶ 90 ∶ 2 变为 9 ∶ 88 ∶ 3，针叶林和阔叶林蓄积量增加了，阔叶林始终是江苏省森林资源的主要优势类型。在树种结构上，随着江苏省森林资源的分类经营和生态补偿机制的实施，生态林的比重不断增大，林种结构按照比例大小依次为用材林、经济林、防护林、特用林，能源林几乎没有。江苏省森林资源保持持续增长的态势，全省人均森林资源面积为 0.02 公顷，人均森林蓄积量为 1.091 立方米。近年来，江苏省可造林绿化土地资源不断减少，使得平原人造林面积下降，因此，江苏省森林资源蓄积量的提升主要依靠森林资源质量的提升[180]。

（三）浙江省森林资源概况

从森林资源总量上看，浙江省的森林资源基本保持稳定增长。2009—2021 年，浙江省的森林面积从 601.36 万公顷稳定增长到 604.99 万公顷，森林蓄积量从 2.17 亿立方米增长到 2.81 亿立方米，森林覆盖率从 59.07%上升到 59.4%。其中，2019 年年末，浙江省每公顷乔木林蓄积量为 83.51立方米，其中每公顷天然乔木林蓄积量达 80.51 立方米。在生态发展上，2018 年浙江省造林总面积 6.36 万公顷，国际重要湿地 1 个，面积为 325公顷，林业产业总值为 4898 亿元，涉林产业主要是经济林产业的种植与采集，包括森林药材种植、森林食品种植和林产品采集，产值分别为47.3404 亿元、138.4693 亿元和 14.84 亿元。2018 年浙江省护林员总人数9491 人，专职 4863 人，兼职 4628 人。浙江省具有优越的地理优势，处于我国东南沿海一带，陆地面积大约 10 万平方千米，地势较为复杂，其中，山地和丘陵占比最高，占到总面积的 75% 左右，平坦地大约占总面积的 20%，剩下的 5% 基本是河流和湖泊，耕地较少，仅有 208 万公顷左右。浙江省的气候整体属于季风湿润气候，因为处于亚热带中部，浙江省的平均雨量为 980~2000 毫米，年平均日照时间最少为 1710 小时，最长达 2100 小时，优越的自然条件、适宜的气候和地形，使浙江省的森林资源十分富裕。浙江省于 1999 年开始公益林建设试点，2020 年省级以上公益林 303.2 万公顷，占据全省林地面积的近一半。

从森林资源的构成来看，浙江省以阔叶林为主，而从功能上来看，主要以防护林为主。从树龄的结构来看，乔木林主要以幼龄林和中龄林为主，在种类上，阔叶林面积已经超过了针叶林面积，并持续增长。其中，经济类树种、灌木类树种、杉木类树种、松木类树种、阔叶类树种蓄积比例分别为 44%、26%、23%、5% 和 2%。从植被区域划分的角度，浙江省隶属于亚热带常绿阔叶林区域及中亚热带常绿阔叶林区域。树种的资源非常丰富，浙江省内的树种主要包括杉木、柃木、青冈、马尾松、木荷、香樟、石栎、苦槠、毛竹等十余种，其中杉木林的杉木面积总计近 122 万公顷，主要分布于浙江省西北部和浙江省南部及浙江省中部和少数沿海地区。浙江省西北部包括淳安、建德、临安、桐庐地区，浙江省中部包括开化、常山、天台、嵊州等地区，浙江省南部包括青田、泰顺、磐安及仙居等地区，沿海包括宁海、定海等地区。

（四）安徽省森林资源概况

森林资源总量上，2018 年，安徽省森林覆盖率 28.65%，森林蓄积量 2.22亿立方米，乔木林单位面积蓄积量为 71.88 立方米／公顷，湿地保护率为

41.41%，生态发展上，2018 年，造林总面积 13.8493 万公顷，国际重要湿地 1 个，面积为 3.334 万公顷，林业产业总值为 4044.5629 亿元，涉林产业主要是经济林产业的种植与采集，包括森林药材种植、森林食品种植和林产品采集，产值分别为 57.5066 亿元、66.1955 亿元和 45.4366 亿元。

从森林资源的结构来看，种类十分丰富，地域特色明显。安徽省坐落于我国东南部，省内的地貌、气候和植被差异很大，尤其是南北差异非常显著。南部地势较高，北部地势较低，平原、丘陵和低山是相间排列的，季节变化明显，省内年平均气温为 14~17℃，全年平均降水量最低 776 毫米，最高 1670 毫米，夏季雨量较充沛。省内植被主要包括温带落叶阔叶林、针阔混交林、常绿针叶林、亚热带常绿混交林、落叶阔叶混交林、亚热带常绿阔叶林、亚热带常绿针叶林等森林类型，主要造林树种包括马尾松、杉木、杨树、栎类等多个种类。由于省内实施的封山育林工程，生态公益林得到了较好的保护，大大增强了林木天然的更新能力，进而使省内乔木林，尤其是天然乔木林的数量得到了极大的增长[181]。存在的问题主要是森林总体质量不高，平原稳定性差，资源的管护任务较为艰巨。2017 年，安徽省就启动并实施了林业增绿增效行动。安徽省不断提高森林覆盖率，全面提升省内林业质量，打造生态文明，建设安徽样板[182]。

三、长三角地区林业产值概况

森林资源是林业发展和生态建设的重要物质基础，林业产业的可持续发展也能促进森林资源的可持续管理和经营。林业产业的发展以森林资源为基础，依托资金和技术，最终通过森林资源的开发和利用，获取经济效益。因此，在对森林资源总量和森林资源结构分析的基础上，为更好地分析森林资源带来的经济效益，本小节进一步分析长三角地区的林业产值概况。

2000—2018 年，长三角地区林业总产值从 163.39 亿元增长到 673 亿元，整体产出提升了 3.12 倍，上升趋势明显。其中，上海市从 1.41 亿元增长到 15.8 亿元，增长了 10.21 倍，足以看出上海市在森林资源管理方面做出的努力。江苏省从 30.17 亿元增长到 147.25 亿元，增长了 3.88 倍。浙江省表现较为平稳，林业总产值从 67.79 亿元增长到 177.01 亿元，增长了 1.61 倍。安徽省则从 64.02 亿元增长到 332.94 亿元，增长了 4.2 倍。从占比来看，上海市林业产值占比最小，2018 年，仅占到长三角地区的 2.35%；占比最高的是安徽省，林业总产值占长三角地区的 49.47%；江苏省和浙江省分别占 21.88% 和 26.3%（详见图 3-7）。

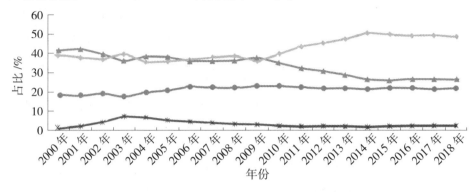

图 3-7 2000—2018 年三省一市林业总产值占长三角地区林业总产值的比例

（资料来源：《中国林业统计年鉴》）

2000—2018 年，从三次产业的角度来看，长三角地区第一产业林业总产值的比重逐渐从 2000 年的 50.44% 下降到 2018 年的 24.02%，第一产业林业总产值的比重呈缓慢下降的趋势；第二产业林业总产值经历了先升后降的趋势，从 2000 年的 45.33% 上升到 2011 年的 65.76%，随后下降到 54.88%；第三产业林业总产值一直占比较低，但是总体上呈稳步上升趋势，从 4.23% 逐步上升到 21.1%，这说明长三角地区林业产业结构逐渐从"一、二、三"转变为"二、一、三"结构（详见图 3-8）。

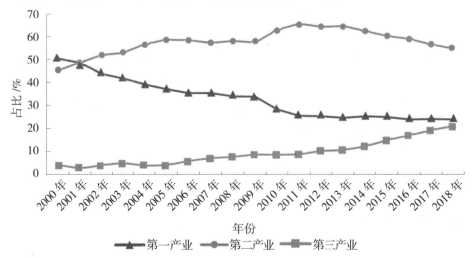

图 3-8 2000—2018 年三次产业林业总产值占长三角地区林业总产值的比例

（资料来源：《中国林业统计年鉴》）

　　森林旅游收入呈稳定增长趋势。在森林旅游收入上，长三角地区从 1999 年的 1.9 亿元上升到 2018 年的 316 亿元左右，20 年的时间提升了 165 倍，收入增长较快。虽然上海市、江苏省、浙江省和安徽省的森林旅游收入都在稳步增长，但是在对长三角地区森林旅游收入整体贡献度上，由高到低逐渐是浙江省、江苏省、安徽省和上海市。浙江省的森林旅游收入在 1999 年已经占据了长三角地区的一半以上（56.94%），而在 2018 年，这个比率上升到了 90.25%；上海市、江苏省和安徽省的森林旅游收入占比都在不断下降（详见图 3-9）。

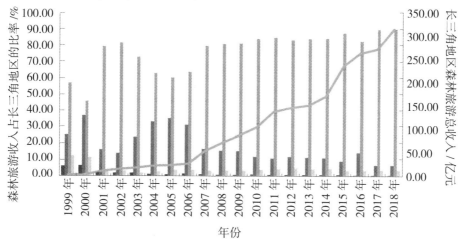

图 3-9　1999—2018 年长三角地区森林旅游收入

（资料来源：同花顺 iFinD 金融数据中心）

　　2011—2018 年，长三角地区林业投资完成额从 208.49 亿元上升到 284.99 亿元，总投资比重稳步增长。其中，固定投资额占总投资比重从 2011 年的 20.38% 迅速增长到 2012 年的 73.18%，随后 2013 年降至 66.49%，到 2018 年，林业固定投资额占比降至 15.59%。2018 年，林业固定资产投资占林业总投资的 5.47%，但 2012 年却达到高峰 32.02%，随后呈波动下降的趋势。

四、长三角地区森林碳汇概况

　　碳汇是"碳排放交易制度"的简称，具体是指通过有效管理陆地生态系统以提高固碳潜力，固碳所取得的成效可以用于抵消相关的碳减排限额。

林业碳汇和森林碳汇概念不同，森林碳汇主要是森林吸收大气中的碳的物理特性，林业碳汇范围则更广，利用森林储碳的功能，通过造林、再造林及森林资源管理，减少毁林等行为，吸收和固定大气中的二氧化碳，并按照相关的政策和规定与碳汇交易相结合的过程和活动机制。林业碳汇更注重人的参与，森林碳汇更注重森林的物理特性。20世纪80年代和90年代，我国陆地生态系统碳储量每年平均增加1.9亿~2.6亿吨，2001—2010年，年均固碳2亿吨，相当于抵消同期中国化石燃料碳排放的14.1%。增加碳汇是缓解气候变化实现碳中和的重要途径之一。森林、耕地和草地是增加碳汇最常见的三个领域，这三个领域中森林碳汇占到80%左右。增加碳汇的方式主要有增加碳储量、现有碳固存及碳替代。本小节根据森林面积测算长三角地区2005—2019年的碳汇量，以分析森林的碳汇能力。

植被净生态系统生产力（即碳汇量）反映的是由大气进入生态系统的净二氧化碳量，计算中不考虑植被呼吸作用产生的碳排放，植被净生态系统生产力[183]计算公式如下：

$$C_{NEP} = C_{veg} \cdot A_{veg} \qquad\qquad (3-1)$$

式中，C_{NEP} 为植被净生态系统生产力，反映森林生态系统每年吸收的总碳汇量；C_{veg} 为植被单位面积的净生产量，即单位面积森林每年吸收的碳汇量，取 $3.81t \cdot hm^{-2} \cdot a^{-1[184]}$；$A_{veg}$ 为植被面积。森林面积的数据是根据森林覆盖率和土地面积换算而成的。

根据以上测算结果，2005—2019年，长三角地区森林碳汇整体呈上升趋势。2005年，森林碳汇量为4655.16万吨，2019年上升到5320.783万吨，碳汇量上升了14.3%，固碳能力整体提升，趋势向好。如图3-10所示，2005—2019年长三角地区41个城市中，有7个城市森林碳汇是不增反减的，但是幅度非常小，其中包括嘉兴、舟山、亳州、湖州、安庆、衢州和六安。森林碳汇量较大的城市主要有丽水、杭州、黄山、六安、宣城、温州、金华、衢州、台州和安庆，森林碳汇量较小的城市包括马鞍山、上海、淮南、铜陵、镇江、泰州、淮北。森林碳汇量增幅较快的城市有上海、马鞍山、合肥、淮南、滁州和泰州，增长幅度超过了100%；森林碳汇较为稳定的城市分别为台州、温州、宿州、宿迁、杭州、宣城、池州、淮北、黄山、阜阳、绍兴、金华、宁波，说明这些城市的森林资源较为稳定。江苏省的大部分城市在这期间碳汇量稳步增长，其中包括南通、镇江、苏州、盐城、连云港、常州、南京、无锡、扬州，碳汇量增长均在27%~92%。安徽省滁州、合肥、马鞍山、淮南的森林碳汇量不仅增长的量多，且增长幅度较大，说明安徽省在森林资源管理和增绿方面取得了一定的成效。安徽省在2007年就已经启动集体林权制度改革，并在调研基础上形成了为期两年的森林采伐管理改革，主要是因地制宜施行森林可持续经营规划、优化采伐限额管理制度、简化采伐管理环节、优化商品林采伐限额指标制度等具体措施。安徽省于2017年开始率先探索林长制，且在"十三五"期间严格管理森林资源，全面停止对天然林的商业性采伐，总体上实现了森林覆盖率和林木蓄积量的双增长。上海市在"十二五"期间，也注重城乡生态环境协调发展，绿化覆盖率也稳步提升，主要推进沿海防护林、水源涵养林等生态公益林和经济果林的建设，森林覆盖率逐步提升。

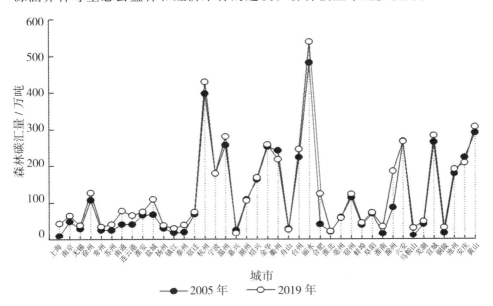

图 3-10　2005 年和 2019 年长三角地区森林碳汇量

长三角地区单位GDP森林碳储量呈下降趋势。从单位GDP森林碳汇来看，2005—2019年，长三角的地区单位GDP碳储量下降了近80%，与2005年的单位GDP碳储量总量相比，2019年单位GDP碳储量年较为稳定的是上海、苏州、无锡、马鞍山、镇江、常州和南京等城市，虽然有所下降，但总体下降幅度不大，黄山、池州、宣城、六安、丽水和衢州等城市的单位GDP碳储量下降幅度较大。2005年，单位GDP碳储量较大的城市分别是黄山、池州、丽水、宣城、六安、衢州、安庆、宿州等城市，单位 GDP 碳储量较小的城市分别为上海、苏州、无锡、常州、镇江、南京等城市；2019 年，单位 GDP 碳储量较大的城市分别为黄山、丽水、池州、宣城、六安、衢州、安庆、滁州等城市，单位 GDP 碳储量较小的城市分别为上海、苏州、嘉兴、无锡、常州、南京、扬州、镇江、泰州、南通等城市。出现这样的现象说明森林资源的碳汇增长速度没有跑赢 GDP 增长速度，森林碳汇虽然呈上升趋势，但是在经济发展过程中，单位 GDP 碳储量却呈下降的趋势，说明经济发展过程中，需要进一步考虑到森林碳汇的能力。森林碳汇是一种公共物品，其生态服务价值也是非市场化的，因此，本小节初步推断建立生态补偿机制以实现森林碳汇的生态服务价值的市场化。

第三节　长三角地区经济发展现状

一、长三角地区经济发展水平分析

长三角地区经济发展水平较高，区域差异化明显。2019 年，上海市、江苏省、浙江省和安徽省的 GDP 分别为 37987.6 亿元、98656.8 亿元、62462 亿元、36845.5 亿元，整个长三角地区 GDP 总额为 235951.9 亿元，占全国 GDP 的 23.9%。2020 年，整个长三角地区 GDP 达到 244713.16 亿元，占全国 GDP 的 24.09%。2020 年长三角三省一市 GDP 占比从高到低依次为江苏省 41.98%，浙江省 26.4%，上海市和安徽省均占 15.81% 左右。2022 年，长三角地区 GDP 总额为 29.03 万亿元，占全国的 23.99%。江苏省 GDP 占长三角地区的比重一直稳居前列，安徽省虽然占比较低，但是较为稳定，且有上升趋势。上海市 GDP 占长三角地区的比重却呈明显的下降趋势。2005—2019 年，长三角地区实际经济增长率为 10.78%，年均总的实际 GDP 为 2907.66 亿元，人均实际 GDP 为 5.38 万元，但是地区差异比较明显。1978—2020 年三省一市 GDP 占长三角地区的比重详见图 3-11。

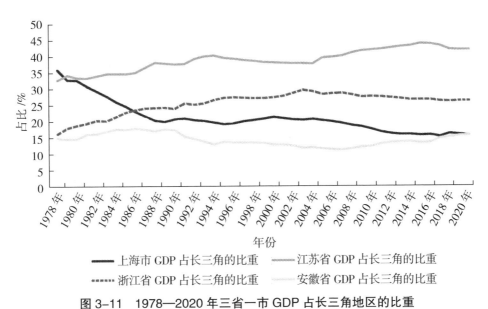

图 3-11　1978—2020 年三省一市 GDP 占长三角地区的比重

（资料来源：同花顺 iFinD 金融数据中心）

　　衡量经济发展水平最常用的指标是人均 GDP。2005 年，长三角地区城市人均 GDP 为 2.1 万元，经济总量为 40652.41 亿元。长三角地区整体经济水平得到了很大的提升，安徽省各城市整体经济水平相对而言还处在较低的水平，苏州、无锡、上海、杭州、宁波、南京、嘉兴、常州、绍兴和镇江在 2005 年的时候经济排在长三角前列，苏州的人均 GDP 达到 5.61 万元。人均 GDP 较低的城市排名靠后的大多是安徽的城市，如阜阳、亳州、六安、宿州和安庆等。到 2017 年，长三角地区 41 个城市平均人均 GDP 上升到 7.9 万元，经济总量达到 184221.6 亿元，苏州和无锡经济发展水平依旧很高，此外，上海的总体经济发展一直处于较高水平，南京经济提升速度较快。虽然经济水平有所提升，但是安徽省的城市经济发展相对而言还是较低。阜阳、亳州、六安、宿州、淮南和安庆等城市人均 GDP 依旧排名靠后。2019 年，长三角地区人均 GDP 达到 10.1 万元，其中，无锡、苏州、南京、上海和常州人均 GDP 依旧排在前列。

　　1978—2020 年，长三角地区三次产业的 GDP 均有所增长（详见图 3-12）。2020 年，第一产业 GDP 达到 9957.22 亿元，第二产业 GDP 达到 96614.32 亿元，第三产业 GDP 达到 138141.62 亿元，三次产业占比分别为 4.07%、39.48% 和 56.45%。1978 年改革开放以后，三次产业总量持续增长，1992 年以后增长迅速。从 2014 年开始，第三产业产值开始超过第二产业产值，且差距不断拉大。从三次产业占长三角地区 GDP 的比重来看，第一产业的 GDP 占比持续下降，第二产业的 GDP 占比一直比较稳定，但是从 2006 年以后也呈现逐渐下降的趋势，第三产业占 GDP 的比重一直不断提升，这与经济发展阶段密不可分。1992 年对我国来说是进行经济自主化改革非常重要的一年，1993—2003 年基本确立了社会主义市场经济，而从 2004 年开始，我国进入深化改革开放阶段。在产业更替和消费需求转变上，第一阶段为 20 世纪 80 年代初期，以解决温饱为主，我国长期发展重工业，改革开放以后，轻工业才得以发展。第二阶段为 20 世纪 90 年代中期，温饱问题基本得到解决，属于产业转型与探索阶段，企业管理体制不断得到改善，生产资料供大于求。第三阶段是 2004—2013 年，消费需求以出行和居住为主，现代企业制度初步确立，偏重工业的发展大力推进了我国经济的增长。2014 年以后，我国的消费开始转型升级，吃穿住行的问题基本得到解决，需要挖掘新的消费增长点，市场开始寻求持续增长的新动力。我国经济开始要满足居民日益增长的高层次的消费需求，经济的高质量发展成为我国经济新的发展目标。

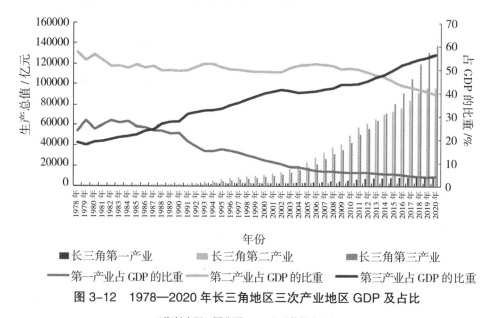

图 3-12　1978—2020 年长三角地区三次产业地区 GDP 及占比

（资料来源：同花顺 iFinD 金融数据中心）

2021 年，上海市、江苏省、浙江省和安徽省的城镇非私营单位就业人员平均年收入分别为 191844 元、115133 元、122309 元和 93861 元，长三角地区城镇非私营单位就业人员平均年收入为 130786.75 元，全国城镇非私营单位就业人员平均年收入为 106837 元，如图 3-13 所示。除了安徽省，江浙沪地区城镇非私营单位就业人员的平均年收入均高于全国，这说明长三角地区整体的经济发展水平还是较高的。

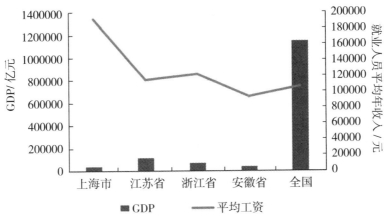

图 3-13　2021 年长三角地区 GDP 与就业人员平均年收入概况

（资料来源：国家统计局）

长三角地区整体市场化程度在不断提高。从图 3-14 中可以看出，1997—2016 年长三角地区市场化程度总体上在不断提高，中间有一小段波动，2009 年出现了下滑，但是从 2010 年开始，市场化程度又逐步提高。2016 年，市场化程度由高到低依次为浙江省 9.91，上海市 9.88，江苏省 9.86，安徽省较低，只有 7.46。同期广东省得分 9.65，北京市得分 9.61，而长三角地区整体水平仅有 9.28，虽然低于广东省和北京市，但长三角地区整体市场化水平还是较高的。2011—2020 年，企业家信心指数从 120.9 上升到 127.8，其中对工业的企业家信心指数从 117.8 上升到 132.74。1999—2020 年，企业景气指数整体呈波动上升趋势，从 115.4 上升到 121.91，但是到 2008 年，企业景气指数急剧下降，这可能和国际金融危机的影响有关。2008 年以后企业景气指数开始回升，但是到 2013 年出现了明显下降。2018 年以后，工业方面的景气指数表现较为强劲，上升趋势明显。信息传输、计算机服务和软件业，住宿和餐饮业景气指数下降较明显，但是到 2021 年 3 月，企业总体景气指数，包括工业，建筑业，交通运输业，批发零售业，房地产业，社会服务业，信息传输、计算机服务和软件业，住宿和餐饮业均有所回升。这和国内新型冠状病毒感染疫情得到有效控制、复工复产、经济平稳发展有很大的关系。

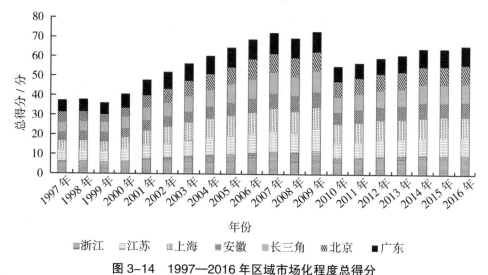

图 3-14　1997—2016 年区域市场化程度总得分

（资料来源：同花顺 iFinD 金融数据中心）

在 1993 年世界银行出版的《东亚奇迹：经济增长与公共政策》一书中，日本、韩国等国家及中国台湾、香港等地区战后三十年的经济快速增长被视为"东亚奇迹"，但这一观点遭到了诺贝尔经济学奖获得者保罗·克鲁格曼的质疑，他认为中国的经济增长模式及东亚经济增长模式是典型的"高投入、低效率"的模式，虽然 GDP 的增长率很高，但是全要素增长率却只有 2~3 个百分点，与发达国家长期的全要素生产率基本保持一致，根本不存在经济增长的奇迹，而北京大学徐晋涛老师则认为中国经济的高速增长主要依靠全要素生产率和环境投入。当前中国的环境形势会对中国增长模式产生一定的影响，且在双碳的背景下，实现经济增长向低排放、高效率转型，就必须推进要素市场的改革。因此，本小节讨论长三角地区的经济发展，不仅分析传统的 GDP，还进一步分析长三角地区的绿色全要素生产率，以全面分析并真实测度长三角地区的经济发展水平。

二、长三角地区绿色全要素生产率分析

（一）绿色全要素生产率测算

1.DEA-Malmquist 方法

DEA 是一种基于被评价对象之间相比较的非参数技术效率的分析方法。使用 DEA 进行效率评价，可以得到很多具有经济学内涵和背景的管理信息[185]。DEA 通过函数运算工具对每个决策单元（decision making unit, DMU）的投入与产出效率进行测度评价，比较一个特定单元的效率和提供相同服务的类似单元的效率。超效率非径向松弛变量 DEA 模型可以解决投入产出可能存在的松弛性问题及多个 DMU 效率值同为 1 的问题。超效率 SBM 模型（即 SE-SBM 模型）测算出的结果与传统 SBM 模型相比，结果不局限于 1，可有效提升测算结果的可比性；同时能够避免径向和角度差异带来的结果偏差和影响，更能体现效率评价的本质[186]。以产出为导向的 SE-SBM 模型[187] 如下：

$$\min\rho_{se} = 1 \Big/ \Big(1 - \frac{1}{q} \sum_{r=1}^{q} S_r^+ / O_{rk}\Big) \tag{3-2}$$

$$\text{s.t.} \sum_{j=1,j\neq k}^{n} I_{ij}\lambda_j \leqslant I_{ik} \tag{3-3}$$

$$\sum_{j=1,j\neq k}^{n} O_{rj}\lambda_j + S_r^+ \leqslant O_{rk} \tag{3-4}$$

式中，n 为投入产出系统中决策单元的个数；I、O 分别代表投入和产出的向量；q 代表变量个数；λ 表示权重向量；k 代表决策单位；ρ 是效率值；$j=1, 2, \cdots, n$；$i = 1, 2, \cdots, m$；$r = 1, 2, \cdots, q$；S 代表松弛变量。

DEA 模型由多段线性函数组成。如果单个 DMU 投影落在平行段内，就会出现松弛变量的问题。径向模型中的测量不考虑松弛变量。SE-SBM 非径向模型的优点是可以根据松弛值来判断每个输入和输出对整体效率的影响。一般来说，松弛值可以通过将松弛变量添加到模型的约束中来获得[188]。如果松弛变量的值为 0，则表示投入已被充分利用，输出已最大化。如果松弛值不为 0，则说明投入产出仍有很大的发展潜力。松弛变量中冗余值的比例过高，则表明该元素的输入或输出效率低。

Malmquist 指数最初由 Malmquist 于 1953 年提出，这一指数最初适用于生产效率变化的测算，Färe 等[189] 将该指数与非参数模型的 DEA 方法结合使用，使其可以更好地测算多投入、多产出的生产模型的生产效率。Malmquist 指数可以分解为技术进步指数和技术效率变化指数，技术效率变化指数可进一步分解为纯技术效率和规模效率[190]。传统的 DEA 模型是测算同一时期不同决策单元的静态相对效率，即综合技术效率变化，而 Malmquist 指数模型是对各个决策单元不同时期数据的动态效率的分析。具体公式如下[187]：

$$MI(I^{t+1},O^{t+1},I^t,O^t)= \frac{D^{t+1}(I^{t+1},O^{t+1})}{D^t(I^t,O^t)} \cdot \sqrt{\left[\frac{D^t(I^{t+1},O^{t+1})}{D^{t+1}(I^{t+1},O^{t+1})} \cdot \frac{D^t(I^t,O^t)}{D^{t+1}(I^t,O^t)}\right]} \quad (3-5)$$

式中，MI 代表 Malmquist 指数；I 和 O 分别代表投入和产出；t 代表时间；D 代表距离函数。如果 MI 大于 1，则生产率从 t 到 $t+1$ 呈上升趋势。如果 MI 小于 1，则表示生产率趋于下降。如果 MI 等于 1，则表示生产率从 t 到 $t+1$ 保持不变[191, 192]。

2. 基于方向性距离函数的 Malmquist-Luenberger 指数

本小节结合 SBM 方向性距离函数，对 DEA-Malmquist 函数进行修正，采用基于方向性距离函数的 Malmquist-Luenberger 指数方法来计算绿色全要素生产率（green total factor productivity, GTFP），该函数可以克服传统 Malmquist 指数各变量必须等量变动的假设，最终构建 t 到 $t+1$ 期的 GTFP 指数[193]。公式如下：

$$GTFP(I^{t+1},OE^{t+1},OU^{t+1},I^t,OE^t,OU^t)= \frac{D^{t+1}(I^{t+1},OE^{t+1},OU^{t+1})}{D^t(I^t,OE^t,OU^t)} \cdot$$

$$\sqrt{\left[\frac{D^t(I^{t+1},OE^{t+1},OU^{t+1})}{D^{t+1}(I^{t+1},OE^{t+1},OU^{t+1})} \cdot \frac{D^t(I^t,OE^t,OU^t)}{D^{t+1}(I^t,OE^t,OU^t)}\right]}$$

$$= GTC \cdot GEC \quad (3-6)$$

式中，I 表示投入；OE 和 OU 分别代表期望产出和非期望产出；D 代表方向距离函数，表述为 $D=(I^t,OE^t,OU^t; g)$，g 表示方向向量，$g=(OE, -OU)$，表示投入既定的情况下，期望产出能成比例增加，而非期望产出成比例减少。GTFP 可分解为绿色技术进步指数（green technological change, GTC）和绿色技术效率指数（green efficiency change, GEC）。如果规模效率不变，GEC 可以进一步分解为绿色纯技术效率（green pure efficiency

change，GPEC）和绿色规模效率（green scale efficiency change，GSEC）。
具体相关关系如下：

$$GTFP = GTC \cdot GEC \qquad （3-7）$$

$$GEC = GPEC \cdot GSEC \qquad （3-8）$$

GSEC 包括规模效率的影响。其本质是 $\max\theta$，即最大化效率值，该函数服从以下关系：

$$\sum_{j=1}^{n} \lambda_j O_{ij} + S_i^- = I_{ij}; \quad \sum_{j=1}^{n} \lambda_j O_{rj} + S_r^+ = \theta O_{rk}; \lambda \geq 0, S^- \geq 0, S^+ \geq 0 \qquad （3-9）$$

由于排除了规模的影响，GPEC 又被称为纯技术效率。它的基准处于纯技术效率的最前沿。如果该值大于 1，则对 GTFP 有正面影响；如果小于 1，则可能对绿色全要素生产率有负面影响。GEC 主要反映生产投入要素是否得到有效利用或资源是否合理分配。GTC 主要体现创新和技术进步。GPEC 主要受体制差异和管理水平的影响。GSEC 主要受资源配置结构和规模的影响。

（二）指标选取及数据来源

长三角地区的经济发展速度较快，经济水平也较高，但是在经济发展的过程中，资源的过度消耗及带来的环境问题将制约该地区的经济可持续发展。绿色经济发展的重要衡量标准是提高要素投入效率，同时减少非期望产出，如污染物的排放等。GTFP 是在传统全要素生产率的基础上，考虑了绿色资源和环境污染等方面的因素，客观反映绿色发展效率，将资源、环境保护和经济发展协调起来，且绿色发展是"五大发展理念"（创新、协调、绿色、开放、共享）中的主要内容之一。本书参考了程惠芳和陆嘉俊[194]、李江龙和徐斌[68]以及王鹏和郭淑芬[193]的研究，在计算 GTFP 时选取了以下变量：

投入变量 1：劳动力投入量，采用各城市的年末就业人数（万人）来衡量。

投入变量 2：资本投入量，采用各城市的固定资产投入额（万元）来衡量。

投入变量 3：化肥投入量，采用各城市农用化肥施用量（折纯量）（万吨）进行计算。

投入变量 4：人均生活用水量，采用各城市人均生活用水量（吨/年）进行计算。

期望产出 1：实际 GDP，采用各城市年度实际 GDP 来表示，并用上年的 GDP 指数进行计算，求得各城市的可比价格的实际 GDP（亿元）。

期望产出 2：林业总产值，采用各城市年度林业总产值（万元）来表示。

非期望产出 1：工业废水排放量，采用各城市的年度工业废水排放量（万吨）来表示。

非期望产出 2：工业二氧化硫排放量，采用城市年度工业二氧化硫排放量（吨／年）来表示。

非期望产出 3：工业烟尘排放量，采用各城市的年度工业烟尘排放量（吨／年）来表示。

非期望产出 4：温度，采用各城市的年平均气温（°C）来表示。

本书选取 2005—2019 年的数据，数据均来自中国知网数据库、EPS 数据平台、同花顺 iFinD 金融数据中心、《中国城市统计年鉴》、各省和市的统计年鉴、各市国民经济社会统计公报。缺失数据采用插值法完善补齐。

（三）绿色全要素生产率结果及效应分解

根据前文对投入产出的设定，本书采用 SBM-ML 指数测算了我国长三角地区 41 个城市 2005—2019 年的 GTFP，并对结果进行分解，借助 MaxDEA 8.0 软件进行测算，本小节分别从时间演化角度和空间演化角度进行分析。

1. 时间演化角度

2005—2019 年，长三角地区 GTFP 平均为 1.1115，说明整体实现了较快的增长，但是 GTFP 增长率出现了波段式的变动。这段时间，GTFP 的变动主要得益于绿色技术的进步和创新（增长率为 11.32%），且管理水平较高，但是 GEC 指数和 GSEC 指数都小于 1，说明绿色投入产出要素并没有得到最优利用，规模效益还有提升的空间。2005—2007 年，增长率从 4.44% 上升到 8.95%，到 2007—2008 年则出现了快速增长（14.45%），随后又急剧下降到 7.17%，这段时期绿色技术的进步起了较大的拉动作用。2011—2013 年增长较为稳定，基本维持在 11% 左右。2013—2014 年则出现了谷底，增长只有 1.66%，主要是因为技术进步出现了负增长。2015—2019 年绿色全要素增长率呈下降趋势，增速有所减缓，绿色技术创新的增长也出现了同步下降趋势。2005—2019 年长三角地区整体 GTFP 增长率及其效应分解如表 3-1 所示。

表 3-1   2005—2019 年长三角地区整体 GTFP 增长率及其效应分解

时间	GTFP	GEC	GTC	GPEC	GSEC
2005—2006 年	1.0444	1.0057	1.0372	1.0040	1.0026
2006—2007 年	1.0895	0.9813	1.1092	0.9983	0.9831
2007—2008 年	1.1445	0.9916	1.1564	1.0038	0.9874
2008—2009 年	1.0717	0.9809	1.0918	0.9953	0.9858
2009—2010 年	1.0816	0.9878	1.0943	0.9968	0.9909
2010—2011 年	1.0480	0.9767	1.0728	0.9893	0.9873
2011—2012 年	1.1099	1.0314	1.0780	1.0166	1.0158
2012—2013 年	1.1076	0.9994	1.1106	0.9957	1.0036
2013—2014 年	1.0166	1.0418	0.9753	1.0112	1.0306
2014—2015 年	1.0745	1.0051	1.0680	0.9927	1.0122
2015—2016 年	1.3681	0.9713	1.4069	0.9963	0.9749
2016—2017 年	1.1827	1.0206	1.1637	0.9922	1.0283
2017—2018 年	1.1433	0.9865	1.1600	1.0010	0.9858
2018—2019 年	1.0781	1.0191	1.0606	1.0078	1.0109
均值	1.1115	0.9999	1.1132	1.0001	0.9999

　　2013 年 12 月,国务院发布了《全国资源型城市可持续发展规划(2013—2020 年)》,首次确认了全国 262 个资源型城市。其中,长三角地区有12 个城市被列为资源型城市。资源再生型城市包括徐州、宿迁、马鞍山市;资源成熟型城市包括湖州、亳州、宿州、淮南、滁州、宣城和池州;资源衰退型城市包括淮北和铜陵。从图 3-15 可以看出,2005—2019 年,资源型城市和非资源型城市的 GTFP 差异较为明显。GTFP 虽然都在波动中上升,但非资源型城市的 GTFP 明显高于资源型城市的 GTFP。非资源型城市整体 GTFP 增长率为 13.34%,而资源型城市只有 5.83%。其中,2005—2015 年 GTFP 表现较为平稳,但是 2015—2016 年出现了顶峰,随后 GTFP 呈缓慢下降趋势。

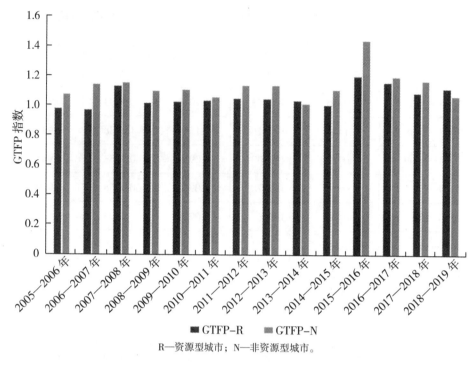

R—资源型城市；N—非资源型城市。

图 3-15　2005—2019 年长三角地区资源型城市和非资源型城市 GTFP 增长率

2005—2019 年长三角地区资源型城市和非资源型城市 GTFP 效应分解如图 3-16 所示。资源型城市绿色技术效率指数和非资源型城市绿色技术效率指数分别为 0.9909 和 1.0038，后者的绿色技术效率指数 GEC 总体上略高于前者。但从 2005 年开始，资源型城市绿色技术效率开始呈现略高于非资源型城市的趋势。非资源型城市的总体绿色技术进步指数 GTC 也高于资源型城市，分别为 1.1310 和 1.0703，且在 2014—2015 年差距有进一步拉大的趋势。资源型城市和非资源型城市的绿色规模效率 GSEC 总体上均呈波动上升趋势，非资源型城市和资源型城市的绿色规模效率 GSEC 分别为 1.0037 和 0.9907，说明资源型城市的绿色规模效率还有待提升。绿色纯技术效率 GPEC 指数均大于 1，虽有提升，但幅度不大，说明长三角各地区之间体制差异较大，管理水平也有很大的提升空间。

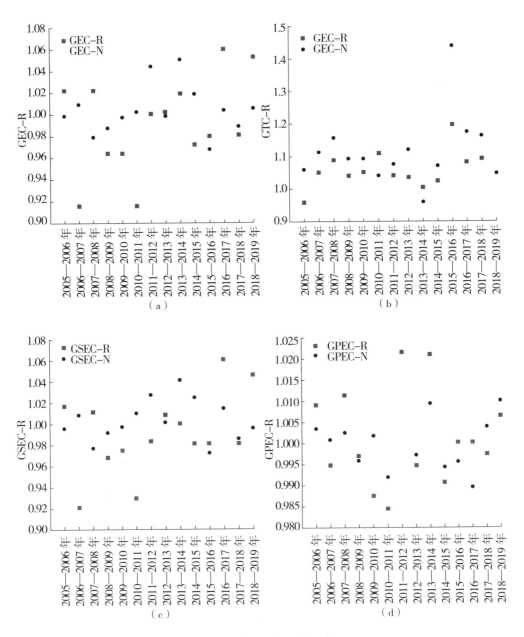

R—资源型城市；N—非资源型城市。

图 3-16　2005—2019 年长三角地区资源型城市和非资源型城市 GTFP 效应分解

2. 空间演化角度

根据 2005—2019 年长三角地区各城市的整体绿色全要素增长率，排在前十位的从高到低依次为南通、扬州、上海、合肥、温州、常州、泰州、舟山、杭州、蚌埠，排在后十位的从低到高依次为宿州、淮南、淮北、阜阳、宣城、铜陵、湖州、宿迁、衢州和马鞍山。长三角地区整体绿色全要素都实现了增长，且 GTFP 均大于 1。其中，17 个城市（包括上海市、江苏省8 个城市、浙江省 4 个城市、安徽省 4 个城市）整体 GTFP 超过了均值 1.1115，说明这些城市的总体绿色全要素增长率较高，如图 3-17 所示。

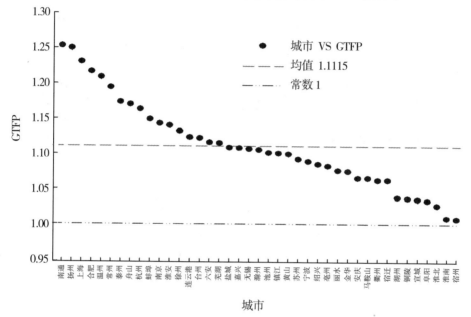

图 3-17　2005—2019 年长三角地区整体 GTFP 指数分布

　　2005—2019 年 GTFP 的变化呈明显的空间演变特征。如图 3-18 所示，2005—2006 年，有 25 个城市的绿色全要素生产率值大于 1，即实现了GTFP 的增长，排在前十位的从高到低依次为扬州、温州、上海、合肥、杭州、连云港、铜陵、盐城、金华和无锡，排在后五位的从低到高依次为安庆、淮南、亳州、宿州和阜阳。2011—2012 年，GTFP 的值超过 1 的城市数量增加到了 34 个，排在前十位的从高到低依次为扬州、黄山、常州、连云港、舟山、宿迁、泰州、南京、安庆、合肥。其中，增长率提升较快的城市有宿迁、安庆，主要原因是绿色技术进步率和绿色技术效率的拉动。2011—2012 年，宿迁的 GTC 增长率和 GEC 增长率分别为 5.98% 和 18%，安庆的 GTC 增长率和 GEC 增长率分别为 10.05% 和 8.53%。这段时间，GTFP小于 1 的城市分别为淮南、阜阳、金华、徐州、宿州、上海和池州。其中，淮南、徐州和池州主要是由于绿色技术效率有所下降，资源分配不合理，而宿州和上海主要是因为该阶段绿色技术进步效率有待提升，阜阳和金华则是因为绿色技术创新不够，且资源分配不合理。2018—2019 年，GTFP 值超过 1 的城市数量共有 34 个，但各个城市的增长率发生了变化，排名靠前的主要有滁州、杭州、亳州、六安、合肥、蚌埠、池州、安庆、芜湖和湖州，其中进步较快的城市为池州，主要得益于绿色技术进步和技术创新；而 GTFP 小于 1 的城市主要是舟山、温州、宿迁、铜陵、连云港、泰州和镇江，主要原因是镇江和温州绿色技术创新不够，但宿迁、铜陵和连云港是因为资源利用不合理，导致投入产出效率低下，舟山和泰州则是技术创新不够且资源没有得到合理分配，还有很大的提升空间。

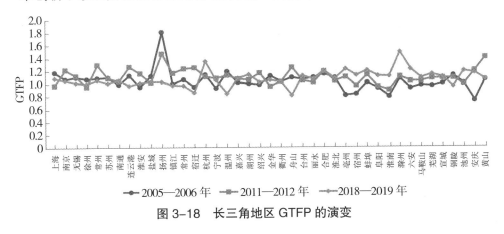

图 3-18　长三角地区 GTFP 的演变

三、长三角地区经济低碳发展分析

经济低碳发展是指减少高碳能源消耗的经济发展模式，通过技术创新、产业转型、能源转化等手段以减少向空气中排放二氧化碳，最终实现低污染、低能耗、低排放。经济低碳发展能够有效缓解资源约束的矛盾。2020 年 9 月，习近平主席在第七十五届联合国大会提到，中国在 2030 年之前争取达到碳排放峰值，2060 年之前争取能够实现碳中和。2020 年 12 月，习近平主席在气候雄心峰会提出，2030 年单位 GDP 二氧化碳排放要比 2005 年下降 65% 以上。2021 年 3 月，中央财经委员会第九次会议再次强调，实现碳达峰和碳中和，事关中华民族永续发展和构建人类命运共同体，且要构建以新能源为主体的新型电力系统。我国在实现碳达峰和碳中和的过程中面临着诸多严峻的挑战。目前，我国正处于工业化发展阶段，经济发展任务艰巨，电力需求也在刚性增长，距离实现 2060 年碳中和目标时间相比欧美发达国家来说较为紧迫。我国的产业结构偏重工业且能源消费效率较低。2019 年，我国单位 GDP 能源消耗是世界平均水平的 1.7 倍左右，是发达国家的近 3 倍左右；2020 年，我国清洁能源发电量及煤炭消费均高于世界平均水平 30% 左右。

长三角地区是我国较大的能源生产和消费区域，碳排放总量大。2018年，长三角地区碳排放占全国 17%。2019 年，长三角地区二氧化碳排放总量共 178698 万吨左右，全国碳排放总量 979476 万吨左右，长三角地区碳排放占到全国的 18.24%（如图 3-19 所示）。在低碳技术的利用方面，长三角地区也急需破解技术难题，引导新兴产业转型升级。低碳技术主要体现在光伏发电、风电、核电、水电、电化学能储及 CCUS（carbon capture, utilization and storage，即碳捕获、利用和封存技术），且电力行业将在低碳经济发展过程中发挥主导作用。只有做好碳达峰和碳中和的工作，才能提升长三角地区经济低碳发展水平。

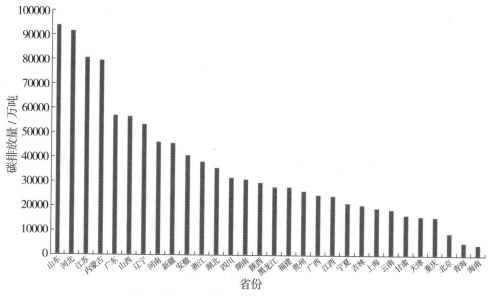

图 3-19　2019 年中国部分省份的碳排放

（资料来源：中国碳排放核算数据库）

长三角地区在低碳发展的同时，既要考虑碳排放水平，又不能以牺牲经济发展为代价。经济低碳发展的重点在于要降低单位能源消耗的碳排放，逐步使经济发展和能源消耗产生的碳排放量"脱钩"。因此，本小节除了使用了绝对碳排放量的概念，还使用了相对碳排放量的概念，即单位 GDP 碳排放量，以及碳排放的动态概念，将森林碳汇考虑进来，即单位 GDP 净排放量。最终，本小节将单位 GDP 碳排放和单位 GDP 净碳排放指标作为经济低碳发展水平的衡量标准。

2005—2019 年，长三角地区二氧化碳排放总量呈持续上涨趋势。其中，江苏省排放总量最高，而上海市排放总量最低。浙江省的碳排放总量虽然有上升趋势，但是总体较为平稳，而安徽省的碳排放总量在 2014 年之前呈现明显的上升趋势，随后基本保持较稳定的水平。长三角地区的最大特点是高度集聚。三省一市占全国国土面积的 3.73% 左右，GDP 总量占到全国的 25% 左右，具有优越的区位地理条件和经济优势。面对 2060 年碳中和的伟大愿景，长三角地区实现碳中和的目标上差异性较大，虽然整体趋势较为明朗，但是多元化特征也非常明显。从总体产业结构层面上看，服务业已经占到 60% 以上，但安徽省的产业结构还需要进一步优化，碳减排的压力会较大。此外，长三角地区能源消费规模较大，总量较高。总体来看，长三角地区的碳排放总量规模较大，2019 年，长三角地区以 25% 左右的经济总量排放了近 18% 的二氧化碳。长三角地区城市发展异质性明显，在碳排放的发展上目前还没有形成一个较完善的协同机制。三省一市 2005—2019 年碳排放如图 3-20 所示。

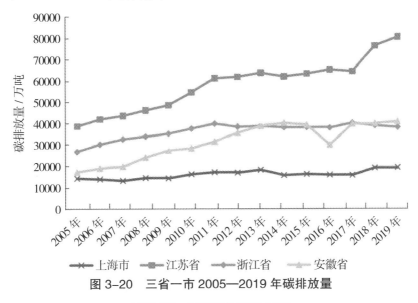

图 3-20　三省一市 2005—2019 年碳排放量

（资料来源：中国碳排放核算数据库）

单位 GDP 碳排放指的是每一单位 GDP 排放的二氧化碳的总量，单位 GDP 碳排放＝碳排放总量／实际 GDP 总量。2007 年，长三角地区平均单位 GDP 碳排放量为 0.28 千克／元，2019 年，平均单位 GDP 碳排放量下降为 0.085 千克／元，这说明碳排放强度下降，但并不意味着总的碳排放量减少。2007 年，单位 GDP 碳排放强度较小的城市依次为舟山、无锡、杭州、温州、绍兴、南京、上海、宁波、苏州和常州，平均只有 0.17 千克／元。单位 GDP 碳排放强度较高的城市分别是阜阳、滁州、淮北、连云港、宿迁、淮南、宿州、池州、亳州和宣城，单位 GDP 碳排放达到 0.43 千克／元，这说明这些地方碳排放强度较大。2019 年，碳排放强度整体下降很多，单位 GDP 碳排放强度较小的城市依次为合肥、杭州、舟山、上海、南京、无锡、宁波、芜湖、常州和温州，平均只有 0.05 千克／元。单位 GDP 碳排放强度较高的城市分别是淮南、六安、淮北、阜阳、亳州、连云港、滁州、黄山和宣城，单位 GDP 碳排放达到 0.12 千克／元，这也说明区域间经济发展质量的差异较大，但是这种现象随着碳排放强度差异的缩小而减少（如图 3-21 所示）。

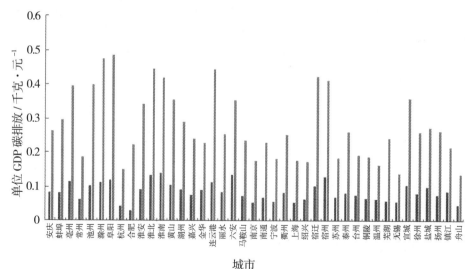

图 3-21　2007 年和 2019 年 41 个城市单位 GDP 碳排放

（资料来源：根据中国碳排放核算数据库、历年统计年鉴整理所得）

为进一步客观评价并真实说明长三角地区的碳排放强度，本小节剔除单位 GDP 固碳的影响，因此，将单位 GDP 净碳排放作为经济低碳的衡量标准之一。2007 年和 2019 年单位 GDP 净碳排放量均值分别为 0.27 千克 / 元和 0.082 千克 / 元，整体上单位 GDP 净碳排放量大幅减少。2007 年，单位 GDP 净碳排放强度较小的城市依次为舟山、无锡、杭州、温州、绍兴、南京、上海、宁波、台州和苏州，平均只有 0.16 千克 / 元。单位 GDP 净碳排放强度较高的城市分别是淮南、淮北、六安、宿州、阜阳、连云港、亳州、滁州、黄山和宣城，单位 GDP 碳排放达到 0.41 千克 / 元，说明这些地方碳排放强度较大。2019 年，碳排放强度整体下降很多，单位 GDP 净碳排放强度较小的城市依次为合肥、杭州、舟山、上海、南京、宁波、无锡、温州、无锡、芜湖和常州，平均只有 0.05 千克 / 元。单位 GDP 碳排放强度较高的城市分别是淮南、淮北、六安、宿州、阜阳、连云港、亳州、滁州、黄山和宣城，单位 GDP 碳排放达到 0.40 千克 / 元，这也说明区域间经济发展质量的差异较大，但是这种现象随着碳排放强度差异的缩小而减少。从长三角地区各城市单位 GDP 碳排放和单位 GDP 净碳排放两个方面来看，固碳能力对碳排放强度有一定的影响，通过固碳可以降低碳排放强度，以提升经济发展质量。图 3-22 显示的是 2019 年长三角地区 41 个城市单位 GDP 固碳、单位 GDP 碳排放和单位 GDP 净碳排放的信息，结果显示六安、丽水、安庆、温州和阜阳单位 GDP 固碳水平较高，但这 5 个城市的单位 GDP 碳排放除了温州低于 41 个城市的平均值以外，其他 4 个城市均高于均值，而单位 GDP 净碳排放除了阜阳和六安高于均值，另外 3 个城市都在均值以下，说明提高固碳能力有利于减少大气中存在的单位 GDP 二氧化碳净排放量。

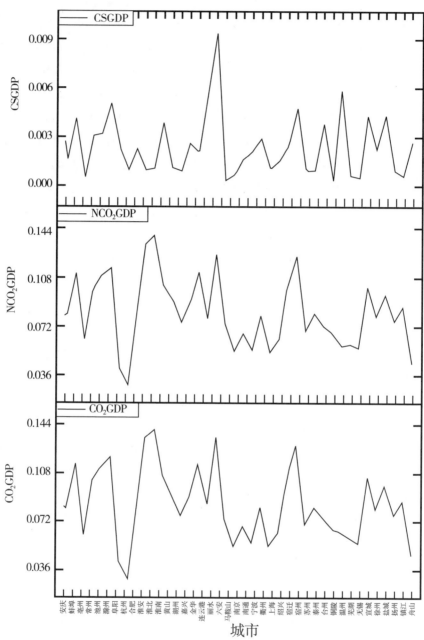

CO₂GDP—单位 GDP 碳排放；NCO₂GDP—单位 GDP 净碳排放；

CSGDP—单位 GDP 固碳。

图 3-22 2019 年长三角地区 41 个城市单位 GDP 固碳、单位 GDP 碳排放和单位 GDP 净碳排放

（资料来源：根据中国碳排放核算数据库、统计年鉴整理所得）

本章小结

本章主要探讨了长三角地区森林资源和经济发展的现状。从森林资源总量和结构、林业产值、森林碳汇等方面对长三角地区的森林资源进行了描述性统计，从区域生产总值、收入水平及市场化程度等方面分析了长三角地区的经济发展水平，进一步构建方向性距离函数的 Malmquist-Luenberger 指数对 GTFP 进行测算，以全面测度长三角地区的真实经济发展水平，并结合单位 GDP 碳排放和单位 GDP 净碳排放全面分析了长三角地区的经济低碳发展水平。主要结论如下：

长三角地区森林资源整体呈上升趋势，但区域差异化明显。长三角地区森林覆盖率远高于全国平均水平。2000—2018 年，林业用地面积、森林面积、人工林面积、活立木蓄积量、森林蓄积量都有所提升，森林覆盖率从 22.29% 上升到 29.33%。2018 年，森林蓄积量和森林面积分别占到全国的 3.29% 和 5.29%，天然林面积和人工林面积分别占全国的 3.76% 和 7.96%，但是林业产值却占到了全国的近 18%。2000—2018 年，长三角地区林业总产值从 163.39 亿元增长到 673 亿元，整体产出提升了 3.12 倍，具有稳步上升的趋势。但是，长三角森林资源分布不均匀，结构不合理，在开发利用过程中存在一定的统一性等问题。2018 年，上海市、江苏省、浙江省和安徽省的森林覆盖率分别为 14.04%、15.2%、59.43%、28.65%。此外，森林灾害也是不可忽视的问题之一。2013—2018 年，长三角地区林业有害生物发生面积从 59.6 万公顷上升到 91.18 万公顷，安徽省问题较为突出，2013—2018 年，安徽省为 42.72 万公顷，浙江省、江苏省和上海市林业有害生物发生面积平均分别为 13.8 万公顷、11.2 万公顷、2.7 万公顷。森林固碳能力不断增强。

长三角地区经济发展高于全国平均水平，对全国的经济贡献度较高，但地区差异化明显。2019 年，上海市、江苏省、浙江省和安徽省的 GDP 分别为 37987.6 亿元、98656.8 亿元、62462 亿元、36845.5 亿元，整个长三角地区的 GDP 总额为 235951.9 亿元，占全国 GDP 的 23.92%。2020 年，整个长三角地区的 GDP 达到 244713.16 亿元，占全国 GDP 的 24.09%。长三角地区 2020 年占比从高到低依次为江苏省 41.98%、浙江省 26.4%、上海市和安徽省均占 15.81% 左右。江苏省 GDP 占长三角地区的比重一直稳居前列,安徽省虽然占比较低,但是一直较为稳定,且有上升趋势。2005—2019 年,长三角地区的人均 GDP 从 2.1 万元上升到 9.19 万元,无锡、苏州、南京、上海和常州人均 GDP 靠前,但安徽省的部分城市经济发展水平较低。

长三角地区经济的高速增长在于 GTFP 的提高。在碳达峰和碳中和的大背景下,实现经济增长向低排放、高效率转型,就必须推进要素市场的改革。本章采用 DEA 方法,基于 SBM 方向性距离函数,对 DEA-Malmquist 函数进行修正,采用基于方向性距离函数的 Malmquist-Luenberger 指数方法计算 GTFP。结果显示,2005—2019 年,长三角地区 GTFP 平均为 1.1115,说明整体实现了较快的增长,但是 GTFP 增长率出现了波段式的变动。这段时间,GTFP 的变动主要得益于绿色技术的进步和创新,其增长率为 11.32%,且管理水平较高,但是 GEC 指数和 GSEC 指数都小于 1,说明绿色投入产出要素并没有得到最优利用,规模效益还有提升的空间。

长三角地区碳排放总量呈现持续上涨趋势,但单位 GDP 碳排放强度和单位 GDP 净排放强度持续降低,且区域经济发展质量差异较大。其中,江苏省排放总量最高,而上海市排放总量最低。浙江省的碳排放总量虽然有上升趋势,但是总体较为平稳,而安徽省的碳排放总量在 2014 年之前呈明显的上升趋势,随后基本保持较稳定的水平。2019 年,碳排放强度整体呈下降趋势,单位 GDP 碳排放强度较小的城市依次为合肥、杭州、舟山、上海、南京、无锡、宁波、芜湖、常州和温州,单位 GDP 碳排放强度较高的城市分别是淮南、六安、淮北、阜阳、亳州、连云港、滁州、黄山和宣城,区域间经济发展质量的差异较大,但是这种现象随着碳排放强度差异的缩小而逐步减小。

第四章　长三角地区森林资源与经济发展的城市异质性分析及协同成效

　　本章在第三章的基础上，利用第三章的数据对森林资源和经济发展的城市异质性及耦合关系进行测度并以此判断二者之间的协同成效。第一，对长三角地区森林资源丰裕度和经济发展水平概况进行分析，并通过构建资源诅咒系数，深入分析城市层面森林资源的经济优势及城市异质性；第二，通过修正的耦合协调度模型，对长三角地区森林资源和经济发展之间的耦合度及耦合协调度进行定量分析，以此判断长三角地区森林资源和经济发展的协同成效。本章为后续长三角地区森林资源丰裕度与经济发展的实证分析提供了数据基础，同时也为第五章的空间计量分析结论提供了对比依据。

第一节　长三角地区森林资源与经济发展水平的城市异质性分析

一、森林资源丰裕度与经济发展水平分析

　　本书以森林覆盖率衡量森林资源的丰裕程度，以人均GDP衡量长三

角地区经济发展水平，2005—2019 年，长三角地区城市森林覆盖率平均为 32.97%，高于全国平均水平。其中，森林覆盖率超过 30% 的从高到低依次为黄山、丽水、衢州、杭州、台州、金华、池州、温州、宣城、绍兴、宁波、湖州、舟山、六安、安庆和铜陵，均来自浙江省和安徽省；森林覆盖率较低的城市包括上海、嘉兴、淮南、苏州和马鞍山，平均森林覆盖率在 15% 以下。

图 4-1 中显示的是 2005—2019 年长三角地区 41 个城市森林覆盖率和人均 GDP 的平均值，从图中可发现经济水平和森林资源丰裕水平均呈现出明显的差异。2005—2019 年，长三角地区人均 GDP 为 5.38 万元，人均 GDP 在平均值以上的城市从高到低依次为苏州、无锡、上海、杭州、宁波、南京、常州、镇江、舟山、绍兴、扬州、嘉兴、南通、铜陵、湖州、泰州、合肥、马鞍山、金华和芜湖，人均 GDP 排名靠前的是江苏省的苏州和无锡。2005 年，长三角地区森林覆盖率平均在 30% 左右，超过 30% 的城市从高到低依次为黄山、丽水、衢州、杭州、台州、金华、温州、池州、宣城、绍兴、宁波、舟山、湖州、六安、安庆、铜陵、芜湖和宿州，多数属于浙江省和安徽省；2005 年，长三角地区人均 GDP 只有 2.1 万元，人均 GDP 超过均值的城市从高到低依次为苏州、无锡、上海、杭州、宁波、南京、嘉兴、常州、绍兴、镇江、马鞍山、舟山、湖州、铜陵、金华、台州、扬州和温州，排名前二的为江苏省的苏州和无锡。2019 年，长三角地区平均森林覆盖率为 34.68%，与 2005 年相比，森林资源有所增加。森林覆盖率超过 30% 的城市从高到低依次为黄山、丽水、杭州、衢州、台州、金华、温州、池州、宣城、绍兴、宁波、湖州、舟山、六安、安庆、滁州和宿州。人均 GDP 平均为 9.19 万元，与 2005 年相比提高了 3.38 倍，且平均全要素生产率为 1.23，这说明长三角地区经济水平提升较快。人均 GDP 超过均值的城市从高到低依次为无锡、苏州、南京、上海、常州、杭州、宁波、镇江、扬州、南通、舟山、合肥、绍兴、嘉兴、泰州、湖州、芜湖和金华。从森林资源的变化来看，浙江省始终是森林资源最为丰裕的地区，其次是安徽省，但是安徽省内城市的森林资源丰裕有所变化，主要表现在铜陵和芜湖，森林覆盖率稍有下降，但滁州森林面积有所提升。

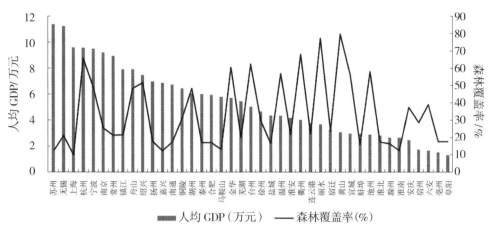

图 4-1　2005—2019 年长三角地区 41 个城市森林覆盖率与人均 GDP

从经济发展水平来看，2005—2019 年，上海市人均 GDP 为 9.59 万元，江苏省为 6.82 万元，浙江省为 6.38 万元，安徽省为 3.26 万元，城市间差异较为明显。2005 年，上海市人均 GDP 为 4.93 万元，江苏省为 2.37 万元，浙江省为 2.53 万元，安徽省为 1.45 万元；2019 年，上海市人均 GDP 为 15.73 万元，是 2005 年的 3.19 倍，江苏省为 11.06 万元，浙江省为 10.02 万元，安徽省为 7.10 万元，分别是 2005 年的 4.67 倍、3.96 倍、4.9 倍，安徽省的经济增长速度较快。

二、森林资源诅咒系数构建

徐康宁和韩剑[38]构建了以能源为代表的资源丰裕度指数，即用各省煤炭、石油和天然气的基础储量占全国的相对比重来衡量，并且赋予了三种资源的相对权重。苏迅[195]于 2007 年首次提出资源贫困指数，认为资源优势和经济社会发展存在相互脱节的现象，于是构建了资源贫困指数用于衡量资源优势与经济社会的反差程度。如果资源贫困指数大于 1，说明存在资源贫困。指数越高，代表资源贫困现象越严重。该指数以某一地区矿业产值占全国矿业产值的比重除以某一地区 GDP 占全国 GDP 的比值来衡量。在此基础上，能源资源诅咒系数首次被姚予龙等[196]于 2011 年提出。资源诅咒系数实质上是衡量经济发展与地区资源优势偏离程度的指标，资源诅咒系数采用地区能源资源生产量与总能源生产量的比重除以某一地区第二产业产值占所有地区第二产业产值的比重来表示。选择第二产业产值主要是因为第二产业消耗了大量的能源，且与能源消费呈正相关关系。郑猛和罗淳[197]同样提出了资源诅咒系数，用能源生产量的占比除以第二产业产值在全国所占的比重。如果资源诅咒系数大于1，则认为该地区存在资源诅咒现象；如果小于1，则说明该地区不存在资源诅咒现象。茶洪旺等[52]从经济、资源、环境和社会四个层面构建了多层级指标体系，以测评资源诅咒系数。王雨露和谢煜[131]以森林蓄积量为衡量森林资源丰裕度的指标，构建了森林资源诅咒系数，即地区森林蓄积量与总森林蓄积量的占比除以地区林业产值与林业总产值的占比。此外，Damette 和 Delacote[134]提出了以森林资源为代表的环境资源诅咒的概念，称其为环境森林资源诅咒，并采用如下两种方法来衡量森林资源禀赋：一种是 1990 年联合国粮食及农业组织提出的森林覆盖率，即森林覆盖面积占土地面积的比重，进而用这个指标来衡量相对森林资源禀赋；第二种方法是考虑森林采伐的影响，用原木产量占 GDP 的比重来衡量森林资源禀赋。资源诅咒的定量研究方法总结如表 4-1 所示。

表 4-1 资源诅咒的定量研究方法

作者	年份	发表期刊	指数/系数	衡量方法	判断方法
徐康宁、韩剑	2005 年	《经济学家》	资源丰裕度指数 RAI	$75 \times \left(\dfrac{coal_i}{coal}\right) + 17 \times \left(\dfrac{oil_i}{oil}\right) + 2 \times \left(\dfrac{gas_i}{gas}\right)$①	根据上、下四分位数测算能源和经济之间的关系，判断是否存在资源诅咒
徐康宁、王剑	2006 年	《经济研究》	拟合曲线斜率	各地区能源产量的平均比重/采掘业中相对资本投入/采掘业中相对劳动力投入与经济增长率的对应关系	斜率为负，这初步显现了存在资源诅咒的可能性
苏迅	2007 年	《中国矿业》	资源贫困指数 ρ	$\dfrac{\frac{\text{地区矿业产值}}{\text{地区 GDP}}}{\frac{\text{同期全国 GDP}}{\text{全国矿业产值}}} \times$	大于1，存在资源诅咒现象，数值越大资源诅咒越严重
姚予龙等	2011 年	《资源科学》	能源资源诅咒系数 ES_i	$\dfrac{\frac{\text{各地区能源产量}}{\text{所有地区能源总产量}}}{\frac{\text{各地区第二产业产值}}{\text{所有地区第二产业产值}}} \times$	

续表

作者	年份	发表期刊	指数/系数	衡量方法	判断方法
茶洪旺等	2018年	《资源科学》	资源诅咒系数 RS_j	$\sum_{x=1}^{n} w_x r_{xj}$ ②	大于2，则出现了重度资源诅咒
王雨露、谢煜	2020年	《南京林业大学学报（人文社会科学版）》	森林资源诅咒系数 RCC_t^i	$\dfrac{FV_t^i / \sum_{i=1}^{n} FV_i^t}{GFP_t^i / \sum_{i=1}^{n} GFP_i^t}$ ③	大于1，说明资源优势没有转化成经济优势，存在森林资源诅咒
Damette 和 Delacote	2009年	LEF–INRA（法国农业科学院）	森林资源禀赋	（1）森林覆盖面积/土地面积 （2）圆木产量/GDP	构建森林资源禀赋的指标，通过回归判断是否存在环境森林资源诅咒

① i 表示地区；75、17、2分别表示资源在我国一次能源生产量中的比重；

② j 表示年份；w_x 表示第 x 个指标的权重；r_{xj} 表示某地区第 j 年第 x 项无量纲指标；

③ FV 表示森林蓄积量；GFP 表示林业总产值。

本书基于前人已有的研究成果，结合森林资源自身特点及数据的可得性，采用森林覆盖率作为衡量森林资源丰裕度的指标，并构建了资源诅咒系数，具体如下：

$$RCC_t^i = \frac{FC_t^i / \sum_{i=1}^{n} FC_i^t}{GFP_t^i / \sum_{i=1}^{n} GFP_i^t} \qquad (4-1)$$

式中，RCC 代表资源诅咒系数，资源主要是森林资源；t 表示年份；i 表示城市；FC 表示森林覆盖面积，根据森林覆盖率乘以土地面积测算，单位为平方千米；GFP 表示林业总产值。如果 RCC 大于1，则认为森林资源并没有转化为经济优势，存在森林资源诅咒，但是并不严重；如果 RCC 大于2，则认为存在严重的森林资源诅咒；如果 RCC 小于1，则认为不存在森林资源诅咒，森林资源可以很好地转化为经济优势。本小节研究 2005—2019 年长三角地区 41 个城市的资源诅咒情况，并分析各个城市的森林资源是否可以转化为经济发展的优势。

三、测度结果分析

（一）空间异质性

根据森林资源诅咒系数的计算结果，2005—2019 年长三角地区 41 个城市森林资源诅咒呈现明显的空间异质性。共有 23 个城市的森林资源诅咒系数小于 1，说明这些城市整体上并不存在森林资源诅咒的情况；共有 11 个城市的森林资源诅咒系数介于 1 和 2 之间，说明这些城市存在资源诅咒，但并不严重；还有 7 个城市的森林资源诅咒系数大于 2，说明这些城市存在严重的森林资源诅咒情况。长三角地区 41 个城市 2005—2019 年平均森林资源诅咒系数如图 4-2 所示。

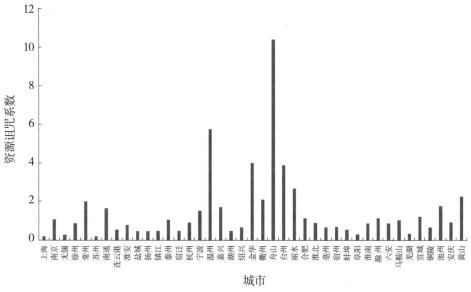

图 4-2　长三角地区 41 个城市 2005—2019 年平均森林资源诅咒系数

根据 2013 年公布的 262 个全国资源型城市名单，长三角地区 41 个城市中有 12 个属于资源型城市。在这 12 个资源型城市中，8 个已经不存在森林资源诅咒情况，分别是安徽省的亳州、淮北、淮南、宿州、铜陵，江苏省的宿迁、徐州，浙江省的湖州，还有 4 个城市虽然存在森林资源诅咒，但是 RCC 最高的是 1.7890，并不存在严重的森林资源诅咒的情况，分别是安徽省的马鞍山、滁州、宣城和池州，表 4-2 展示的是 2005—2019 年长三角地区 12 个资源型城市的森林资源是否转化为经济优势的情况。

表4-2　2005—2019年长三角地区12个资源型城市的森林资源诅咒情况

城市	省份	资源型城市类型	资源诅咒系数均值	是否存在森林资源诅咒
亳州	安徽省	成熟型城市	0.6780	否
淮北	安徽省	衰退型城市	0.9066	否
淮南	安徽省	成熟型城市	0.8782	否
宿州	安徽省	成熟型城市	0.6977	否
铜陵	安徽省	衰退型城市	0.6838	否
宿迁	江苏省	再生型城市	0.4907	否
徐州	江苏省	再生型城市	0.8796	否
湖州	浙江省	成熟型城市	0.4844	否
马鞍山	安徽省	再生型城市	1.0596	是
滁州	安徽省	成熟型城市	1.1558	是
宣城	安徽省	成熟型城市	1.2318	是
池州	安徽省	成熟型城市	1.7890	是

　　整体而言，存在资源诅咒但情况不严重的城市包括：安徽省5个城市（池州、滁州、宣城、马鞍山和合肥），只有合肥是非资源型城市；江苏省4个城市（常州、南京、南通和泰州），均是非资源型城市；浙江省2个城市（嘉兴和宁波），均是非资源型城市。资源诅咒严重的城市主要包括安徽省的黄山和浙江省的金华、丽水、衢州、台州、温州和舟山。按严重程度来分，从高到低依次为舟山（森林资源诅咒系数为10.4065）、温州（森林资源诅咒系数为5.7445）、金华（森林资源诅咒系数为4.0089）和台州（森林资源诅咒系数为3.8956），说明森林资源的经济优势并不明显。

（二）时空演变

　　图4-3为2005—2019年长三角地区41个城市森林资源诅咒系数的变化情况。从图4-3中可以看出，长三角地区41个城市森林资源诅咒系数呈较为明显的地区特点。浙江省和安徽省的部分城市森林资源诅咒系数较高，但是江苏省的部分城市和上海市森林资源诅咒系数较低且较为稳定。

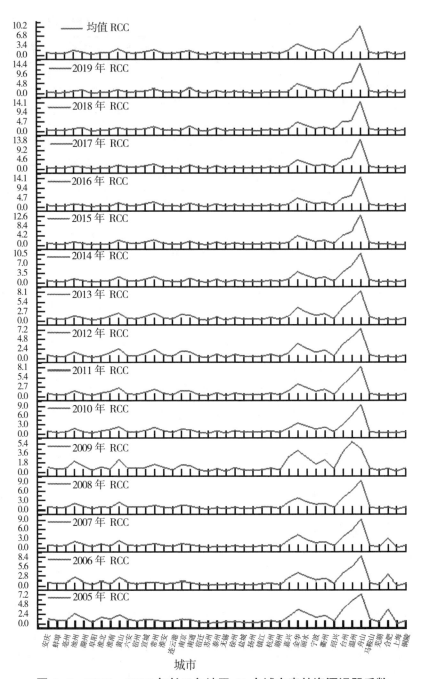

图 4-3　2005—2019 年长三角地区 41 个城市森林资源诅咒系数

从省份的角度来看，2005—2019 年，江苏省的森林资源诅咒系数均值为 0.81，明显小于 1，说明整体上是不存在森林资源诅咒的，森林资源也并没有限制其经济的发展，且期间资源诅咒系数的变化也一直较为平稳，均保持在 1 以下。在此期间，上海市的资源诅咒系数为 0.21，远低于 1，说明上海市的森林资源对经济发展并没有太大的限制作用，而且 2005—2019 年的森林资源诅咒系数均远低于 1。浙江省 2005—2019 年的森林资源诅咒系数均值为 3.11，说明森林资源并没有形成较好的经济优势，还有很大的资源整合空间。2005—2019 年，安徽省的资源诅咒系数均值为 0.97，资源诅咒系数整体是下降的，但是 2005—2007 年的森林资源诅咒系数是大于 1 的，2008 年以后，资源诅咒系数逐步保持平稳下降，基本保持在 1 以下，说明安徽省的森林资源逐步发挥出了经济优势。从三省一市的整体情况来看，2005—2019 年，长三角地区的资源诅咒系数均值为 1.47，高于 1，说明整体上是存在资源诅咒的，也就是森林资源整体上对经济发展有一定的抑制作用，说明森林资源在发挥经济优势方面还有较大的发展空间。

在 12 个资源型城市中，不存在森林资源诅咒的 8 个城市（亳州、淮北、淮南、宿州、铜陵、宿迁、徐州、湖州）中，淮北和淮南整体的资源诅咒系数呈下降趋势。淮北在 2011 年之前基本上存在森林资源诅咒现象，但是 2012 年以后资源诅咒系数基本能够维持在 1 以下，2012—2019 年资源诅咒系数一直保持在 0.6 左右，淮北的资源诅咒系数从 2005 年的 1.6062 下降到 2019 年的 0.6480，最终摆脱了森林资源诅咒。淮南的资源诅咒系数从 2005 年的 1.1206 下降到 2019 年的 0.7561，而真正摆脱森林资源诅咒应该在 2013 年以后。此外，其他城市基本上从一开始就不存在资源诅咒，但资源诅咒系数变化趋势却呈现两极分化。亳州的资源诅咒系数一直在稳步下降，从 2005 年的 0.8988 稳步下降到 2019 年的 0.4835，铜陵则呈现波动中下降的趋势。此外，宿州、宿迁和湖州虽然一直都没有森林资源诅咒的困扰，但是资源诅咒系数却有上升的趋势，需要警惕。徐州的资源诅咒系数呈现的波段性比较明显，2005—2010 年资源诅咒系数一直呈现上升的趋势，2010 年资源诅咒系数为 1.0798，2011—2018 年资源诅咒系数呈现振荡下降的趋势，2018 年资源诅咒系数为 0.7991，2019 年资源诅咒系数有所回升，但整体上森林资源诅咒在徐州并不存在。

资源型城市中存在森林资源诅咒的现象整体有所缓解。资源型城市中存在森林资源诅咒的 4 个城市（马鞍山、滁州、宣城和池州），也呈现明显的时间异质性。2005 年，池州的资源诅咒系数高达 2.5827，2019 年下降到 1.1846，虽然森林资源诅咒依旧存在，但是最大的变化是诅咒程度从严重变为了一般，程度有所下降，且池州的资源诅咒系数一直呈现明显的下降趋势，诅咒程度实质性下降从 2010 年开始，资源诅咒系数开始从 2 以上下降到 1.1846，且一直在降低。宣城的波动性比较明显，2006—2009 年，宣城并没有出现森林资源诅咒特点，但从 2010 年开始，资源诅咒系数开始上升到 1 以上，且有增长的趋势。滁州和马鞍山的资源诅咒系数变化波动较大。

在非资源型城市中，7 个城市（南京、常州、南通、泰州、宁波、嘉兴、合肥）存在较为一般的森林资源诅咒，其中变化较为明显的是南京和合肥。2005—2019 年南京的资源诅咒系数一直呈现下降的趋势，且在 2013 年以后，资源诅咒系数下降迅速，从 2005 年的 1.1584 降到 2014 年的 0.3857。南通和泰州的资源诅咒系数呈现上升的趋势，且 2018 年南通的资源诅咒系数超过了 2，资源诅咒情况较为严重，泰州在 2011 年以前并不存在森林资源诅咒现象，但是 2011 年以后泰州的资源诅咒系数基本保持在 1 以上，但都没有超过 2，也就是说虽然存在资源诅咒现象，但并不严重。常州市的资源诅咒系数一度达到 1.9899，是一般森林资源诅咒城市中系数最高的，2006—2009 年资源诅咒系数基本维持在 2 以下，但是 2010 年以后基本在 2 以上，森林资源诅咒情况较为严重。2005—2007 年合肥的资源诅咒系数在 3 以上，从 2008 年开始合肥的资源诅咒系数均在 1 以下，说明合肥森林资源在经济优势的发挥上比较有成效。宁波的资源诅咒系数从 2005 年以来一直较为稳定，虽然在波动中呈现下降趋势，但是幅度不大，依旧存在森林资源诅咒的现象。2005—2019 年嘉兴的资源诅咒系数也出现了明显下降的趋势，2006—2009 年基本上存在严重的资源诅咒，但是 2010 年以后资源诅咒系数基本下降到 2 以下，且呈下降趋势，2019 年资源诅咒系数更是下降到 1 以下，说明森林资源诅咒现象得到了较好的治理。

在非资源型城市当中，7 个城市（温州、金华、衢州、舟山、台州、丽水、黄山）的资源诅咒情况整体而言较为严重，资源诅咒系数均超过了 2。其中，情况最为严重的是舟山，不仅资源诅咒系数值较高，而且出现了波动中上升的趋势。温州森林资源诅咒情况也较为严重，但是相比舟山而言，温州的资源诅咒系数均值为 5.7445，且一直较为稳定，没有太大的波动。

在 29 个非资源型城市当中，共有 15 个城市不存在资源诅咒。其中，蚌埠、阜阳、淮安、连云港、苏州、无锡、盐城、扬州、镇江、杭州、绍兴、芜湖和上海从 2005 年以来，基本就不存在森林资源诅咒的情况；六安和安庆从 2005 年开始，资源诅咒系数开始降到 1 以下，资源诅咒情况逐渐得到缓解。安庆 2005—2007 年的资源诅咒系数大于 1，但没超过 1.3，2008 年以后资源诅咒系数一直保持在 1 以下，整体呈现下降趋势；六安也是呈波段下降，2005 年和 2006 年的资源诅咒系数均超过 1，2007 年以后下降到 1 以下，2011 年以后又开始逐步回升，直到 2015 年出现了资源诅咒系数顶峰 1.1864，随后又开始慢慢降到 1 以下。台州和金华较为稳定，整体趋势没有太大波动，资源诅咒系数均维持在 4 左右。黄山、丽水和衢州也较为稳定，资源诅咒系数始终维持在 2~3，没有太大的波动。

2005—2019 年，长三角地区 41 个城市森林资源诅咒系数发生了较大的变化，城市层面上资源诅咒现象有所缓解，见图 4-4。2005 年，22 个城市（上海、无锡、徐州、常州、苏州、南通、连云港、淮安、盐城、扬州、镇江、泰州、宿迁、杭州、湖州、绍兴、亳州、宿州、蚌埠、阜阳、芜湖、铜陵）的资源诅咒系数小于 1，江苏省除南京外的 12 个城市均不存在森林资源诅咒现象，安徽省的蚌埠、亳州、阜阳、宿州、芜湖、铜陵，浙江省的杭州、湖州、绍兴，以及上海市均不存在资源诅咒现象。10 个城市存在一般的森林资源诅咒现象，包括江苏省的南京，浙江省的嘉兴、宁波，安徽省的安庆、滁州、淮北、淮南、六安、宣城和马鞍山。9 个城市存在较严重的森林资源诅咒，分别是安徽省的池州、黄山、合肥，浙江省的金华、丽水、衢州、台州、温州和舟山。2019 年，25 个城市（上海、南京、无锡、苏州、连云港、淮安、盐城、扬州、镇江、宿迁、杭州、嘉兴、湖州、绍兴、合肥、淮北、亳州、宿州、蚌埠、阜阳、淮南、六安、芜湖、铜陵、安庆）不存在资源诅咒现象，8 个城市依旧存在一般的森林资源诅咒现象，包括安徽省的池州、滁州、黄山、宣城、马鞍山，江苏省的泰州和徐州，以及浙江省的宁波，只有 8 个城市存在较为严重的资源诅咒，资源诅咒最严重的是舟山，资源诅咒系数达到 14.9745，其次是温州，资源诅咒系数为 5.4621，资源诅咒系数介于 4 和 5 之间的是浙江省的金华和台州，资源诅咒系数介于 2 和 3 之间的包括常州、南通、丽水和衢州。由上述可知，长三角地区的资源诅咒整体情况有所好转，更多的城市发挥出森林资源的经济优势，但是，各个城市的经济发展和资源管理还存在较大的地区差异性。

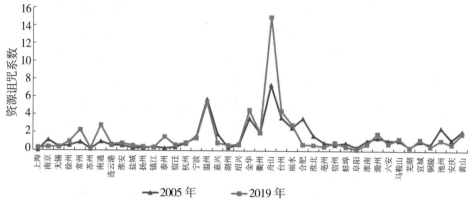

图4-4　长三角地区2005年和2019年森林资源诅咒系数演变

第二节　长三角地区森林资源与经济发展的协同成效

一、相关文献综述

资源与经济的协调发展旨在让某一地区某一时期内的经济发展水平与当地的资源开发利用效率及资源承载力、环境治理水平相互平衡发展，这意味着，在注重经济发展的同时，不能仅重视资源的利用效率，同时要加强对资源的保护，以期达成资源、环境和经济的可持续发展。资源与经济的协调发展具体指的是在一种关联关系（即系统中的子系统及构成要素间具有合作、互补、同步等多种内在和外在的关联关系）背后所呈现的协调结构和状态。资源与经济的协调发展往往通过协调度进行描述。协调度具体指的是各系统之间及各系统的组成要素之间在不断发展演化过程中形成的彼此和谐一致的程度。科学度量资源与经济发展的协调度，有利于评价经济可持续发展水平，有利于提高资源的有效开发利用效率，有利于改善生态环境质量。

　　资源禀赋是区域经济发展的重要基础，土地资源和水资源在经济发展过程中尤为重要。孔伟等[198]从土地承载力和水资源承载力两类资源角度，研究了土地资源、水资源与经济发展之间的协调关系。随着城市化的不断发展，资源与经济发展之间的矛盾越来越突出。而社会、经济和自然是具有不同性质的子系统，它们在结构、功能和发展规律上各有各的特点，各自存在却又相互依存、相互制约。这些系统之间的问题，被称为"社会-经济-自然"的复合生态问题[199]。实现经济的可持续发展，就需要制定可持续发展的指标体系，以便定量衡量发展质量。不同空间里的社会、经济和自然之间相互耦合的过程，采取定量衡量是一个十分复杂的问题，既要符合发展规律，又要能反映地区特点。经济增长并不一定会带来环境的恶化，环境恶化只会发生在经济增长的早期阶段，且和人均收入有很大的关系[200]。

　　国内对资源与经济发展的研究起步较晚。20 世纪 90 年代，毛汉英[201]制定了山东可持续发展的指标体系，主要是从四个方面进行研究：一是经济增长，包括总量指标、集约化程度、效益指数；二是资源环境方面，包括环境污染、环境治理、生态指标；三是社会进步，主要涉及人口指数、生活质量、社会稳定和社会保障指数；四是可持续发展能力，主要包括经济能力、智力能力、资源环境能力和决策管理能力。20 世纪 90 年代末，关于资源与经济协调发展的研究更加深入。通过对协调度及协调发展度概念的解读，相关学者推导出协调度和协调发展度的计算模型和具体的评价指标，并根据协调发展度或者协调发展系数，将资源与经济发展的层次划分为三大层次十小层次，即可接受区、过渡区和不可接受区。其中，可接受区又分为四小类，即优质协调、良好协调、中等协调及初级协调发展类；过渡区分为两小类，即勉强协调发展类和濒临失调衰退类；不可接受区分为四小类，分别为轻度失调衰退类、中度失调衰退类、严重失调衰退类及极度失调衰退类。在中国省级区域经济发展和资源发展协调度上，张晓东和池天河[202]建立了资源承载力和经济发展的协调度模型，并构建了区域经济资源协调度指标体系，主要分为区域综合经济实力指数和资源承载力指数。其中，区域综合经济实力指数的构建主要从经济水平、经济结构、经济活力和经济效率四个方面进行全面的衡量，区域资源承载力指数主要从大气环境、水环境和生态环境承载力三个方面进行全面的衡量。而经济子类和资源子类的协调类型主要分为六类，即较为协调、基本协调、调和、基本调和、勉强协调和极不协调。根据模型分析结果，张晓东和池天河[202]发现中国20世纪90年代协调度和区域经济发展之间存在U型关系，尤其在工业化发展阶段，资源和经济之间的相互作用非常明显，协调度较低且波动幅度较大。城市化与资源环境的耦合过程主要分为低水平协调、拮抗、相互磨合及高水平协调四个阶段，呈现先指数衰退后逐渐改善的耦合定律[203]。王林辉等[204]基于Acemoglu环境技术进步方向模型，论证了经济发展和环境质量相容发展的政策条件，最优的政策组合往往呈动态的发展过程。

资源与经济发展之间存在一个动态演变，既相互制约，又相互依存，二者相互影响、相互促进。关于资源环境和经济发展水平的测评指标体系，生态环境质量主要从气候质量、地貌、资源拥有量、环境污染来分析，经济发展水平则分别从经济总量、经济结构、生活质量、经济效益及经济增长水平五个方面来进行全面的量化分析，根据结果将协调发展水平分为失调衰退类、过度发展类、协调发展类三大类，并从空间分布和空间聚类上进行空间分异分析。朱慧珺和唐晓岚[205]采用熵值法确定权重，同时构建协调发展模型。李真等[206]以甘肃为研究对象，基于生态资产价值的视角，分析生态–经济协调发展的时空格局变化，发现林地对生态资产价值的贡献最大，生态资产价值增长与GDP的增长极不协调。邬彩霞[207]从能源流和资源流的角度构建了中国低碳经济发展的复合系统，分析中国低碳经济发展的协同效应。

在林木与经济发展的耦合关系上，Sun等[208]基于在银杏农林系统上的长期实践，构建了协调度和协调发展度两个指标，分析了1994—2015年五个银杏农林系统的生态、经济和社会指标的表现，选择最优的可持续农林系统，以实现经济和环境保护的协同发展。在创新发展和经济增长的耦合关系测度方面，李加奎和郭昊[209]运用2008—2019年的数据，采用熵权指数法测算了中国商贸流通业的创新发展水平指数和经济增长指数，并构建了耦合协调度模型深入分析二者的耦合关系。吴清等[210]运用地理信息系统的空间分析技术，从经济、产业、地形和关联度等方面分析了2007—2016年广东省21个地级市的旅游、经济和环境三个子系统耦合协调发展的内在规律。但是，自2010年到2018年年底，随着耦合协调度模

型被广泛使用，从中文社会科学引文索引数据库和中国科学引文数据库发表的论文来看，使用该模型的论文共 683 篇，其中 40% 以上的论文存在公式书写错误、相关系数丢失、权重使用错误和模型不成立等四类错误。为解决以上问题，需要对传统的耦合度模型进行修正[211]。

二、模型构建

在孔伟等[198]、Sun 等[208]、王淑佳等[211]、李加奎和郭昊[209] 的研究基础上，本书利用耦合度和耦合协调度模型来评价长三角地区经济增长和资源、生态、社会等不同系统之间的耦合关系。其中，耦合度模型是用来阐述各子系统之间的耦合关系的，耦合协调度模型是用来对整个系统进行综合评价和分析的。耦合度是耦合协调度模型的核心部分，结果应介于 [0，1]。传统的耦合度模型的规范公式如下：

$$C=\sqrt[n]{\frac{\prod_{i=1}^{n}U_i}{\left(\frac{1}{n}\sum_{i=1}^{n}U_i\right)^n}} \tag{4-2}$$

式中，C 为耦合度值；n 为子系统的个数；U_i 为各子系统的值，即各系统的综合得分。C 和 U_i 的值均分布在 [0，1]。C 值越大，各子系统之间的离散程度就越小，耦合度越高；反之，C 值越小，说明各子系统之间的耦合度越低。该公式对于耦合度的计算较为简单，即使到高阶，也较容易计算和操作。这也会导致耦合协调度模型在传统耦合度模型的基础上被简化。耦合协调度模型主要依赖于综合评价指数和耦合度的乘积。在传统耦合度模型中，C 值大概率分布于 1 一端，导致协调发展度的测算主要依赖于综合评价指数，最终弱化了协调发展水平的作用。在计算综合评价指数时，为了不降低综合评价指数的取值范围，本书采用算数加权而非几何加权。综合评价指数 T 的计算公式如下：

$$T=\sum_{i=1}^{n}w_i \cdot U_i，其中，\sum_{i=1}^{n}w_i=1 \tag{4-3}$$

式中，T 为综合评价指数；U_i 为第 i 个子系统标准化值；w_i 为第 i 个子系统的权重。权重可利用熵权法计算得出，耦合协调度的模型即可写为

$$D=C \cdot T=\sqrt[n]{\sqrt[n]{\frac{\prod_{i=1}^{n} U_i}{(\frac{1}{n}\sum_{i=1}^{n} U_i)^n}} \cdot \sum_{i=1}^{n} w_i \cdot U_i}$$

$$=\sqrt[n]{\sqrt[n]{\frac{\prod_{i=1}^{n} U_i}{(\frac{1}{n}\sum_{i=1}^{n} U_i)^n}} \cdot \sum_{i=1}^{n} w_i \cdot U_i} \qquad (4-4)$$

$$=\sqrt[n]{\sqrt[n]{\frac{\prod_{i=1}^{n} U_i}{(\frac{1}{n}\sum_{i=1}^{n} U_i)^n}} \cdot \frac{1}{n}\sum_{i=1}^{n} U_i}$$

$$=\sqrt[2n]{\prod_{i=1}^{n} U_i}$$

根据式（4-4）的结果，发现耦合协调度的计算被简化为各子系统乘积的开 $2n$ 次方，从而降低了协调发展度模型的使用效度。因此，本书采用王淑佳等[211]的方法，考虑到耦合度不仅和比值有关，还和差值有关，且耦合度 C 并不是 0 到 1 之间的平均分布函数，直接对传统耦合度模型进行修正，更能提升该模型的使用效度。修正后的耦合度模型如下：

$$C=\sqrt{\left[1-\frac{\sum_{i>j,j=1}^{n}(U_i-U_j)^2}{\sum_m^{n-1} m}\right] \cdot \left(\prod_{i=1}^{n} \frac{U_i}{\max U_i}\right)^{\frac{1}{n-1}}} \qquad (4-5)$$

式中，m 表示第 $n-1$ 个子系统个数；i 和 j 代表系统 i 的第 j 项指标；U_i 和 C 的取值为 [0, 1]。子系统的离散程度越高，C 值越低，耦合程度越低；子系统的离散程度越低，C 值越高，耦合程度越高。公式 T 不变，则耦合协调度模型如下：

$$D=\sqrt{C \cdot T}=\sqrt{\sqrt{\left[1-\frac{\sum_{i>j,j=1}^{n}(U_i-U_j)^2}{\sum_m^{n-1} m}\right] \cdot \left(\prod_{i=1}^{n} \frac{U_i}{\max U_i}\right)^{\frac{1}{n-1}}} \cdot \frac{1}{n}\sum_{i=1}^{n} U_i} \quad (4-6)$$

当子系统 $n=2$ 时，耦合度模型为

$$C=\left[1-(U_2-U_1)^2\right] \cdot \frac{U_1}{U_2}=[1-(U_2-U_1)] \cdot \frac{U_1}{U_2} \qquad (4-7)$$

当子系统 $n=3$ 时，耦合度模型为

$$C=\sqrt{\left[1-\frac{\sqrt{(U_3-U_1)^2}+\sqrt{(U_2-U_1)^2}+\sqrt{(U_3-U_2)^2}}{3}\right] \cdot \sqrt{\frac{U_1}{U_3} \cdot \frac{U_2}{U_3}}} \qquad (4-8)$$

当子系统 $n=4$ 时，耦合度模型为

$$C=\sqrt{\left[1-\frac{\sqrt{(U_4-U_1)^2}+\sqrt{(U_3-U_1)^2}+\sqrt{(U_2-U_1)^2}+\sqrt{(U_4-U_2)^2}+\sqrt{(U_3-U_2)^2}+\sqrt{(U_4-U_3)^2}}{6}\right]\cdot\sqrt{\frac{U_1}{U_4}\cdot\frac{U_2}{U_4}\cdot\frac{U_3}{U_4}}}$$

（4-9）

修正后的模型的优势在于 C 值的分布将不再集中向 1 靠拢，结果较为分散，能进一步对耦合度进行区分。综合评价值 U 的公式如下：

$$U_i=\frac{\sum_{i=1}^{n}\beta_i x_i}{\sum_{i=1}^{n}\beta_i}$$

（4-10）

式中，β_i 为第 i 个指标的权重；n 为指标数量。U 值越大，表明效果越好。指标变异性的大小对熵权法计算权重的大小起着举足轻重的作用。因此，本书根据熵权法确定客观权重，并根据指标变异性的大小来最终确定各指标及各系统的权重大小。

熵权法赋权的具体步骤如下：

第一步，建立指标合集。

根据资源环境和经济发展建立综合评价指标集如下：

一级指标集：$X=\{X_1, X_2, X_3, \cdots, X_n\}$

二级指标集：$X_1=\{X_{11}, X_{12}, \cdots, X_{1a}\}$

$X_2=\{X_{21}, X_{22}, \cdots, X_{2b}\}$

$X_3=\{X_{31}, X_{32}, \cdots, X_{3c}\}$

$\vdots$

$X_n=\{X_{n1}, X_{n2}, \cdots, X_{nd}\}$

其中，n 表示一级指标集的个数，X_{1a}，X_{2b}，X_{3c}，$\cdots$，X_{nd} 分别表示二级指标系统具体的指标。

第二步，标准化处理数据。

各指标对资源环境和经济发展的影响方向、原始数据的量级和量纲存在很大差异。为了便于比较，我们用极差标准化的方法对这些原始数据进行标准化处理，将指标的绝对值转变为相对值，处理后的结果数值都在 0 到 1 之间，且各个具体的评价指标属性都分为正向属性的指标和负向属性的指标。正向指标数值越大，表明该指标对对应的系统比较有利；相反，逆向指标数值越大，表明该指标对对应的系统不利。计算公式如下：

$$\text{正向指标标准化数值} = \frac{\text{该指标的标准化值} - \text{该指标原始值的最小值}}{\text{该指标原始值的最大值} - \text{该指标原始值的最小值}}$$

$$\text{逆向指标标准化数值} = \frac{\text{该指标原始值的最大值} - \text{该指标的标准化值}}{\text{该指标原始值的最大值} - \text{该指标原始值的最小值}}$$

计算第 j 项指标下第 i 年份指标值的比重 p_{ij}：

$$p_{ij} = \frac{y_{ij}}{\sum_{i=1}^{m} y_{ij}} \qquad (4-11)$$

式中，y_{ij} 代表利用极差法对数据进行标准化处理后的结果；m 表示三级指标的个数；p_{ij} 的计算结果应介于 [0，1]。根据计算结果，可以得出数据的比重矩阵 $\boldsymbol{p}$，即 $\{\boldsymbol{p}_{ij}\}mn$。

第三步，计算信息熵值及信息效用值。

信息熵本质是平均得到的信息量的大小，即各离散消息的自信息量的数学期望，即概率加权的统计平均值，具有非负性的特点。本书同时参考了王淑佳等[211]、杨阳等[212]的方法，信息熵的计算公式如下：

$$E_j = -\frac{1}{\ln(m)} \sum_{i=1}^{m} p_{ij} \ln p_{ij} \qquad (4-12)$$

某一指标的信息熵与 1 之间的差值最终决定了这项指标的信息效用价值，信息熵与 1 之间的差值直接影响了指标权重的最终取值，信息效用价值越大，说明这个指标对最终结果的评价也越重要，对结果的评价影响也就越大，所占的权重也就越大。

第四步，确定各指标的权重。

根据以上信息熵的计算公式及结果，可以计算出各指标的信息熵具体数值，通过信息熵可以计算出第 j 项指标的权重，具体公式如下：

$$w_j = \frac{1-E_j}{\sum_{i=1}^{m}(1-E_j)} \qquad (4-13)$$

根据以上公式计算出各个指标的权重，然后进行权重加总后合成各城市的综合发展水平指数。

耦合度反映的是不同子系统之间相互作用和相互影响的关系，因此本书在前人研究的基础上，将耦合度划分为以下四个类别：

类别1：低耦合时期，即 $0 \leq C \leq 0.3$，说明资源和经济之间处于较低水平的博弈阶段。

类别2：拮抗时期，即 $0.3 < C \leq 0.5$，说明资源和经济发展之间的相互作用开始加强。

类别3：磨合时期，即 $0.5 < C \leq 0.8$，说明资源和经济发展之间相互制衡、相互配合。

类别4：协调耦合时期，即 $0.8 < C \leq 1.0$，说明资源和经济发展之间的良性耦合关系加强，且逐渐往高水平的方向发展。

虽然耦合度可以分析各系统之间的相关作用程度，但是不能表征各个功能之间到底是高水平相互促进还是低水平相互制约，因此本书在前人研究的基础上，根据李真等[206]、李加奎和郭昊[209]、王淑佳等[211]的文献整理，将经过模型测算的耦合协调度划分为五小类，以更好地反映各系统之间的相互促进和制约作用，以判定各系统之间的协同成效，具体见表4-3。

表4-3　协同成效的划分标准

耦合协调度	协同成效	特点
0.000~0.200	高度不协同	经济发展过程中，严重损耗了资源，破坏了环境，并产生了一系列资源环境等生态问题。
0.201~0.400	中度不协同	经济发展过程中，污染产生的系列问题开始显现。
0.401~0.500	基本协同	经济发展逐渐由高速向高质量发展，开始重视对资源环境等问题的修复。
0.501~0.800	中度协同	对资源环境等问题的修复取得了一定成效，整体环境得到了一定的改善。
0.801~1.000	高度协同	资源环境和经济发展开始相互促进、相辅相成、和谐共生。

三、指标体系构建及数据来源

森林资源和经济发展本身就是一个相互耦合的复杂系统。本书主要采用频度统计法、理论分析法来确定森林资源和经济发展的耦合度指标体系。指标的筛选原则主要有：①根据相关国内外文献中所采用的统计指标出现的频度，并选择出现频度较高的指标；②根据中共中央、国务院于2019年12月印发的《长江三角洲区域一体化发展规划纲要》以及推动长三角一体化发展领导小组办公室于 2021 年 6 月发布的《长三角一体化发展"十四五"实施方案》；③根据 2020 年发布的《可持续发展蓝皮书：中国可持续发展评价报告（2020）》，该报告由中国国际经济交流中心、美国哥伦比亚大学、阿里研究院与社会科学文献出版社联合发布。本书最终构建了资源环境、经济发展、社会民生、创新发展四大子系统。资源环境子系统主要包括森林资源要素、生态环境压力要素、生态环境建设要素；经济发展子系统包括经济规模要素、经济结构要素和经济质量要素三个要素；社会民生子系统包括基础建设要素和社会和谐要素两个要素；创新发展子系统包括教育投入要素和科技投入要素。长三角地区森林资源与经济协同发展评价指标体系见表 4-4。

表 4-4 长三角地区森林资源与经济协同发展评价指标体系

子系统	要素层	指标层	属性
资源环境系统	森林资源要素 X_1	森林覆盖率 X_{11}	正向
		人均林业产值 X_{12}	正向
	生态环境压力要素 X_2	单位 GDP 工业废水排放量 X_{21}	逆向
		单位 GDP 工业二氧化硫排放量 X_{22}	逆向
		单位 GDP 二氧化碳排放量 X_{23}	逆向
		单位 GDP 工业烟尘排放量 X_{24}	逆向
		单位 GDP 农用化肥施用量 X_{25}	逆向
		人均生活用水量 X_{26}	逆向
		人均用电量 X_{27}	逆向
	生态环境建设要素 X_3	城市建成区绿化覆盖率 X_{31}	正向
		人均园林绿地面积 X_{32}	正向
		水利、环境和公共设施管理业就业人员占总就业人员的比重 X_{33}	正向
经济发展系统	经济规模要素 X_4	GDP 总量 X_{41}	正向
		固定资产投资额 X_{42}	正向
		社会消费品零售总额 X_{43}	正向
	经济结构要素 X_5	第二产业占 GDP 的比重 X_{51}	正向
		第三产业占 GDP 的比重 X_{52}	正向
		对外开放度（对外直接投资占 GDP 的比重） X_{53}	正向
	经济质量要素 X_6	人均 GDP X_{61}	正向
		人均城乡居民储蓄年末余额 X_{62}	正向
		常住人口城镇化率 X_{63}	正向

续表

子系统	要素层	指标层	属性
社会民生系统	基础建设要素 X_7	人均公共汽（电）车客运总数 X_{71}	正向
		人均年末实有城市道路面积 X_{72}	正向
		每百人医院床位数 X_{73}	正向
		人均公共图书馆总藏量 X_{74}	正向
	社会和谐要素 X_8	就业率 X_{81}	正向
		职工平均工资 X_{82}	正向
创新发展系统	教育投入要素 X_9	高等学校在校生人数占总人口的比重 X_{91}	正向
		地方财政预算教育支出占总支出的比重 X_{92}	正向
	科技投入要素 X_{10}	科研从业人员占全社会从业人员的比重 X_{01}	正向
		地方财政预算科学技术支出占总支出的比重 X_{02}	正向

本书指标数据来自《中国林业统计年鉴》、《中国森林资源报告》、《中国区域经济统计年鉴》、《中国县（市）社会经济统计年鉴》、《中国城市统计年鉴》、江苏林业局、上海统计局、安徽统计局、浙江统计局、中国知网数据库、同花顺 iFinD 金融数据中心、EPS 数据平台，以及各省或城市的统计年鉴、国民经济和社会发展统计公报。城市碳排放数据来自 *Scientific Data* 及中国碳核算数据库，GDP 数据根据 GDP 指数（上年 =100）全部转化为实际 GDP，人均 GDP 是实际 GDP 除以城市常住人口得出，涉及价格的指标，本书也进行了处理，全部按照可比价格进行统计，剔除了 CPI 的影响。缺失数据主要用插值法补齐完善。

四、研究结果

（一）赋权结果

熵权法实际上是面对不确定性的一种量化衡量方法。信息量与不确定呈现一种反向的关系，即信息量越大，不确定性就越小，熵也就会越小；反之，信息量越小，不确定性就会越大，熵也就会越大。因此，利用熵权法可以计算各个指标权重，同时提供多指标综合评价的客观依据，并最终为客观分析长三角地区 2005—2019 年森林资源和经济发展之间的耦合度和耦合协调度提供客观的依据和计算标准。根据以上熵权法计算步骤，得出四大子系统的权重，资源环境系统权重为 0.2035，经济发展系统权重为 0.4155，社会民生系统为 0.1969，创新发展系统的权重为 0.1841。熵权法赋权计算结果如表 4-5 所示。

表 4-5　熵权法赋权计算结果

子系统	权重	要素层	指标	相对子系统权重	总体权重
资源环境系统	0.2035	森林资源要素 X_1	X_{11}	0.1747	0.0356
			X_{12}	0.3415	0.0695
		生态环境压力要素 X_2	X_{21}	0.0108	0.0022
			X_{22}	0.0059	0.0012
			X_{23}	0.0326	0.0066
			X_{24}	0.0056	0.0011
			X_{25}	0.0236	0.0048
			X_{26}	0.0345	0.0070
			X_{27}	0.0300	0.0061
		生态环境建设要素 X_3	X_{31}	0.0115	0.0023
			X_{32}	0.2042	0.0416
			X_{33}	0.1249	0.0254
经济发展系统	0.4155	经济规模要素 X_4	X_{41}	0.2386	0.0991
			X_{42}	0.1535	0.0638
			X_{43}	0.2294	0.0953
		经济结构要素 X_5	X_{51}	0.0230	0.0096
			X_{52}	0.0364	0.0151
			X_{53}	0.0990	0.0411
		经济质量要素 X_6	X_{61}	0.0971	0.0403
			X_{62}	0.0843	0.0350
			X_{63}	0.0387	0.0161
社会民生系统	0.1969	基础建设要素 X_7	X_{71}	0.2785	0.0548
			X_{72}	0.1595	0.0314
			X_{73}	0.0710	0.0140
			X_{74}	0.3462	0.0681
		社会和谐要素 X_8	X_{81}	0.0522	0.0103
			X_{82}	0.0927	0.0183
创新发展系统	0.1841	教育投入要素 X_9	X_{91}	0.3090	0.0569
			X_{92}	0.0283	0.0052
		科技投入要素 X_{10}	X_{01}	0.4331	0.0798
			X_{02}	0.2295	0.0423

（二）森林资源与经济发展耦合度的时空分异特征

与 2005 年相比，2019 年森林资源和经济发展的耦合度整体是上升的，2005 年耦合度均值为 0.5591，2010 年为 0.6437，2015 年为 0.6843，2019 年为 0.6862，整体提升了 22.73%，耦合阶段分别从低耦合时期、拮抗时期提升到磨合时期。41 个城市中，耦合度提升较快的城市从高到低依次为盐城、宿迁、淮安、绍兴、滁州、泰州、亳州、台州、金华，耦合度至少提升了 0.2，安徽省和浙江省部分城市厚积薄发，在森林资源和经济发展协调上有了较大的提升。苏州、常州、合肥、南京、无锡、淮南 6 个城市的耦合度虽然没有提升，但是下降的幅度非常小，均在 0.05 以下。上海的耦合度有所下降，且与 2005 年相比，下降了 0.15。但是从总体趋势上看，这些城市的森林资源和经济发展均呈现了波动中稳步上升的良好趋势。图 4-6 是反映 2005 年、2010 年、2015 年和 2019 年长三角地区森林资源与经济发展耦合度的堆积折线图，从中可以看出耦合度 C 值随时间变化稳步提升。

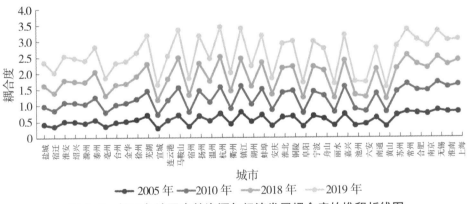

图 4-6　长三角地区森林资源与经济发展耦合度的堆积折线图

长三角地区森林资源和经济发展之间的相互作用开始加强，整体耦合程度有所提升。从空间分布来看，2005 年，只有宣城的耦合度低于 0.3，具体值为 0.2883，属于低耦合时期，这意味着森林资源和经济发展开始进行博弈，耦合水平较低，且呈现无关且无序状态。无锡是仅有的一个耦合度高于 0.8 的城市，属于耦合协调时期，这说明资源和经济已经能够很好地配合发展。耦合度排在前六位的分别是无锡、上海、常州、淮南、镇江和合肥，排在后六位的从低到高依次为宣城、亳州、宿州、宿迁、阜阳和黄山，安徽省的居多。耦合度介于 0.3 到 0.5 之间的共有 17 个城市，耦合度均值为 0.4102，属于拮抗时期，资源和经济之间的相互作用开始加强。这 17 个城市分别为金华、淮安、湖州、绍兴、台州、滁州、六安、衢州、盐城、丽水、池州、安庆、黄山、阜阳、宿迁、宿州、亳州。

2005 年，22 个城市的耦合度在 0.5 到 0.8 之间，属于磨合时期，耦合度均值为 0.6739，资源和经济的相互制衡和配合作用已经显现。这 22 个城市具体为上海、常州、淮南、镇江、合肥、杭州、南京、嘉兴、苏州、蚌埠、马鞍山、芜湖、扬州、宁波、铜陵、淮北、南通、舟山、徐州、泰州、连云港、温州。

2010 年，无锡的耦合度依旧最高；安徽省的进步较大；长三角地区共有 8 个城市的耦合度超过了 0.8，具体为无锡、常州、马鞍山、嘉兴、上海、杭州、镇江和蚌埠。长三角地区只有 11 个城市处在拮抗时期，耦合度介于 0.3 到 0.5 之间，这 11 个城市大部分分布在安徽省；22 个城市处在耦合时期，耦合度介于 0.5 到 0.8 之间，且城市均分布在江苏省、浙江省和安徽省；已经没有城市处于低耦合时期。

2015 年，处于耦合协调的城市增加到 10 个，从高到低依次为杭州、马鞍山、常州、扬州、镇江、芜湖、蚌埠、合肥、嘉兴和泰州，无锡有所下降，耦合度为 0.7922。耦合度介于 0.3 和 0.5 之间的城市减少到 7 个，耦合度均值为分别 0.45，这 7 个城市分别为安庆、阜阳、宣城、池州、丽水、六安和黄山，大部分分布于安徽省；24 个城市出现了资源和经济的良性耦合特征，均值为 0.6781。

2019 年，依旧有 7 个城市处于拮抗时期，耦合度介于 0.3 到 0.5 之间，从低到高依次为黄山、池州、丽水、六安、阜阳、宣城和安庆，但是平均耦合度与 2010 年相比提升到了 0.4534；耦合度介于 0.8 到 1 之间的城市共 6 个，从高到低依次为镇江、杭州、芜湖、马鞍山、扬州和蚌埠，耦合度均值为 0.8784；共有 28 个城市耦合度介于 0.5 和 0.8 之间，耦合度均值为 0.7032，资源和经济处于磨合时期，相互制衡和配合的作用逐步显现。

2005—2019 年长三角地区森林资源与经济发展耦合度的空间分布见图 4-7，城市之间有差异，但整体耦合水平有所提升。

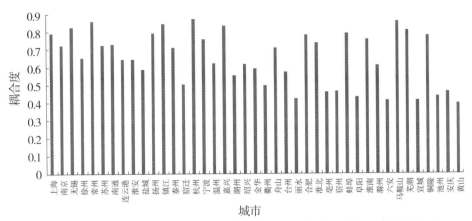

图 4-7　2005—2019 年长三角地区森林资源与经济发展耦合度的空间分布

（三）森林资源与经济发展协同成效的时空分异特征

2005—2019 年，长三角地区森林资源和经济发展的耦合度均值为 0.6369，耦合协调度均值为 0.3460，说明在经济发展过程中，污染问题开始逐渐显现，资源与经济发展整体处在中度不协同阶段。根据森林资源和经济发展耦合协调度计算结果，淮安、上海和嘉兴的耦合协调度均值在 0.5 和 0.8 之间，说明这 3 个城市的森林资源和经济发展处于中度协调的类型，资源环境得到了一定的修复和改善。扬州、苏州、温州、南京、泰州、南通、徐州、无锡、连云港的耦合协调度处于 0.4 和 0.5 之间，说明这 9 个城市的森林资源和经济发展是基本协调的，也就意味着这些城市开始注重经济发展的质量，并注意到经济发展过程中出现的资源环境问题并进行修复。镇江、常州、宁波、绍兴、丽水、盐城、金华、台州、蚌埠、湖州、淮北、宿迁、衢州、舟山、宿州、亳州、杭州、淮南、铜陵、黄山、合肥、芜湖、池州、阜阳、六安、安庆、滁州、宣城和马鞍山共 29 个城市的耦合协调度处于 0.2 和 0.4 之间，属于中度失调的阶段，说明资源环境问题开始凸显。整体来看，长三角地区森林资源和经济发展之间的耦合协调度还有很大的提升空间，且基本没有出现严重失调的局面。耦合协调度从高到低依次为上海市、江苏省、浙江省和安徽省。2005—2019 年长三角地区森林资源与经济发展耦合协调度如图 4-8 所示。

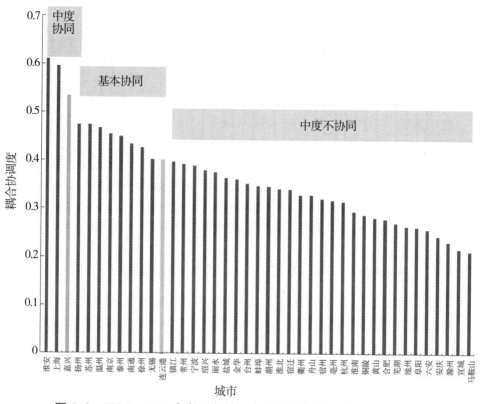

图 4-8　2005—2019 年长三角地区森林资源与经济发展耦合协调度

2005—2019 年长三角地区森林资源和经济发展之间的耦合协调度的趋势和耦合度的趋势基本保持一致，如图 4-9 所示。与 2005 年长三角 41 个城市的耦合协调度相比，2019 年，所有城市都有所提升，且整体幅度高达 57.61%。这说明在提升经济水平的同时，长三角地区对资源环境的注重和修复水平也在不断提升，其中提升幅度最大的前十位分别是杭州、盐城、淮安、绍兴、宿迁、滁州、芜湖、泰州、徐州和扬州，提升幅度较小的除了上海，排在最末尾的是淮南、淮北、六安、黄山和铜陵，这说明城市之间差异还是较大的。

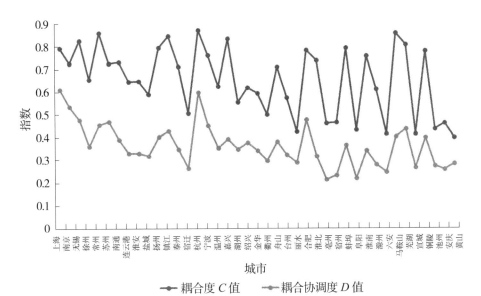

图 4-9　2005—2019 年长三角地区森林资源与经济发展耦合度和耦合协调度

2005—2019 年，长三角地区所有城市的森林资源和经济发展之间的耦合协调度均呈稳步上升的趋势。2005 年耦合协调度均值为 0.2730，2010 年上升为 0.3412，2015 年和 2019 年分别为 0.4012 和 0.4303，且 2005—2019 年耦合协调度均值为 0.3619，长三角地区城市整体上森林资源和经济发展的耦合协调度已经从中度失调逐步发展为基本协调，发展趋势较为稳定，且有较大的提升空间。2005 年，盐城、池州、安庆、滁州、宣城、宿迁、宿州、阜阳和亳州的耦合协调度均在 0.1 和 0.2 之间，均值为 0.1667，属于森林资源和经济发展的严重失调类型。这些城市在经济建设的过程中，过度开发资源、破坏环境，造成了一系列生态环境的问题。有 29 个城市，包括无锡、合肥、苏州、宁波、常州、镇江、芜湖、嘉兴、淮南、马鞍山、铜陵、扬州、湖州、舟山、南通、绍兴、蚌埠、温州、金华、徐州、台州、淮北、泰州、连云港、衢州、丽水、黄山、淮安和六安，耦合协调度介于 0.2 和 0.4 之间，均值为 0.2847，属于中度失调的类型，说明发展经济仍是首要任务，但是资源环境的问题已经开始凸显。南京和杭州的耦合协调度分别为 0.4619 和 0.4393，属于基本协调的类型，说明南京和杭州已经对经济发展过程中带来的资源环境的过度开发和破坏问题进行修复。上海的耦合协调度最高，为 0.5346，属于中度协调的类型，说明在经济发展过程中，上海市已经不再单纯追求速度，而开始重视资源和环境问题，并且对资源环境的修复也取得了一定的成效。

2010 年，长三角地区城市森林资源和经济发展耦合协调度均有所提升。严重失调的城市只有 2 个，阜阳和亳州，耦合协调值分别为 0.1897 和 0.1842。28 个城市耦合协调度处于 0.2 和 0.4 之间，均值为 0.3025，属于中度失调的类别，具体城市包括铜陵、扬州、嘉兴、南通、舟山、蚌埠、淮南、绍兴、徐州、湖州、泰州、金华、温州、连云港、淮北、台州、淮安、盐城、黄山、池州、衢州、丽水、安庆、宣城、宿迁、滁州、六安和宿州。森林资源和经济发展之间的耦合协调度介于 0.4 和 0.5 之间的城市上升到了 8 个，分别为无锡、常州、苏州、合肥、芜湖、宁波、马鞍山和镇江，说明这些城市已经开始重视资源环境问题并着手进行修复。上海、杭州和南京的耦合协调度分别为 0.6272、0.5619 和 0.5011，这三个城市均属于中度协调的类型，且跟 2005 年的数据相比，2010 年的耦合协调度都有所提升，尤其是南京和杭州，开始对资源环境问题进行修复，并取得了一定的成效，耦合发展的趋势较好。

2015 年，长三角地区已经不存在森林资源和经济发展耦合协调度低于 0.2 的城市了，说明已经不存在资源环境和经济水平耦合发展严重失衡的现象了。22 个城市的耦合协调度介于 0.2 和 0.4 之间，均值为 0.3277，说明处于中度失调的状态，这 22 个城市分别为泰州、温州、淮安、盐城、湖州、连云港、金华、台州、淮北、淮南、滁州、丽水、衢州、池州、黄山、宿迁、宣城、安庆、六安、宿州、亳州和阜阳。基本协调的城市上升到了 13 个，耦合协调度均值为 0.4490，分别为常州、宁波、芜湖、镇江、铜陵、扬州、马鞍山、南通、舟山、绍兴、嘉兴、蚌埠和徐州。中度协调的城市上升到了 6 个，均值为 0.5676，这 6 个城市的耦合协调度从高到低依次为杭州、上海、南京、合肥、苏州和无锡。

2019 年，长三角地区森林资源与经济发展的协同成效进一步得到提升，中度失调的城市下降到了 15 个，耦合协调度均值为 0.3375，这些城市分别为连云港、滁州、衢州、宿迁、淮南、淮北、宣城、丽水、黄山、池州、安庆、六安、阜阳、宿州和亳州。基本协调的城市上升到了 18 个，耦合协调度均值为 0.4430，这些城市分别为常州、镇江、扬州、绍兴、马鞍山、徐州、嘉兴、温州、南通、泰州、蚌埠、舟山、盐城、金华、淮安、湖州、

铜陵和台州。中度协调的城市上升到了 8 个，耦合协调度均值为 0.5760，这些城市分别为杭州、上海、南京、合肥、苏州、无锡、宁波和芜湖。长三角地区森林资源与经济发展耦合协同的空间分布如图 4-10 所示。

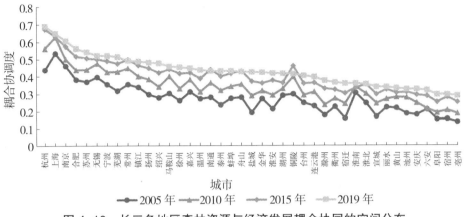

图 4-10　长三角地区森林资源与经济发展耦合协同的空间分布

2005—2019 年，长三角地区城市在不断提升经济水平的过程中，尽管经济水平和资源环境都存在较大差异，但是在经济高速增长逐步转变为经济高质量发展、经济低碳发展的目标上是一致的，对资源环境的重视及对资源环境问题的修复，以及修复体现的成效，都证明了资源环境和经济发展是可以和谐共生的，且经济发展最终要向低碳发展的方向转变。在这个过程中，森林资源将起着不可替代的重要作用。

（四）不同城市类别森林资源与经济发展协同成效分析

2005—2019 年，长三角地区非资源型城市森林资源与经济发展的耦合度和耦合协调度均高于资源型城市。2005—2019 年，资源型城市资源环境和经济发展的耦合度均值为 0.6022，整体上处于磨合时期，说明这些城市资源环境和经济发展之间已经开始相互制衡、相互配合；非资源型城市的耦合度均值为 0.6715，虽然也处在磨合时期，但是相互制衡和配合水平要明显高于资源型城市。资源型城市的耦合协调度均值为 0.3071，非资源型城市的耦合协调度均值为 0.3845，虽然都处于中度失调的状态，但是资源型城市的问题要比非资源型城市整体上相对严重一些。但是，2005—2019 年，资源型城市和非资源型城市的耦合度和耦合协调度都在稳步上升，发展趋势较好。资源型城市在 2005 年时还处于拮抗时期，2010 年以后均处在磨合时期，且磨合程度越来越高；同期，耦合协调类型虽然依旧处于中度失调的状态，但是问题得到了明显的改善，这种失调的状态在不断好转。非资源型城市从 2005 年开始就已经处于磨合时期，且磨合程度越来越高，普遍高于同期资源型城市的表现；同期，耦合协调度在 2010 年以前还处于中度失调状态，但 2015 年以后环境治理取得了一定成效，资源环境和经济发展处于基本协调状态，且耦合协调度越来越高。虽然资源型城市和非资源型城市的耦合度及耦合协调度均存在一定的差距，但是这种差距却在不断缩小，说明不管是资源型城市还是非资源型城市，资源环境与经济发展之间的关系越来越受到关注和重视，经济发展不单单追求数量，且逐渐转变为对质量的追求。长三角地区资源型城市和非资源型城市耦合度和耦合协调度如图 4-11 所示。

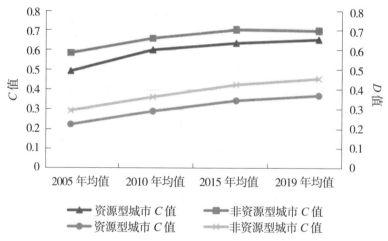

图 4-11 长三角地区资源型城市和非资源型城市耦合度和耦合协调度

本章小结

本章主要对森林资源和经济发展的城市异质性及协同成效进行了测度。首先对长三角地区森林资源丰裕度和经济发展水平发展演变进行了事实分析，并通过构建资源诅咒系数，深入分析城市层面森林资源的经济优势及城市异质性，并通过构建修正的耦合协调度模型，进一步分析长三角地区森林资源和经济发展之间的耦合度和耦合协调度，以量化分析长三角

地区森林资源与经济发展的协同成效。主要结论如下：

长三角地区森林资源丰裕度对经济发展水平有一定的抑制作用，情况并不严重且有所好转，且这种抑制作用呈现明显的空间异质性。2005—2019 年，长三角地区森林覆盖率和经济水平均有所提升，但城市之间均呈现出明显的差异。根据森林资源诅咒系数的计算结果，2005—2019 年长三角地区 41 个城市资源诅咒系数均值为 1.47，说明森林资源整体上对经济发展有一定的抑制作用，森林资源尚未形成有效的经济优势。从区域角度来看，2005—2019 年，江苏省的资源诅咒系数均值为 0.81，明显小于 1，说明整体上是不存在森林资源诅咒的，森林资源也并没有限制经济发展，且期间资源诅咒系数的变化也一直较为平稳，均保持在 1 以下。在此期间，上海市的资源诅咒系数为 0.21，远低于 1，说明上海市的森林资源对经济发展并没有太大的限制作用，而且 2005—2019 年的资源诅咒系数均远低于 1。浙江省 2005—2019 年的森林资源诅咒系数均值为 3.11，说明森林资源并没有形成较好的经济优势，还有很大的资源整合空间。2005—2019 年，安徽省的资源诅咒系数均值为 0.97，资源诅咒系数整体是下降的，但是在 2005—2007 年，资源诅咒系数是大于 1 的，2008 年以后，资源诅咒的系数逐步保持平稳下降，基本保持在 1 以下，说明安徽省的森林资源逐步发挥出了经济优势。2005—2009 年，从城市层面上看，共有 23 个城市的 RCC 小于 1，说明这些城市整体上并不存在森林资源诅咒的情况；共有 11 个城市的 RCC 介于 1 和 2 之间，说明这 11 个城市存在资源诅咒，但并不严重；还有 7 个城市的 RCC 大于 2，说明这 7 个城市存在严重的森林资源诅咒情况。2005—2019 年，长三角地区 41 个城市森林资源诅咒系数发生较大的变化，说明资源诅咒整体情况有所好转，但各城市的经济发展和资源管理还存在较大的差异性。此外，资源型城市整体上森林资源对经济发展的抑制作用也逐步得到缓解，说明经济转型发展还是有成效的。

长三角地区森林资源与经济发展质量之间相互作用的程度在不断加强，资源和经济发展之间已经开始相互制衡、相互配合。本章利用熵权法构建了修正的耦合度模型和耦合协调度模型，合理评估长三角地区森林资源和经济发展的耦合关系及协调发展水平。2005—2019 年，长三角地区资源环境和经济发展耦合度排在前六位的分别是上海、南京、无锡、徐州、常州和苏州,而排名较为靠后的均属于安徽省,从低到高依次为黄山、安庆、池州、铜陵、宣城和芜湖。除安徽省的 10 个城市在这期间耦合度均值介于 0.3 和 0.5 之间,属于拮抗时期,说明这些城市的资源环境和城市耦合度并不高,但是二者之间的相互作用已经在逐步加强。上海、南京、无锡、徐州、常州、苏州和南通的耦合度均值在 0.8 和 1 之间,属于耦合协调时期,说明这些城市的资源环境和经济发展的良性耦合已经越来越强,且逐步向有序的方向发展,耦合度处于较高水平。而其他城市,如连云港、淮安等及浙江省所有城市耦合度均值均处于 0.5 和 0.8 之间,均处于磨合时期,说明这些城市的资源环境和经济发展已经出现相互制衡、相互配合的良性耦合特征。从整体层面上看,资源和经济之间耦合度从高到低依次为上海市、江苏省、浙江省和安徽省。

长三角地区森林资源与经济发展之间协同成效不高,但是发展态势良好。长三角地区森林资源与经济发展从中度不协同发展到基本协同,经济发展逐渐由中高速向高质量发展,开始重视对资源环境等问题的修复。2005 年耦合协调度均值为 0.2730,2010 年上升为 0.3412,2015 年和 2019 年分别为 0.4012 和 0.4303。2005—2019 年,长三角地区 41 个城市资源环境和经济发展之间的耦合协调度的趋势和耦合度的趋势基本保持一致。与 2005 年相比,2019 年长三角地区 41 个城市的耦合协调度都有所提升,且整体幅度高达 57.61%,说明在提升经济水平的同时,长三角地区对资源环境的注重和修复水平也在不断提升,其中提升幅度最大的前十位分别是杭州、盐城、淮安、绍兴、宿迁、滁州、芜湖、泰州、徐州和扬州,提升幅度较小的除了上海,排在末尾的是淮南、淮北、六安、黄山和铜陵,说明城市之间差异还是较大的。

第五章　长三角地区森林资源丰裕度对经济发展水平的影响

本章主要实证检验了森林资源丰裕度对经济发展水平的影响，并基于第一章提供的相关理论和第三章的数据框架，在理论分析框架的基础上，构建了 SDM 和空间自相关模型，并提供了非空间计量模型的面板数据的实证结果以供对比研究。本章首先对空间计量方法学的发展演变过程进行了梳理，并进行了客观评价。其次，基于森林资源丰裕度对经济发展水平的影响分析，验证森林资源丰裕度对经济发展水平影响的非线性特征，并对空间计量模型结果进行了效应分解，以更好地分析森林资源丰裕度对经济发展水平的空间影响。最后利用更换空间权重矩阵、调整样本期、更换被解释变量的方法，对模型验证结果进行稳健性检验，并利用空间 GMM 和 2SLS 的方法缓解可能存在的内生性问题。本章为第六章的实证分析提供了完整而翔实的数据基础与研究方法，并为后续分析森林资源影响经济发展水平的传导机制提供了路径机制参考。

第一节　空间计量经济学的演变与发展

一、空间计量经济学的演变

为了处理空间相关性和空间异质性，空间计量经济学逐渐发展并成为空间数据的主要分析工具之一。通过阅读文献，可以发现空间计量经济学的发展经历了四个阶段，从最初的探索性空间数据分析，发展到横截面数据空间分析，进一步到空间面板分析和空间动态面板分析阶段。这四代空间计量经济模型是基于以下条件发展而成的四种常见经典模型：空间理论、横截面数据、基于空间面板数据的非动态模型及动态空间面板数据模型（详见表5-1）。

表5-1　空间计量模型

模型		公式
静态模型	SEM	$Y_{it}=X_{it}\beta+\varepsilon_{it}$　　　$\varepsilon_{it}=\lambda m_i\varepsilon_t+u_{it}$
	SAC/SARAR	$Y_{it}=\rho W_i Y_t+X_{it}\beta+\varepsilon_{it}$　　　$\varepsilon_{it}=\lambda m_i\varepsilon_t+u_{it}$
动态模型	SAR/SLM	$Y_{it}=\tau Y_{i,t-1}+\varphi W_i Y_{t-1}+\rho W_i Y_t+X_{it}\beta+u_{it}$
	SDM	$Y_{it}=\tau Y_{i,t-1}+\varphi W_i Y_{t-1}+\rho W_i Y_t+X_{it}\beta+d_i Z_i\delta+u_{it}$

注：W_i 是空间权重的第 i 行；X 表示解释变量的列向量，β 是对应的系数；$d_i Z_i\delta$ 表示解释变量的空间滞后项；δ 是各变量对应的系数；d_i 是相应权重矩阵的第 i 行；m_i 是随机误差项 ε 的空间权重矩阵的第 i 行；u 代表随机干扰项。

最早的空间计量经济学研究包括 Cliff 和 Ord[213, 214] 撰写的关于空间环境系统分析的研究。几年后，他们增加了空间维度来扩展时间序列数据集，以展示如何处理时空建模和预测。同时，他们还引入了空间相互作用的混合回归模型（即自回归模型），Ord[215] 分析了 ML。"空间计量经济学"一词最初是由比利时经济学家 Jean Paelinck 于 1979 年提出的，属于研究空间数据的计量经济学分支。具有空间自相关或相邻效应的模型可以考虑使用空间方法进行估计。测量空间自相关最常用的方法是莫兰指数、吉尔里指数和 Getis-Ord 指数，具体如表5-2所示。

表 5-2   空间自相关的判定指数

作者	指数	取值	内涵
Moran[216]	莫兰指数	大于 0	空间正相关，即高值与高值相邻，低值与低值相邻
		小于 0	空间负相关，即高值与低值相邻
		接近于 0	空间分布随机，不存在空间自相关
Geary[217]	吉尔里指数	大于 1	空间负相关
		等于 1	空间不相关
		小于 1	空间正相关
Getis 和 Ord[218]	Getis-Ord指数	高于或低于期望值	均存在热点或冷点区域，空间正相关
		标准化的 $G>1.96$	存在空间正相关，且存在热点区域
		标准化的 $G<-1.96$	存在空间正相关，且存在冷点区域

在上述空间理论和模型的发展之后，空间分析方法开始应用于横截面数据，特别是空间效应，不仅仅局限于空间自相关和异质性[219]。然而，横截面空间模型通常以自变量的空间滞后的回归量和空间自回归扰动项为特征。而后 Kelejian 和 Prucha[220] 描述了用于估计这些模型的广义空间两阶段最小二乘法。LeSage 和 Pace[221] 做出了另一项重要贡献，他们解释了空间依赖性。

Baltagi 和 Li[222] 用简单的卷烟需求静态面板数据模型来处理空间自相关和包括 OLS 的估计量的性能，比较有或没有空间自相关的固定效应和有或没有空间自相关的 GLS 并最终奠定推出空间自相关面板数据模型预测方法。Yu 等[223] 认为当观测值和时间段都非常大时，应用空间动态面板数据模型的准最大似然估计，然后将相同的方法用于仅具有个体效应及个体和时间效应空间自回归（SAR）面板数据模型[224]。Elhorst[225] 系统地介绍了空间计量经济学，他不仅介绍了空间模型，还介绍了每种模型的结果，特别是空间溢出效应。空间回归模型对空间权重敏感的估计和推论的理论基础却无法识别[226]。

二、空间计量经济学在我国的发展

空间数据具有两维多方向性，空间统计和空间计量经济学解决了空间数据的失误问题，这种失误问题是在运用标准统计方法处理空间数据的时候常常会发生的，而且考虑空间联系和性质，为建模提供了全新的手段。

空间计量方法用于我国地区经济的收敛分析，林光平等[227]采用地理和经济空间权重矩阵对空间滞后和空间误差模型进行了考察分析。空间计量经济学常见的空间滞后模型还有空间误差模型及变系数回归模型，在省域研发创新中尤其是联动机制方面是很好的研究工具。空间数据分析方法考虑了空间效应，能很好地处理空间异质性，分析空间相关性，比较适合用于区域经济增长问题研究。经济发展具有空间范畴，建立空间层次的思维模式对完善经济学研究十分必要。近些年来，计量经济学的研究重心逐步由时间序列、截面数据、面板数据发展到空间特性分析。杨海生等[228]首次利用空间计量分析了库兹涅茨环境曲线的空间依赖关系。我国经济存在空间异质性，人均收入和区位空间紧密相关，空间自回归和广义空间模型不能很好地拟合我国省级经济增长，而空间误差自回归模型则能更好地拟合。我国的城市化发展具有很强的空间依赖性，且产业结构尤其是第三产业的发展是影响城市化发展的主要因素[229]。区域间经济效率具有明显的空间相关性，而资源合理配置是提高经济效率的途径之一[230]。空间计量经济学研究目前在国内需要探讨的学术问题还有很多，如在空间数据的基础上，进一步研究区域经济增长的空间相关性和空间依赖性，以及研究区域经济的空间溢出效应和收敛效应等。基于地理信息系统，国际上的空间计量经济学已从时间序列逐步发展到空间特性分析，如截面和面板数据模型中的空间依存关系研究。人力资本和经济增长之间往往具有较强的空间相关性，且作为知识和技术进步重要载体的人力资本对区域经济增长一般具有明显的空间溢出效应[231]。通过空间滞后模型和空间误差模型，考虑空间依赖性，发现人力资本对创新活动具有正向关系，而对区域经济增长影响并不明显[232]。

与非空间模型相比较，空间因素在经济增长与收敛过程中起到重要作用。一般的回归模型忽视了空间因素，模型回归结果可能存在偏误。普通回归模型同样会低估环境污染对经济增长的影响，而忽视空间因素会导致模型结果偏误。空间计量模型可以弥补普通回归分析的潜在问题[233]。

动态空间面板数据分析则是空间计量未来重要的发展方向。研究发现，中国区域创新的空间相关性较为明显，与动态空间计量模型相比，静态空间计量模型会对空间相关性产生过高的估计偏误，而动态模型能使这个偏误得以部分纠正[234]。相比静态空间面板计量模型，动态模型可以使过高的空间相关性得到部分矫正[235]。空间计量模型还能揭示一般的统计数据无法直接显示的结果，区域差异对经济增长机制有着不可忽视的作用[236]。我国省域产业结构之间也存在明显的空间依赖性[237]。科技研发和创新投

入是影响我国区域技术创新空间格局变化的重要因素，且存在正向的空间溢出效应。地理加权回归能有效处理一般回归模型中的非平稳现象。与空间计量模型相比，我国省域层面上，环境污染存在明显的空间依赖和空间溢出效应[238]。空间外溢会使区域经济出现地方化增长，最终使空间俱乐部趋同[239]。而产业转移的技术溢出效应较好，产业转移和外商直接投资对技术创新均呈正向关系，空间溢出效应较好[240]。忽略空间相关性会导致模型结果不可靠，并且空间相关的引入有利于更加合理地解释边界效应等经济现象[241]。我国的区域经济增长具有明显的空间依赖性和空间异质性，甚至会有明显的空间相似性。

空间动态面板的模型结果显示，空间滞后模型的拟合效果往往要优于空间误差模型，相对于经济距离，实际上地理距离能更好地验证经济活动的空间相关性。空间权重矩阵一直是空间计量经济学的一个重要难题，矩阵的选择将直接决定空间模型的估计结果[242, 243]。宗刚等[244]则认为经济地理权重比地理距离空间权重及二进制空间权重对经济影响更显著。构建动态引力空间权重矩阵则有诸多明显的优势[245]。而空间计量的权重选择和估计方法，存在最大似然法、广义矩估计或者工具变量法、马尔可夫链蒙特卡洛和非参半参四种估计方法，且目前存在的内生性问题还需要解决[246]。空间权重选择会影响模型结果，仅考虑地理距离的空间权重，人口城市化水平对绿色经济增长效率的效应均不明显，但在地理经济空间权重下间接效应非常显著，因此经济发展的区间统筹非常重要[247]。而在模型选择上，仅根据莫兰指数和LM检验存在一定的局限性，信息准则虽然对大部分模型有效，但难免也会出现偏误，而使用恰当的马尔可夫链蒙特卡洛算法，可以在较大样本下得到较为准确的判断[248]。鉴于地区之间可能存在的空间互动，空间动态面板也被广泛使用到对污染减排的效果分析当中[249]。我国的经济增长存在明显的空间分异，主要是因为生产要素在产业和空间上的错配，进而影响了资源和经济的区域协调发展[250]。

空间计量经济学经过了萌芽、起飞和成熟阶段，但未来还需要解决空间效应背后的机制问题、计量结构显著性被过度接受的问题等[251]。目前在空间计量模型的选择上，国内学者往往片面选择模型或者方法混淆[252]。在考虑经济因素和地理因素后，工业集聚对经济增长的负向效应被空间效应基本抵消，如不考虑空间因素则模型结果会被高估[253]。在经济增长模型上，空间溢出效应存在，且城市群对周边贫困地区的辐射效应明显，发展城市群体可以促进经济增长的空间溢出效应。绿色经济下利率存在正的空间相关性，提高区域经济发展的绿色经济效率必须进行区域协同治理[254]。空间计量模型逐渐被用于验证环境经济学的研究，如二氧化碳排放和经济增长之间的关系，并证明空间的溢出效应是存在的[255]。同样，空间计量方法也被用于证明外商直接投资对周边地区正面的环境知识外部性[256]。徐辉等[249]通过构建动态空间计量模型，分析了环境分权对我国污染治理及减排效果的影响。大量研究表明，空间计量经济学模型可以得出更为科学、合理的估计结果。

尽管空间经济学得到了很大发展，但一些学者对此持批评态度。空间经济学旨在分析数据，但缺乏经济理论支持，因果关系尚未得到有效验证。因此，自然实验方法可能更受欢迎[257, 258]。权重矩阵在空间计量经济学过程中非常重要。然而，它始终是内生和外生空间结构乃至空间误差过程的一部分，因此与权重矩阵相关的空间滞后因变量可能存在偏差和误导[258]。空间计量经济模型通常适用于规范验证。它们过分依赖于参数结构，并且非常容易受到模型错误指定的影响。因此，非参数估计和边际效应估计可能更准确[259]。

第二节　森林资源丰裕度对经济发展水平影响的理论分析框架

一、理论分析框架

森林资源本质是公共资源，有可能存在"公地悲剧"的现象，即如果一种生态资源或者环境污染没有排他性的所有权，将会导致对生态资源的过度使用或环境污染的过度排放，进而产生"污染天堂"。造成这种现象的原因之一是使用资源和服务的受益者并没有为此付出代价，即成本和收益并不对等。森林资源对经济发展水平的影响，主要有三种观点：第一，丰裕的森林资源促进了经济发展水平的提高；第二，丰裕的森林资源阻碍了经济发展水平的提高；第三，森林资源丰裕度与经济发展水平呈非线性关系。

在森林资源促进经济发展方面，森林资源的开采为经济和社会的发展

发挥了重要作用，且为一国收入增加提供了最简单的方法，森林资源丰裕可以提高经济发展水平[133]。森林资源越丰裕的地区，林业部门越完善，非珍贵的木材砍伐会带来更多的收入[134]，同时，森林经营时间越长，森林所有者的收入和森林产业的收益会有所增加[135]。森林资源和经济发展水平会出现同向的变化趋势，只是在不同的经济发展阶段，增加速度有所不同[125, 128, 129]。森林资源丰裕的地区可以通过就业和增加劳动收入对国民经济产生正面影响[146]。

森林资源也会抑制经济的发展，森林资源依赖会带来明显的资源诅咒效应，主要是因为林业产业效率低下，产业优势不明显[125]。森林资源也会通过收入水平对经济发展水平产生负面影响，往往森林资源越丰裕的地区，贫困问题越严重，而森林资源匮乏的地区，经济发展主要是通过人力资本实现的。森林资源丰裕区的居民可支配收入均明显低于森林资源匮乏的地区。退耕还林政策的实施虽然增加了农户收入，但是也进一步增加了农户总收入的不平等[143]。森林资源抑制经济发展的另一个重要原因是荷兰病效应的存在。森林资源丰裕区主要依靠林产品出口，以此获得收入，但是随着其他国家或地区逐渐退出相关林产品的贸易，林产品出口国或出口地区面临较大的外援冲击，进而对经济产生较大的负面影响[144]。充分发挥森林的生态服务系统的作用并进行可持续管理，可以推进可持续的增加收入的目标达成[147]。没有任何管理策略能够满足所有技术、环境、社会和文化需求，同时促进以森林资源为基础的经济发展，从而防止农村地区的衰落[149]。

森林资源对经济发展水平的影响也有可能呈非线性关系。森林的开采利用与经济发展水平之间的环境库兹涅茨曲线始终是环境经济学未能解决的难题之一[136]。森林资源到底是通过何种路径对经济发展水平产生具体的影响取决于当地的地理环境、社会环境、经济环境和政治环境。森林资源和林木系统主要通过帮助家庭提高收入，提供粮食、健康及人文精神价值来维持福利水平。同时，森林资源也有可能会通过使家庭陷入贫困的外部性来降低福利水平。林业政策的作用也非常重要，林业改革前，森林资源确实会抑制经济的发展，1998年林业政策的转变在很大程度上缓解了森林资源对经济增长的负向作用[126]。

根据经济发展理论，在经济发展的初期阶段，会更多地考虑如何将有限的资源分配到最有生产潜力（即联系效应最大）的产业部门，优先发展这些部门，同时克服经济发展的瓶颈问题，并由此带动其他行业和部门的发展，此时的经济发展是不平衡的。但是当经济进入高级阶段，从工业化和加快经济发展速度的角度考虑，各部门、各行业应保持一定的比例关系，协同发展，此时的经济发展是平衡的。短期内的不平衡增长最终目的是实现长期的平衡发展。在进行经济决策的过程中，资源保护和资源的永续利用需要高度重视并全盘考虑。提高资源利用效率与经济发展是密不可分的。为了经济发展，过度利用和开发自然资源造成了资源被滥用、环境被污染等问题，破坏了人们赖以生存的环境，造成了进一步的贫困，最终影响经济发展。图 5-1 中，在经济发展初期，当森林覆盖率从 D_1 增长到 D_2 的时候，森林资源会影响到土地资源的配置，可能会带来贫困的问题，最终会影响经济发展；但是根据经济学中需求弹性理论，当经济扩张的时候，人们的收入水平会提高，经济繁荣会增加人们对绿色资源的需求，如果经济发展水平从 Y_3 上升到 Y_4，对森林覆盖率的需求将从 D_3 上升到 D_4，虚线 DE 右边的曲线反映随着经济发展人们对森林资源的需求。图 5-1 反映了森林资源丰裕度有可能对经济发展水平产生呈 U 型的非线性影响。

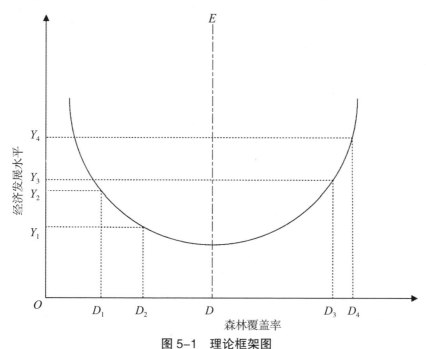

图 5-1　理论框架图

二、研究假说

本书结合森林资源丰裕度对经济发展水平影响的理论分析框架，基于长三角地区 41 个城市 2005—2019 年的森林覆盖率和人均 GDP 的数据，对二者关系进行初步判断，本书对原始数据进行了处理，以取得较好的拟合效果。图 5-2 显示的是森林资源丰裕度与人均 GDP 的拟合效果。

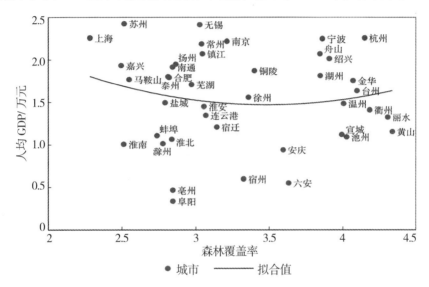

图 5-2 2005—2019 年森林资源与经济发展水平的初步判断

为全面分析长三角地区森林资源丰裕度对经济发展水平的影响，本书还对森林覆盖率和绿色全要素生产率的拟合效果进行初步考察（图 5-3）。基于此，本书提出如下假说：

假说 5-1：长三角地区森林资源丰裕度对经济发展水平的影响呈 U 型的非线性特征；

假说 5-2：长三角地区森林资源丰裕度对绿色全要素生产率的提升具有促进作用。

以上假说只是基于森林资源丰裕度、人均 GDP 和绿色全要素生产率关系的初步判断，现实中，森林资源对经济发展水平的影响还受到其他因素的制约，因此，科学合理评估森林资源丰裕度对经济发展水平的影响还需要考虑经济初始状态、环境、社会、制度及空间等因素。为了验证森林

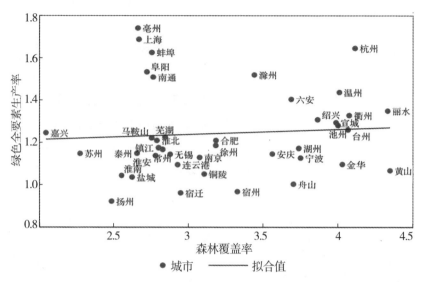

图 5-3　森林资源与绿色全要素生产率的初步判断

资源丰裕度对经济发展水平的影响，本书在构建模型的时候，考虑到经济的发展惯性、环境、社会、制度等相关变量的影响，并采用多种方法进行稳健性检验及内生性问题处理。

第三节　计量模型建立

一、空间自相关的判断

本书构建了 2007—2019 年长三角地区 41 个城市的空间面板数据，采用空间面板计量分析的方法，检验森林资源丰裕度对长三角地区经济发展水平的影响。空间计量分析是对数据区位属性的识别、度量和量化。数据区位属性的特点体现在空间依赖性和空间异质性两个方面。空间依赖产生的重要原因是地理区位的近邻性，以及人类行为活动的相互影响。空间异质性则通常描述空间关系的变化，一般可以通过散点图来说明。空间相关

关系的量化主要是通过区位地理信息来实现的，为了验证森林资源丰裕度对经济发展水平的影响，本书构建了基于经纬度的地理空间权重，基于样本集中所有局部点到目标分析点的空间距离，对变量进行重新估计。之所以没有使用经济地理空间权重矩阵，主要是因为经济条件每年都会变化，因此，Elhorst 等学者并不建议使用经济地理空间权重矩阵。空间权重矩阵的元素计算由空间带宽、核函数、距离计算公式 3 种因素来确定，空间权重矩阵表示如下：

$$\boldsymbol{W}_{\{i\}}=\begin{bmatrix} W_{\{1\}_{h\to i}} & \cdots & 0 \\ \vdots & & \vdots \\ 0 & \cdots & W_{\{i\}_{h\to i}} \end{bmatrix} \qquad (5-1)$$

计算公式为：$\boldsymbol{W}_{\{i\}_h\to i}=f(D_{\{i\}_h\to i},\text{Bandwidth})$。其中，$D_{\{i\}_h\to i}$ 为样本集中所有数据到局部点 i 的距离；$f(\cdot)$ 为核函数；Bandwidth 为空间带宽。而常用的函数之一是高斯函数（Gauss 函数法）[260]。具体表示如下：

$$W_{ij}=\exp\left[-\frac{1}{2}(D_{ij}/B)^2\right] \qquad (5-2)$$

式中，D_{ij} 表示区域 i 和区域 j 之间质心的距离；B 表示空间带宽。基于经纬度距离公式的两点之间距离的计算公式如下：

$$D_{\{i\}_h\to i}=r_e\cdot\arccos[\sin(v_i\theta)\sin(v_{\{i\}_h}\theta)+\cos(v_i\theta)\cos(v_{\{i\}_h}\theta)\cos(u_i\theta-u_{\{i\}_h}\theta)] \qquad (5-3)$$

式中，θ 表示经验常数且 $\theta=\pi/180$；r_e 代表地球半径，其 $r_e=6378.1$ 千米。

因此，本书利用 ArcGIS 软件生成的 41 个城市的经纬度数据，结合 Matlab 软件产生了基于高斯核函数计算的地理空间权重矩阵。根据该距离权重矩阵，首先判断被解释变量的空间自相关关系，表 5-3 提供了 2007—2019 年被解释变量的莫兰指数和吉尔里指数。其中，莫兰指数均明显大于 0，且都通过显著性检验，均在 1% 的水平上显著；吉尔里指数基本是小于 1 的，可以证明存在正的空间自相关关系。

表 5-3　距离权重的莫兰指数和吉尔里指数

年份	莫兰指数			吉尔里指数		
	I	Z 值	P 值	C	Z 值	P 值
2007 年	0.431	4.460	0.000	0.547	−3.738	0.000
2008 年	0.423	4.382	0.000	0.537	−3.829	0.000
2009 年	0.395	4.100	0.000	0.569	−3.581	0.000
2010 年	0.355	3.695	0.000	0.596	−3.438	0.001
2011 年	0.388	4.026	0.000	0.581	−3.559	0.000
2012 年	0.404	4.185	0.000	0.593	−3.430	0.001
2013 年	0.383	3.970	0.000	0.602	−3.379	0.001
2014 年	0.381	3.953	0.000	0.598	−3.402	0.001
2015 年	0.389	4.032	0.000	0.589	−3.495	0.000
2016 年	0.423	4.367	0.000	0.535	−3.921	0.000
2017 年	0.416	4.292	0.000	0.572	−3.613	0.000
2018 年	0.415	4.280	0.000	0.552	−3.810	0.000
2019 年	0.401	4.144	0.000	0.568	−3.674	0.000

图 5-4 显示，2007—2019 年总体的莫兰指数和吉尔里指数基本较为稳定，但还是有稍微的波动，长三角地区各城市呈现了显著的正的空间自相关特性。2007—2019 年，空间集聚现象基本稳定，2010 年最低，但是在 2010 年后有所上升，随后 2013 年又开始出现下降，直到 2014 年空间集聚现象才有所回升，且 2016—2019 年空间集聚现象较为稳定。

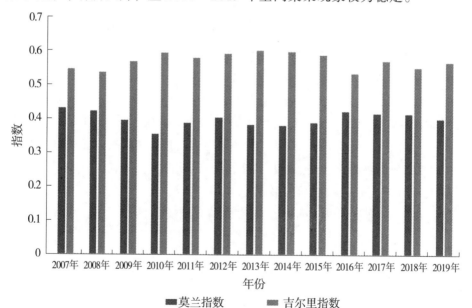

图 5-4　2007—2019 年莫兰指数和吉尔里指数柱状图

二、空间计量模型的构建

空间计量模型常见形式主要有空间自回归 SAR 模型、空间误差 SEM 模型和空间杜宾 SDM 模型。

本书的回归分析思路：先用非空间面板数据模型（POLS）回归，同时进行 SAR 和 SEM 模型的拉格朗日乘子（LM）检验，LM 方法可以检验数据的空间交互响应，包括空间滞后被解释变量和空间误差自相关[219]。LM 检验是基于空间固定效应、时间固定效应、空间和时间双固定效应的非空间模型的残差，且服从自由度为 1 的卡方分布。如果检验结果拒绝 OLS，而支持 SAR 或 SEM 模型，则应采用 SDM 进行估计，因为 SDM 模型同时包含空间滞后被解释变量（WY）和空间滞后解释变量（WX），空间滞后被解释变量 WY 表示的是被解释变量 Y 与相邻空间单元 Y 的交互效应，采用 SDM 模型能产生更好的拟合效果[225]。本书构建空间基准回归模型如下：

$$Y_{it}=\rho W_i Y_t + \beta X_{it}+\theta W_i X_{it}+\mu_i+\xi_t+\varepsilon_{it} \qquad (5-4)$$

$$W_i Y_t=\sum_{j=1}^{n} W_{ij} Y_{jt} \qquad (5-5)$$

$$\varepsilon_{it}= \lambda M\varepsilon_t+ u_{it} \qquad (5-6)$$

式中，Y 是被解释变量；X 是解释变量；W_i 表示空间权重矩阵 W 的第 i 行；μ_i 和 ξ_t 分别表示可选择的个体效应和时间效应；ε 代表扰动项；个体 $i=1,2,\cdots,N$，时间 $t=1,2,\cdots,T$；W 和 M 分别表示被解释变量和扰动项的空间权重矩阵；W_{ij} 表示城市 i 和城市 j 的空间权重矩阵；ρ 是被解释变量的空间滞后项的系数；θ 是解释变量的空间自相关系数；λ 是误差项的空间相关系数。该模型可以检验以下两个假设：$\theta=0$；$\theta+\rho\beta=0$。

如果 $\theta=0$，SDM 将退化成空间滞后模型 SAR，

$$Y_{it}=\rho W_i Y_t+X_{it} \beta+\varepsilon_{it} \qquad (5-7)$$

如果 $\theta=-\rho\beta$，SDM 将退化成空间误差模型 SEM，

$$Y_{it}= X_{it} \beta+\varepsilon_{it} \qquad (5-8)$$

如果 $\rho=0$，$\lambda=0$，模型将退化成 POLS。

为了尽可能缩小数据之间的绝对差异，避免个别极端值的影响，本书对数据进行了标准化处理。为了防止模型估计产生的偏误及内生性问题，本书分别构建了空间杜宾模型（SDM）、空间自相关模型（SAR）及包含

个体效应和时间效应的非空间面板数据模型（POLS），具体模型如下：

$$GDPPC_{it}=\rho\sum_{j=1}^{n}W_{ij}GDPPC_{jt}+\beta' \text{ CORE}_{it}+\theta\sum_{j=1}^{n}W_{ij}\text{ CORE}_{ijt}+$$
$$\beta''\text{CONT}_{it}+\theta\sum_{j=1}^{n}W_{ij}\text{ CONT}_{ijt}+\mu_i+\xi_t+\varepsilon_{it} \qquad (5-9)$$

$$GDPPC_{it}=\rho\sum_{j=1}^{n}W_{ij}\text{ GDPPC}_{jt}+\beta'\text{CORE}_{it}+\beta''\text{CONT}_{it}+\mu_i+\xi_t+\varepsilon_{it} \qquad (5-10)$$

$$GDPPC_{it}=\beta'\text{CORE}_{it}+\beta''\text{CONT}_{it}+\mu_i+\xi_t+\varepsilon_{it} \qquad (5-11)$$

本书利用 Elhorst Matlab 例程进行空间面板数据估算。式（5-9）至式（5-11)分别是空间杜宾模型 SDM、空间自回归模型 SAR 和面板 POLS 模型。式中，GDPPC 是被解释变量人均 GDP；CORE 为核心解释变量；CONT 为控制变量；β' 和 β'' 分别是变量的系数；其他变量和符号均和基准模型一致。

三、指标体系构建及数据来源

本书分别从资源环境、社会、经济和制度的角度，构建了指标体系，以验证长三角地区森林资源丰裕度对经济发展水平的影响。

被解释变量：实际人均 GDP（GDPPC）。本书选用了最能反映实际经济发展水平的指标，即长三角地区的实际人均 GDP 为被解释变量。实际人均 GDP 的原始数据来自各省及各市历年统计年鉴。

核心解释变量：森林覆盖率（FT）及其平方（FT^2）。由于森林资源的统计方法和特性，以及长三角地区部门改制等，本书收集了长三角地区41 个城市的森林资源方面的数据，如活立木蓄积量、森林面积、森林蓄积量、林业用地、森林覆盖率等数据，但为了构建平衡面板数据以方便计量验证，最终只选取了森林覆盖率来衡量地区的资源丰裕度。数据来自安徽统计年鉴、上海统计年鉴、江苏省林业局、浙江省森林资源监测中心。

控制变量包括人均 GDP 的一阶差分滞后变量、单位 GDP 固碳量、单位 GDP 工业二氧化硫排放量、水资源承载力、单位 GDP 人均用电量、城市化水平、产业结构、科技教育水平、政府干预程度、外商投资水平及人均消费水平。

被解释变量：人均 GDP 的一阶差分滞后变量（L.GDPPC）。经济发展的前期水平对当期存在不可忽视的影响，但是一些影响经济发展水平的因素，如产业结构、科技发展水平、对外开放程度等，都可能具有较为明

显的滞后性，因此，设置被解释变量的一阶差分滞后，以考察前一期经济初始状态对当期的影响，即表示经济发展水平时间滞后效应的大小程度。

单位 GDP 固碳量（CSGDP），主要采用陆地植被固碳量除以 GDP。数据来自 Scientific Data 中国县级碳排放及陆地植被固碳数据和中国碳核算数据库。

单位 GDP 工业二氧化硫排放量（ISO_2GDP），考察工业化工污染对经济发展水平的影响程度。数据来自中国知网数据库、各省统计年鉴及《中国城市统计年鉴》、安徽省生态环境厅。

水资源承载力（WLI），衡量方法是人均生活用水与人均水资源总量的比率。数据来自各省统计年鉴、水资源公报和中国知网数据库。

单位 GDP 人均用电量（EUGDP），用全社会人均用电量除以 GDP，以反映能源消耗的情况。数据来自同花顺 iFinD 金融数据中心。

城市化水平（URB），用各城市的城镇人口除以常住总人口。数据来自各省、各市统计年鉴及各市国民经济和社会发展统计公报。

产业结构（SECGDP），考虑到第二产业多以工业和制造业等为主，对环境影响较大，因此本书选用了第二产业增长值占 GDP 的比重来衡量城市的产业结构。数据来自各省统计年鉴及各市国民经济和社会发展统计公报。

科技教育水平（KJ），以地方财政预算教育和科技方面的支出占总支出的比重来衡量科技教育水平。数据来自同花顺 iFinD 金融数据中心。

政府干预程度（GI），以地方财政预算支出减去在教育和科技方面的剩余支出占 GDP 的比重来衡量政府干预程度。数据来自同花顺 iFinD 金融数据中心。

外商投资水平（FDIGDP），以各城市实际利用外资占 GDP 的比重来衡量对外投资效应。实际利用外资总额根据国家统计局公布的历年平均汇率转换为人民币计价。数据来自中国知网数据库及各省统计年鉴。

人均消费水平（CONPC），采用人均社会消费品零售总额来衡量经济内循环的程度，用地区社会消费品零售总额除以地区常住人口来衡量。数据根据居民消费价格指数折算为真实的社会消费品零售总额，尽量扣除价格因素的影响。

以上原始数据均为 2005—2019 年的数据。部分缺失数据用插值法补齐完善。为研究城市的经济收敛效应及时间滞后效应，本书利用2005—2019年的实际人均GDP数据，生成了实际人均GDP的一阶差分滞后变量，因此，本书将2007—2019年数据作为研究样本。变量的描述性统计见表5-4。

表5-4 变量的描述性统计

变量	均值	标准误	最小值	最大值	单位
GDPPC	5.8579	3.6554	0.5515	18.0044	万元
L.GDPPC	0.4886	0.5572	−3.7511	4.5163	万元
FT	33.2510	20.3320	3.1700	83.2500	%
CSGDP	0.0051	0.0055	0.0002	0.0422	千克/元
ISO_2GDP	2.7067	3.5777	0.0212	34.7532	千克/元
WLI	0.1069	0.1095	0.0040	1.1268	%
EUGDP	0.0877	0.0271	0.0429	0.2099	千瓦时/元
URB	58.1388	12.8491	29.0000	89.6000	%
SECGDP	48.7669	8.1090	26.9928	74.7346	%
KJ	21.0422	3.9938	1.9916	36.9996	%
GI	13.5148	5.5856	4.8154	32.1284	%
FDIGDP	3.3144	2.1926	0.2114	13.0430	%
CONPC	2.2246	1.6116	0.1881	19.4993	万元

为检验自变量的多重共线性，本书运用方差膨胀因子和容忍度进行验证。方差膨胀因子越大，多重共线性越严重，一般认为方差膨胀因子大于10，存在严重的多重共线性。容忍度其实是方差膨胀因子的倒数，该指标越小，则说明该自变量被其余变量预测得越精确，共线性可能就越严重。如果某个自变量的容忍度小于0.1，则可能存在共线性问题。本书所选变量的方差膨胀因子均值为1.99，远低于临界值10，且容忍度均在0.1以上，说明并不存在明显的多重共线性，具体如表5-5所示。

表5-5　变量的多重共线性检验

变量	方差膨胀因子	容忍度
URB	3.32	0.30
CSGDP	2.56	0.39
SECGDP	2.36	0.42
CONPC	2.30	0.43
EUGDP	2.00	0.50
WLI	1.90	0.53
FT	1.80	0.56
ISO_2GDP	1.68	0.59
GI	1.68	0.59
KJ	1.65	0.61
FDIGDP	1.45	0.69
L.GDPPC	1.17	0.85
均值	1.99	0.54

四、LM检验及空间计量模型选择

空间计量模型最常用的是空间误差模型（SEM）、空间自回归模型（SAR）和空间杜宾模型（SDM）。为了选择合适的模型对长三角地区森林资源丰裕度与经济发展水平的关系进行验证，本章同时提供了SAR和SDM及非空间模型的估计结果，因为SDM模型同时包含滞后项及误差项，因此模型结果主要以SDM为主，其他模型结果仅供对比参考，同时用以稳健性检验。

首先进行拉格朗日乘数检验。基于基准模型，进行POLS回归，随后进行空间滞后和空间误差变量的拉格朗日乘数检验和稳健的拉格朗日乘数检验。通过拉格朗日乘数检验来判断模型中是否具有空间滞后变量或空间误差变量对被解释变量的影响。考虑非空间效应的4个模型中，空间滞后拉格朗日乘数和空间误差拉格朗日乘数的P值均为0，在1%的水平上通过检验。不存在空间滞后和空间误差效应的原假设被拒绝。为了消除变量单位不同造成的量纲的影响，在进行空间计量的时候对数据进行了标准化处理。该模型以人均GDP为被解释变量，同时汇报了空间计量模型及非空间计量模型的结果，模型估计结果如表5-6所示。

表 5-6　空间计量模型估计结果

变量	空间模型			非空间模型
	SAR	SAR	SDM	POLS
L.GDPPC	−0.0048***	−0.0044**	−0.0051**	−0.0043***
	（−2.8360）	（−2.5635）	（−2.1521）	（−2.7093）
FT	−0.8339*	−0.7737*	−0.9200*	−0.7556*
	（−1.9476）	（−1.8489）	（−1.6540）	（−1.9437）
FT^2	0.1049***	0.1049***	0.1142***	0.1020***
	（9.8163）	（9.8842）	（8.3547）	（10.5339）
CSGDP	−0.0239*	−0.0289**	−0.0421**	−0.0290**
	（−1.6717）	（−1.9894）	（−2.1489）	（−2.1510）
ISO_2GDP	0.0031	0.0044	0.0160	0.0048
	（0.3231）	（0.4612）	（1.2394）	（0.5342）
WLI	−0.0017	−0.0012	−0.0016	−0.0011
	（−0.7948）	（−0.5624）	（−0.5204）	（−0.5702）
EUGDP	−0.0564***	−0.0541***	−0.0585***	−0.0524***
	（−3.8978）	（−3.6940）	（−2.7759）	（−3.8625）
URB	0.0055*	0.0059*	0.0079*	0.0055*
	（1.6815）	（1.8217）	（1.7462）	（1.8503）
SECGDP	0.0001	0.0001	0.0001	0.0001
	（−0.6343）	（−0.4708）	（−0.5026）	（−0.4946）
KJ	0.2607***	0.2380***	0.2282*	0.2256***
	（3.1056）	（2.6675）	（1.7747）	（2.7295）
GI	−0.0081	−0.0062	−0.0166	−0.0062
	（−0.8508）	（−0.6629）	（−1.2419）	（−0.7113）
FDIGDP	0.0001	0.0001	0.0001	0.0001
	（−0.4809）	（−0.2191）	（−0.1173）	（−0.2292）
CONPC	0.0106	0.0103	0.0109	0.0098
	（1.4022）	（1.3795）	（1.0295）	（1.4085）
R^2	0.5224	0.5912	0.5696	0.5442
时期固定效应	是	是	是	是
个体固定效应	否	是	是	是
观测值	533	533	533	533

注：* 表示在 10% 的水平上显著；** 表示在 5% 的水平上显著；*** 表示在 1% 的水平上显著。括号内是 T 统计量。

第四节　模型验证结果

一、直接影响

根据表 5-6 的估计结果，森林资源丰裕度对地区经济发展水平存在 U 型的非线性影响。森林资源丰裕度对经济发展水平的影响为负且在 10% 的水平上显著，但是森林覆盖率的平方与人均 GDP 的关系为正且在 1% 的水平上显著，说明在经济发展初始阶段，森林资源丰裕度对经济水平的增长存在负向影响。这主要是因为在经济发展初期，森林资源富裕的地方往往交通不方便，产业单一，森林资源越丰裕，交通、耕地等可能受到的影响越大，因此森林资源丰裕度会抑制经济发展。当经济发展到一定程度，丰裕的森林资源却能促进经济水平的提升，主要是因为随着技术进步、生活水平的提高及人们思想意识的转变，先进服务业的发展越来越快，森林资源可以提供较好的精神、文化及相关产品的服务，也会对生态环境改善等有促进作用。这符合"两山"理论的实质内容。森林资源对经济发展水平的影响主要包括直接影响和间接影响及诱发影响，直接影响体现在森林部门创造的就业岗位，而林业部门在其他部门也会产生间接和诱发的经济附加值[146]。这与本书之前讨论的初步结论基本一致，即森林资源在经济发展初始阶段会有一定的抑制作用，但长期来看，长三角地区的森林资源诅咒会随着经济水平的提高逐渐形成森林资源福利。

被解释变量的一阶滞后项显著为负，说明经济收敛现象在长三角地区是存在的，意味着经济初始状态相对不太发达的地区，发展的空间和动力越足，经济发展水平及人均 GDP 提升的空间就越大。这在安徽省体现得尤为明显，在三省一市中，安徽省本身在长三角地区经济是较为不发达的，而且也是后来融入长三角一体化发展的，随着南京都市圈发展战略的实施，安徽省的经济发展速度相对而言还是较快的。

在固碳方面，单位 GDP 固碳是对经济发展水平的影响呈负向且显著的特征。从经济意义来说，单位 GDP 固碳量越大，意味着经济发展水平越容易受到负面的影响，且固碳存在一定的社会成本。经济发展过程中需要消耗大量的资源和能源，生产过程中会引起更多的二氧化碳排放，而通过植被、土地等碳汇，可以吸收大气中存在的部分二氧化碳，碳排放越多，污染越大，最终可能会抑制地区的发展，尤其是安徽省一带，在承接产业转移的同时，要做好低碳经济和循环经济发展的战略布局。此外，从固碳的方法上来说，增加固碳量一般有两种方法：一种是靠科技，另一种是靠植树造林。通过科技手段固碳，成本较高，费用较大，而通过植树造林的方法进行固碳是目前最为经济可靠的方法，但是植树造林可能会产生很多的机会成本，如土地利用、林业产业的发展等均有可能会影响经济的发展。

在资源环境方面，单位 GDP 工业二氧化硫排放量对经济发展水平的影响是正向的，但是结果并不显著。而在资源承载力方面，水资源承载力对经济发展水平的影响是负向的。这说明经济越发达，对资源的需求就越大，资源承载力就会越弱。

在能源消费方面，单位 GDP 用电量对经济发展的影响是显著为负的。一般来说，用电量可以反映一个地区的经济发展水平，但是用电和产业结构是密切相关的。产业一般分为广义的农业、广义的工业和广义的服务业，即第一产业、第二产业和第三产业。通常来说，第一产业和第三产业对用电量的需求都没有第二产业对用电量的需求大。江苏省虽然是制造业大省，但是其他行业，如金融、科技和服务业也都很发达。上海市 2020 年 GDP 排名全国前十，上海市虽然经济较为发达，但是用电量却排名靠后，主要是因为上海市的第三产业非常发达，尤其是金融业。产业结构往往决定了用电量，高科技行业创造的 GDP 通常要比低端制造业创造的 GDP 要多很多，但是高科技行业的能源消耗往往比低端制造业要少很多，尤其在长三角实施电力一体化政策以后，逐步开展共享互通的模式，充分发挥各省各市的资源优势，说明经济发展过程中能源的利用效率越来越高。

在产业结构上，第二产业的发展对经济发展起到了促进作用，这可能是因为长三角地区致力于产业结构调整和优化升级，尤其在长三角一体化发展上升到国家战略以后，长三角地区的产业发展进一步优化升级。在 2021 年公示的两批 25 个先进制造业集群名单中，有 12 个属于长三角地区，包括江苏省 6 个，浙江省 3 个，上海市 2 个，安徽省 1 个，先进制造业产业分布在集成电路、生物医药、软件信息、物联网、纳米新材、数字安防、新型碳材料、工程机械等领域。长三角地区根据各地区自身优势实施了产业错位发展战略，产业呈集群化发展趋势，且可以实现现代服务业和先进制造业的融合发展。

城市化发展对经济发展水平的影响是显著为正向的，提高城市化水平有助于经济发展水平的提高。城市化的过程本质上是人力、资本和资源集聚的过程，城市化是经济结构升级转型非常重要的推动力之一。在经济快

速发展的过程中，经济发展的矛盾逐渐由供给约束向需求约束过渡。而我国城市化的特点之一是城市化往往是典型的自下而上的方式，即首先是人口的转变（农村人口转变为城镇人口，且参与非农业生产活动），人口转变以后才逐渐实现人口居住地在空间上的转变。农村剩余劳动力的转移和城镇的建设可促进当地企业的发展，进而促进当地的经济不断提升，但是伴随经济增长的方式往往是粗放型的。随着人口城市化程度不断提升，除了在人口方面的集约外，对土地、文化、社会等方面也提出了较高的要求，城市化过程会带动工业化的发展，但城市化发展的不同阶段也对应着不同的经济结构和产业结构，城市化逐渐和经济实现协同发展，从粗放型的发展方式逐步过渡为集约型的经济增长方式。

科研教育投入对提高经济发展水平具有明显的促进作用，模型估计系数为0.2以上。这说明科技创新对实现长三角地区经济发展是非常重要的，尤其是在数字经济时代，加大科研投入能有效提高经济发展水平。

政府干预抑制了长三角地区的经济发展水平，但是效果并不显著。我国经济在很长一段时间里采取的基本是"政府主导型市场经济"，即政府在地区经济增长的过程中干预较深，从而压制了区域市场机制作用的发挥，有可能造成经济结构失衡且无法及时调整。此外，政府的干预可能还会带来决策失误及资源的配置不当问题，进而使经济微观主体丧失经济活动的主动性及活力，且政府的过度干预容易造成寻租现象。在现代经济条件下，政府的主要作用应该是通过法律法规等对经济活动进行合理的宏观干预，进行适度引导，因为市场本身也存在自发性和盲目性等特点，需要政府进行正确引导和有效调控。但是，政府干预的度非常重要，过度干预可能对经济发展产生抑制作用。

外商投资效应方面，模型结果显示外商直接投资程度对经济发展水平具有正向的影响，说明外商直接投资越多，经济发展水平就会越高。主要原因如下：第一，外商投资促进先进绿色技术的应用和推广，提高了企业生产效率；第二，外商投资还会通过扩大生产规模、调整产业结构、引进人才等，对整体的企业环境带来较为正面的影响；第三，长三角地区通过吸收外商直接投资，可以加速地区资本积累，加速资本形成，并进一步提高投资水平，促进地区就业。

在消费水平及消费规模上，模型结果显示，人均社会消费品零售总额对经济发展水平的影响是正向的。社会消费品零售总额一般受收入水平、物价水平、消费环境等因素的影响。只有经济发展、居民收入水平不断提高、物价水平稳定，以及构建良好的消费环境，才能拉动社会消费品零售总额的增长；反之，消费需求的增长也会对经济增长起着直接和最终的决定作用。投资需求和总需求在某种意义上来说取决于消费需求。从中长期的角度来看，只有具有消费需求支撑的投资才是有效投资，而有效投资和消费在经济增长过程中贡献较大。

二、效应分解

空间计量模型的效应可以分为直接效应、间接效应、总效应和反馈效应。直接效应是某地区的某个解释变量对被解释变量的影响大小。间接效应是本地区某个解释变量对其他地区的影响，是空间溢出效应，是邻近地区的某个解释变量对本地区的被解释变量的影响。总效应是直接效应和间接效应的和，是某一地区的某个解释变量的变动对所有地区的被解释变量的平均影响。反馈效应是直接效应系数减去模型估计结果的回归系数，指的是某个地区的解释变量会对周边地区的被解释变量产生影响，反过来又影响本地区的被解释变量。

表5-7是根据被解释变量为人均GDP的空间杜宾模型测算，结果显示，直接效应的系数大小和显著性几乎与模型估计结果的系数和显著性保持一致，森林资源丰裕度和经济增长之间始终保持U型的非线性关系。森林资源在经济发展的初始阶段会有抑制作用，但当经济发展到某一水平时，森林资源的丰裕度和经济增长会协同发展，并对长三角地区的经济发展具有正向的拉动作用。在间接效应上，邻近城市的森林资源的丰裕度对本地区经济发展的影响呈现非线性的U型趋势。在初始状态，邻近城市的森林资源越丰裕，越能促进本地区的经济发展；当达到一定程度以后，邻近地区过于丰裕的森林资源反而会抑制本地区的经济发展。其中有一个非常重要的因素是，林木生长需要土地等物质条件。

表5-7 直接效应、间接效应、总效应和反馈效应分解

变量	直接效应	间接效应	总效应	反馈效应
L.GDPPC	-0.0048^{***} （-2.7387）	0.0010^{**} （2.0410）	-0.0038^{***} （-2.7268）	0.0001
FT	-0.8623^{**} （-2.0103）	0.1709^{*} （1.6379）	-0.6914^{*} （-2.0121）	-0.0284
FT^2	0.1062^{***} （9.4994）	-0.0209^{***} （-3.0773）	0.0853^{***} （8.9238）	0.0013

续表

变量	直接效应	间接效应	总效应	反馈效应
CSGDP	−0.0242* （−1.7010）	0.0048 （1.4741）	−0.0194* （−1.6918）	−0.0003
ISO$_2$GDP	0.0039 （0.4115）	−0.0008 （−0.3999）	0.0031 （0.4084）	0.0009
WLI	−0.0017 （−0.7504）	0.0003 （0.7133）	−0.0013 （−0.7466）	0.0001
EUGDP	−0.0572*** （−3.7210）	0.0112** （2.3800）	−0.0460*** （−3.6831）	−0.0008
URB	0.0056* （1.6479）	−0.0011 （−1.4040）	0.0045* （1.6441）	0.0002
SECGDP	0.0001 （−0.6463）	0.0001 （0.6184）	0.0002 （−0.6423）	0.0001
KJ	0.2617*** （2.9847）	−0.0513** （−2.1614）	0.2104*** （2.9407）	0.0010
GI	−0.0083 （−0.8289）	0.0016 （0.7771）	−0.0067 （−0.8276）	−0.0002
FDIGDP	0.0001 （−0.4266）	0.0001 （0.4011）	0.0002 （−0.4267）	0.0001
CONPC	0.0108 （1.4097）	−0.0021 （−1.2702）	0.0087 （1.4002）	0.0002

注：* 表示在 10% 的水平上显著；** 表示在 5% 的水平上显著；*** 表示在 1% 的水平上显著。括号内是 T 统计量。

邻近地区的经济初始状态会对本地区产生正向的拉动作用。这也符合目前的政策，即在长三角地区围绕经济发达的城市进行空间延展，以带动周边地区的经济发展。目前，长三角地区存在五大都市圈：第一，南京都市圈，以南京为中心的经济圈，包含周边城市镇江、扬州、淮安、马鞍山、滁州、芜湖和宣城，横跨江苏省和安徽省，构建了跨省都市圈；第二，杭州都市圈，以杭州为中心，带动湖州、嘉兴和绍兴的经济发展；第三，合肥都市圈，以合肥为中心，带动淮安、六安、滁州、芜湖、马鞍山和桐城的经济发展，旨在打造世界级电子信息产业集群；第四，苏锡常都市圈，旨在与上海实现功能对接和互动，实现上海、苏州、南通、无锡、常州和泰州的融合发展；第五，宁波都市圈，加快推进舟山、余姚、慈溪等周边地区的一体化发展。这些战略举措的实施，说明经济发展的空间辐射效应是存在的，对于加快长三角地区一体化发展是非常重要的战略之一。能源消费的空间效应是显著为负的，说明邻近地区用电量的增加会对本地区的发展有一定的抑制作用。原因在于长三角地区科技教育及第三产业较为发达，尤其是上海金融业发展水平较高，而经济相对落后地区在承接产业转移的同时，也在担负着重工业发展的重担，很难和周边实现经济的协同发展。科技教育水平的空间效应也是显著为负的，科教水平较高的地方，往往经济较为发达，就业机会多，医疗和教育资源都具有非常大的优势，能够成功吸引人才，而优质的人力资源往往是经济发展非常重要的因素之一。因此，邻近地区教育水平越高，越能吸引优质人才，导致本地区人口和优质人才流失，进而影响本地区的经济发展。

反馈效应，即某个地区的解释变量会对周边地区的被解释变量产生影响，反过来又影响本地区的被解释变量。森林资源丰裕度对周边地区经济发展的影响，呈非线性的 U 型趋势。从总效应来看，经济收敛效应在长三角地区是存在的，即经济相对落后的地区发展后劲较足。森林资源丰裕度对经济发展的影响总体上始终呈非线性的 U 型曲线，也意味着森林资源的直接消耗在不同的经济发展阶段产生的影响是不同的。

第五节 稳健性检验

一、更换空间权重矩阵

为验证模型结果的稳健性，稳健性检验部分采用后相邻的空间权重矩阵进行计算。后相邻方法是对空间相邻性进行量化，即观测点之间只要有一条共同的边界或者一个共同的实体接触点，就认为空间相邻，权重取值为 1，否则为 0[261]。在进行空间计量的时候，本书对相邻空间权重矩阵进行行标准化，即将矩阵中的每个元素（记为 $\widetilde{w}_{ij}$）除以其所在行元素之和，以保证每行的元素之和为 1，即 $w_{ij} = \widetilde{w}_{ij} \big/ \sum_j \widetilde{w}_{ij}$。行标准化的好处在于，可以得到每个区域邻居的平均值。

利用 Luc Auselin 教授开发的 GeoDa 软件计算莫兰指数，进而判断被解释变量是否存在空间自相关。为验证真实的空间自相关关系的存在，依旧选取被解释变量人均 GDP 进行空间自相关的验证，图 5-5 分别为 2010 年、2015 年和 2019 年的人均 GDP 值莫兰指数。GeoDa 采用蒙特卡罗模拟的方法来检验莫兰指数的显著性，莫兰指数均大于 0，Z 值均大于 1.96。进行高达 99999 次的排列检验（permutation）后，P 值始终接近于 0，这说明空间自相关在 1% 的水平上拒绝无空间自相关的原假设，说明存在空间自相关。

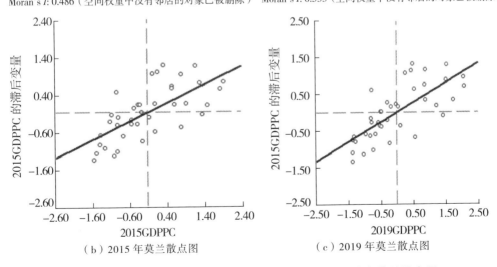

图 5-5　2010 年、2015 年和 2019 年长三角地区城市莫兰散点图

在空间自相关关系得到验证后，以后相邻空间权重矩阵构建空间计量模型，为尽可能缩小数据间的绝对差异，避免个别极端值影响，本小节对数据进行了标准化处理。为了防止模型估计产生的偏误及内生性问题，本小节分别构建了空间杜宾模型（SDM）、空间自回归模型（SAR）及包含个体效应和时间效应的非空间面板数据模型（POLS），具体模型如下：

$$GDPPC_{it}=\rho\sum_{j=1}^{n}W'_{ij}GDPPC_{jt}+\beta''CORE_{it}+\theta\sum_{j=1}^{n}W'_{ij}CORE_{ijt}+$$
$$\beta''CONT_{it}+\theta\sum_{j=1}^{n}W'_{ij}CONT_{ijt}+\mu_i+\xi_t+\varepsilon_{it} \quad （5-12）$$

$$GDPPC_{it}=\rho\sum_{j=1}^{n}W'_{ij}GDPPC_{jt}+\beta''CORE_{it}+\beta''CONT_{it}+\mu_i+\xi_t+\varepsilon_{it} \quad （5-13）$$

$$GDPPC_{it}=\beta''CORE_{it}+\beta''CONT_{it}+\mu_i+\xi_t+\varepsilon_{it} \quad （5-14）$$

式（5-12）至式（5-14）分别是空间杜宾模型（SDM）、空间自回归模型（SAR）及包含个体效应和时间效应的面板数据回归模型（POLS），其中被解释变量人均 GDP、核心解释变量、控制变量及其他变量和符号均和基准模型一致，但是 W'_{ij} 替换为后相邻空间权重矩阵，并进行了标准化。稳健性检验结果见表 5-8。

表 5-8　稳健性检验结果

变量	SAR	SAR	SDM
L.GDPPC	−0.0046***	−0.0043***	−0.0062***
	（−2.9053）	（−2.5937）	（−3.6498）
FT	−0.7828*	−0.7665*	−0.6810*
	（−1.9554）	（−1.8866）	（−1.7427）
FT^2	0.0991***	0.1016***	0.1013***
	（9.8301）	（9.7626）	（9.2241）
CSGDP	−0.0239*	−0.0286**	−0.0289**
	（−1.7610）	（−2.0085）	（−1.9654）
ISO_2GDP	0.0031***	0.0047	0.0036
	（0.3543）	（0.5082）	（0.4049）
WLI	−0.0016	−0.0011	−0.0029
	（−0.7919）	（−0.5279）	（−1.3508）
EUGDP	−0.0524***	−0.0526***	−0.0518***
	（−3.8967）	（−3.7191）	（−3.7152）
URB	0.0048	0.0054*	0.0078**
	（1.5648）	（1.7179）	（2.3585）

续表

变量	SAR	SAR	SDM
SECGDP	0.0001	0.0001	0.0001
	（−0.6400）	（−0.4969）	（−0.1923）
KJ	0.2312***	0.2232***	0.1446
	（2.9572）	（2.5833）	（1.6013）
GI	−0.0076	−0.0061	−0.0075
	（−0.8504）	（−0.6715）	（−0.8437）
FDIGDP	0.0001	0.0001	0.0001
	（−0.4924）	（−0.2024）	（0.2674）
CONPC	0.0095	0.0097	0.0110
	（1.3533）	（1.3396）	（1.5560）
R^2	0.5854	0.6175	0.6341
时间固定效应	是	是	是
个体固定效应	否	是	是
观测值	533	533	533

注：* 表示在 10% 的水平上显著；** 表示在 5% 的水平上显著；*** 表示在 1% 的水平上显著。括号内是 T 统计量。

二、调整样本期

2018 年，习近平总书记宣布，支持长三角地区一体化发展并将其上升为国家战略。中国经济发展已进入新时代，社会的主要矛盾逐渐转化为人民日益增长的美好生活需要和不平衡不充分的发展之间的矛盾。从区域层面来看，长三角地区一体化发展就是为了解决区域发展不平衡的问题，而长三角地区一体化可以起到引导示范作用。在三省一市中，上海市、江苏省和浙江省均为发达地区，而安徽省为欠发达地区。长三角地区一体化，需要通过条件好的地区带动相邻条件不好的地区，使要素向安徽省流动和聚集。地区之间通过基础设施建设、科技创新、产业发展、生态环境建设等方面加强合作，实现协同创新发展。因此，为了规避政策带来的影响，本小节采用调整样本期，即缩减样本期的方法，将 2018 年、2019 年剔除，模型样本期重点考察 2007—2017 年，其他被解释变量、解释变量及控制变量均保持不变，为减少模型结果偏误，本小节同时汇报了 SAR 和 SDM 模型的结果。2007—2017 年稳健性检验结果见表 5–9。

表 5-9　2007—2017 年稳健性检验结果

变量	空间模型			非空间模型
	SAR	SAR	SDM	OLS
L.GDPPC	−0.0043***	−0.0039**	−0.0017	−0.0042**
	（−2.6701）	（−2.3535）	（−0.7280）	（−2.4758）
FT	−0.9632**	−0.9393**	−0.9477**	−0.9698**
	（−2.2326）	（−2.0669）	（−1.7653）	（−2.0963）
FT^2	0.0852***	0.0876***	0.0643***	0.0958***
	（6.8397）	（6.6826）	（3.2157）	（7.3667）
CSGDP	−0.0197	−0.0231	0.0068	−0.0276*
	（−1.3633）	（−1.5413）	（0.3264）	（−1.8157）
ISO$_2$GDP	0.0023	0.0034	0.0078	0.0037
	（0.2929）	（0.4047）	（0.6696）	（0.4296）
WLI	−0.0021	−0.0016	0.0025	−0.0018
	（−1.1307）	（−0.8612）	（0.9360）	（−0.9445）
EUGDP	−0.0432***	−0.0429***	−0.0367**	−0.0447***
	（−3.2563）	（−3.0546）	（−2.0033）	（−3.1328）
URB	0.0014	0.0027	0.0001	0.0037
	（0.4392）	（0.7919）	（0.0020）	（1.0781）
SECGDP	0.0001	0.0001	0.0001	0.0001
	（−0.7393）	（−0.7308）	（−2.5473）	（−0.5204）
KJ	0.2253***	0.2198***	0.0832	0.2460***
	（2.9960）	（2.7051）	（0.7572）	（2.9855）
GI	−0.0114	−0.0127	−0.0264**	−0.0137
	（−1.2976）	（−1.3367）	（−2.0907）	（−1.4166）
FDIGDP	0.0001	0.0001	0.0001	0.0001
	（−0.8932）	（−0.6854）	（1.5175）	（−0.8663）
CONPC	0.0074	0.0082	0.0162*	0.0078
	（1.0692）	（1.1208）	（1.7552）	（1.0480）
R^2	0.5613	0.5930	0.5618	0.4636
时间固定效应	是	是	是	是
个体固定效应	否	是	是	是
观测值	451	451	451	451

　　注：* 表示在 10% 的水平上显著；** 表示在 5% 的水平上显著；*** 表示在 1% 的水平上显著。括号内是 T 统计量。

三、更换被解释变量

为进一步验证森林资源丰裕度对经济发展水平的影响，在兼顾经济发展的同时又能实现资源节约和环境保护，为实现习近平总书记提出的"创新、协调、绿色、开放、共享"五大发展理念，本小节采取更换被解释变量的方法，即将人均 GDP 替换为绿色全要素生产率 GTFP。绿色全要素生产率实质是衡量绿色经济增长的方法之一[68]。同时，为考察森林资源丰裕度对绿色全要素生产率影响的线性及非线性问题，核心解释变量 CORE 首先单独考虑了森林覆盖率，然后同时考虑森林覆盖率及其平方。为了结果的稳定性及缓解内生性问题，本小节构建了包含个体和时期双固定效应的静态和动态的空间计量模型 SAR 和 SDM，具体如下：

$$\text{GTFP}_{it}=\rho\sum_{j=1}^{n}W'_{ij}\text{GTFP}_{jt}+\beta''\text{CORE}_{it}+\beta''\text{CONT}_{it}+\theta\sum_{j=1}^{n}W'_{ij}\text{CONT}_{ijt}+\mu_i+\xi_t+\varepsilon_{it} \tag{5-15}$$

$$\text{GTFP}_{it}=\rho\sum_{j=1}^{n}W'_{ij}\text{GTFP}_{jt}+\beta''\text{CORE}_{it}+\theta\sum_{j=1}^{n}W'_{ij}\text{CORE}_{ijt}+ \\ \beta''\text{CONT}_{it}+\theta\sum_{j=1}^{n}W'_{ij}\text{CONT}_{ijt}+\mu_i+\xi_t+\varepsilon_{it} \tag{5-16}$$

$$\text{GTFP}_{it}=\tau\text{GTFP}_{i,t-1}+\rho'\sum_{j=1}^{n}W_{ij}\text{GTFP}_{j,t-1}+\rho\sum_{j=1}^{n}W'_{ij}\text{GTFP}_{jt}+\beta''\text{CORE}_{it}+ \\ \theta\sum_{j=1}^{n}W'_{ij}\text{CORE}_{ijt}+\beta''\text{CONT}_{it}+\theta\sum_{j=1}^{n}W'_{ij}\text{CONT}_{ijt}+\mu_i+\xi_t+\varepsilon_{it} \tag{5-17}$$

式（5-15）至式（5-17）分别表示静态的空间自回归模型 SAR、静态的空间杜宾模型 SDM 和动态的空间杜宾模型 SDM。其中，被解释变量 GTFP 是绿色全要素生产率，核心解释变量、控制变量及其他变量和符号均和基准模型一致，空间权重矩阵采用的是高斯核函数距离权重矩阵。同时汇报 SAR 和 SDM 的结果也是为了进行模型结果的稳健性检验。森林资源丰裕度对绿色全要素生产率影响的检验结果如表 5-10 所示。

表 5-10　森林资源丰裕度对绿色全要素生产率影响的检验结果

变量	SAR（1）	SAR（2）	SDM（1）	SDM（2）
L.GTFP	0.4277***	0.4261***	0.4515***	0.5420***
	（0.0318）	（0.0318）	（0.0391）	（0.0441）
FT	0.3878*	0.8019**	0.7673*	0.9644*
	（0.0381）	（0.3924）	（0.2998）	（0.5759）
FT^2		−0.6917		−0.9728
		（0.5206）		（0.7812）

续表

变量	SAR（1）	SAR（2）	SDM（1）	SDM（2）
控制变量	是	是	是	是
R^2	0.3527	0.3539	0.3697	0.4279
时期固定效应	是	是	是	是
个体固定效应	否	是	是	是
观测值	533	533	533	492

注：* 表示在 10% 的水平上显著；** 表示在 5% 的水平上显著；*** 表示在 1% 的水平上显著。括号内是标准误。

四、结　论

从表 5-8 和表 5-9 的验证结果可以看出，通过变换空间权重矩阵和调整样本期的稳健性检验这两种方式，构建后相邻空间权重矩阵的计量模型及缩短研究样本期，不管是空间模型 SDM 和 SAR 还是非空间模型 POLS，所有变量的符号基本没有发生改变。经济收敛现象在长三角地区城市层面是存在的，经济相对落后的区域有很大的提升空间。森林资源丰裕度对经济发展水平的影响始终保持 U 型的趋势，即在长三角地区城市层面，森林资源会在不同的经济发展阶段起到不同的作用，尤其在经济低碳发展的目标下，森林资源在固碳方面起着举足轻重的作用。这证明，原来的模型论证的结果是稳健的。产业结构优化升级以后，能源利用率较高，且城市化和科技教育的投入都能有效促进长三角地区经济水平的提升。

表 5-10 显示的是森林资源丰裕度对绿色全要素生产率影响的估计结果。其中，SAR（1）考察的是森林资源丰裕度对绿色经济发展水平影响的线性关系，SAR（2）考察的是森林资源丰裕度对绿色经济发展水平影响的非线性关系，SDM（1）采用静态模型考察森林资源丰裕度对绿色经济发展水平影响的线性关系，SDM（2）采用动态模型考察森林资源丰裕度对绿色经济发展水平影响的非线性关系，模型结果均表明：长三角地区绿色经济发展存在惯性特征，森林资源丰裕度对绿色经济发展影响的 U 型特征并没有得到验证，但是森林资源丰裕度对绿色经济发展的影响始终是正向的，这说明长三角地区提升森林资源丰裕度有助于提高其绿色经济发展水平，助力经济的可持续发展。增绿有利于解决目前在经济发展过程中

面临的"经济增长、环境友好、资源节约"的权衡取舍困境，也符合我国"十四五"规划及经济可持续发展的战略需求。所有模型结果均验证了假说 5-1 和假说 5-2，即长三角地区森林资源丰裕度对经济发展水平的影响呈 U 型的非线性特征，但是森林资源丰裕度有利于绿色全要素生产率的提升。

第六节　内生性问题

为了缓解可能存在的内生性问题，且本章采用的模型是非线性模型，因此采用空间 GMM 方法再次验证森林资源丰裕度对经济发展水平的影响，基准模型构建如下。

$$GDPPC_{it}=\alpha' FT_{it}+\alpha'' FT_{it}^{2}+\beta CONT_{it}+\mu_{i}+\xi_{t}+\varepsilon_{it} \tag{5-18}$$

式中，GDPPC 是被解释变量实际人均 GDP；FT 和 FT^2 为核心解释变量，分别代表森林资源丰裕度及其平方；CONT 为控制变量；α 和 β 分别代表各变量的系数。控制变量和基准模型一致，包括被解释变量的一阶滞后（L.GDPPC）、单位 GDP 固碳（CSGDP）、单位 GDP 二氧化硫排放量（ISO_2GDP）、资源承载力（WLI）、单位 GDP 用电量（EUGDP）、城市化水平（URB）、产业结构（SECGDP）、科技教育投入（KJ）、政府干预程度（GI）、外商投资水平（FDIGDP）及人均消费规模（CONPC）；μ_i 和 ξ_t 分别表示可选择的个体效应和时间效应；ε_{it} 代表扰动项，个体 $i=1,2,\cdots,N$，时间 $t=1,2,\cdots,T$。

采用命令"spgmmxt"对模型进行估计，并分别用高斯核函数地理距离矩阵和后相邻空间权重矩阵，先后采用一步法 one-step SPGMM 和两步法 two-step SPGMM 进行估计。模型估计结果如表 5-11 所示。结果依旧证明了长三角地区森林资源丰裕度与经济发展水平之间的非线性关系，即长期来看，随着经济发展，森林资源会逐步形成资源福利。

表 5-11　空间 GMM 估计结果

变量	one-step SPGMM		two-step SPGMM	
	地理距离权重	后相邻空间权重	地理距离权重	后相邻空间权重
FT	−0.1040***	−0.0104**	−0.1088***	−0.0329**
	（0.0116）	（0.0097）	（0.0137）	（0.0098）
FT^2	0.0884***	0.0207***	0.0933***	0.0184***
	（0.0113）	（0.0079）	（0.0114）	（0.0097）
控制变量	是	是	是	是
R^2	0.9051	0.9098	0.9049	0.9117
观测值	533	533	533	533
横截面数量	41	41	41	41
F 检验	168.2446***	170.7953***	167.5780***	173.8873***
Wald 检验	2187.1797***	2220.3383***	2178.5137***	2260.5347***

注：* 表示在 10% 的水平上显著；** 表示在 5% 的水平上显著；*** 表示在 1% 的水平上显著。括号内是标准误。

　　广义矩估计（GMM）的方法是在扰动项存在异方差或者自相关的时候较为有效的方法，如果存在球形扰动项的情况，则二阶段最小二乘法（2SLS）是最有效率的方法之一。因此，为缓解模型的内生性问题，本书还使用工具变量法中的 2SLS 进行验证，使用 Stata 中"ivregress"的命令进行估计，工具变量的选取原则既要与内生变量具有一定的相关性，又要和扰动项不相关，考虑到经济发展水平可能存在高度自相关，且当期的经济发展可能受到前期经济发展水平的影响。本书使用被解释变量人均 GDP 的二阶滞后项作为工具变量，同时控制了基准模型中的所有变量，并考虑了个体固定效应和时间固定效应，模型估计结果见表 5-12。模型的估计结果是稳健的。

表 5-12   2SLS 估计结果

变量	被解释变量：人均 GDP		
	系数	标准误	P 值
FT	−0.1527	0.0594	0.000
FT^2	0.2866	0.0997	0.004
控制变量	是		
个体固定效应	是		
时间固定效应	是		
R^2	0.9801		
观测值	451		
横截面数量	41		

本章小结

本章主要利用空间计量经济学的方法，利用长三角地区 2007—2019 年共 41 个城市的数据，基于理论分析框架，构建了空间计量模型的指标体系，分析了碳中和背景下长三角地区森林资源丰裕度对经济发展水平的影响，并进一步从直接效应、间接效应、总效应和反馈效应进行了效应分解。通过更换空间权重矩阵、调整样本期、更换被解释变量的方法进行了模型估计结果的稳健性检验，并通过空间 GMM 和 2SLS 的方法缓解了模型可能存在的内生性问题。主要结论如下：

空间因素在经济增长与收敛过程中起着重要作用，经济发展水平的空间自相关关系是存在的，忽视空间因素可能会导致模型结果偏误。本章利用 ArcGIS 软件生成的 41 个城市的经纬度数据，结合 Matlab 软件产生了基于高斯核函数计算的地理空间权重矩阵。并通过莫兰指数及吉尔里指数判断经济发展水平的空间自相关关系。2007—2019 年，长三角地区 41 个城市莫兰指数均明显大于 0，且都通过显著性检验，均在 1% 的水平上显著；吉尔里指数均小于 1，证明存在正的空间自相关关系。总体的莫兰指数和吉尔里指数基本稳定，但还是略有波动，长三角地区各城市呈现显著的正空间自相关特性。

长三角地区森林资源丰裕度对经济发展水平存在 U 型的非线性特征的影响，森林资源诅咒会随着经济水平的提高逐渐形成森林资源福利。本章分别从资源环境、社会、经济和制度的角度，构建了空间杜宾模型（SDM）和空间自回归模型（SAR），以验证长三角地区森林资源丰裕度对经济发展水平的影响。结果显示，森林资源丰裕度与经济发展水平的关系呈 U 型的非线性特征，在经济发展初始阶段，森林资源丰裕度对经济发展水平具有一定的抑制作用，而当经济发展到一定程度，丰裕的森林资源却能促进经济发展水平的提高。森林资源丰裕度也能够促进绿色全要素生产率的提高。这符合"两山"理论的实质内容，也符合碳达峰、碳中和的伟大愿景。

森林资源丰裕度并不是影响经济发展水平的唯一因素，经济初始水平、固碳潜力、能源消费、城市化水平、科技教育水平等因素都共同作用于经济发展水平。在经济发展的影响因素上，被解释变量的一阶滞后项为负且显著，说明长三角地区存在经济收敛现象，意味着经济初始状态相对不太发达的地区，发展的空间和动力越足，经济发展水平及人均 GDP 提升的空间会越大。这一方面，安徽省体现得尤为明显。

从经济意义来说，单位 GDP 固碳量大，意味着经济发展水平可能会受到负面的影响。经济发展过程中需要消耗大量的资源和能源，生产过程中会导致更多的二氧化碳排放，而通过植被、土地等碳汇，可以吸收大气中存在的部分二氧化碳，碳排放越多，污染越多，最终可能会抑制地区的发展，尤其是安徽省一带，在承接产业转移的同时，要做好低碳经济和循环经济发展的战略布局。

在资源环境方面，单位 GDP 工业二氧化硫排放量对经济发展水平的影响为正，但是结果并不显著。而在资源承载力方面，水资源承载力和经济发展水平呈负相关关系。这说明经济越发达，对资源的需求就越大，资源承载力就会越弱。在能源消费方面，单位 GDP 用电量对经济发展水平的影响为正。长三角地区金融、服务业较发达，高科技行业创造的 GDP 通常要比低端制造业创造的 GDP 多很多，但是高科技行业的能源消耗往往比低端制造业要少很多。尤其在长三角实施电力一体化政策以后，逐步开展共享互通的模式，充分发挥各省各市的资源优势，说明经济发展过程中能源的利用效率越来越高。

产业结构上，第二产业的发展对经济发展起到了促进作用，因为长三

角地区一直致力于产业结构的调整和优化升级，尤其在长三角地区一体化发展上升到国家战略以后，长三角地区的产业发展进一步优化升级，长三角地区根据各地区自身优势实施了产业错位发展战略，产业呈集群化发展趋势，且可以实现现代服务业和先进制造业的融合发展。城市化的发展可以促进经济发展水平的提升。城市化的过程本质上是人力、资本和资源集聚的过程，城市化是经济结构转型升级非常重要的推动力之一。城市化逐渐和经济实现协同发展，从粗放型的发展方式逐步转变为集约型的经济增长方式。科研教育投入对提高经济发展水平具有明显的促进作用，模型估计系数为0.2以上。这说明科技创新对实现长三角地区经济发展是非常重要的，尤其是在数字经济时代，政府应适度干预长三角地区的经济发展，加大科研投入能有效提高经济发展水平。对外投资效应方面，外商直接投资程度可以有效提高经济发展水平，但外商直接投资程度对经济发展的影响程度并不高。在消费水平上，人均社会消费水平的提高有助于经济发展。

森林资源丰裕度对本地区和周边地区的空间效应呈非线性的特征，但在"增绿""减碳"的过程中，应注意度的把握。邻近城市的森林资源丰裕度对本地区经济发展的影响呈非线性的 U 型特征。在初始状态，邻近城市的森林资源越丰裕，越会促进本地区的经济发展，但是当达到一定程度以后，邻近地区过于丰裕的森林资源反而会抑制本地区的经济发展。其中有一个非常重要的因素是，林木生长需要土地等物质条件。

模型估计结果是稳健的。本章主要采用更换空间权重矩阵、调整样本期、更换被解释变量的方法对模型结果进行稳健性检验，并采用空间 GMM 和 2SLS 的方法缓解可能存在的内生性问题。稳健性检验部分，本章采用后相邻空间权重矩阵进行模型估计。此外，本章采用缩减样本期的方法，将 2018 年、2019 年剔除，模型样本期重点考察 2007—2017 年，其他被解释变量、解释变量及控制变量保持不变，为减少模型结果偏误，同时汇报了 SAR 和 SDM 模型的结果。为缓解可能存在的内生性问题，本章构建了空间 GMM 和 2SLS 的计量模型。结果证明，森林资源丰裕度与经济发展水平呈 U 型的非线性特征，即长三角地区城市层面上森林资源会在不同的经济发展阶段起到不同的作用，但长期来看，森林资源丰裕度有助于经济发展水平的提高，增绿有助于绿色经济的发展，这与我国"十四五"规划的战略目标是一致的。

第六章　长三角地区森林资源丰裕度
对经济低碳发展的影响

在碳中和的背景下，森林资源和经济的协同发展应以经济的低碳发展为基本原则。本章在第五章的基础上，利用2007—2019年城市层面的数据进行分析，以第五章的数据准备为基础，分析并验证了长三角地区森林资源丰裕度对经济低碳发展的影响。本章首先对碳排放需求下森林资源与固碳潜力进行了描述性分析，并详细阐述了森林资源、碳排放、经济发展之间的时空演变，进而阐述了森林资源对经济低碳发展的理论分析框架。基于此，本章沿用了第五章的实证分析方法，结合静态和动态的相对碳排放的概念，利用空间计量方法实证检验了森林资源丰裕度对单位GDP碳排放、单位GDP固碳及单位GDP净碳排放的影响，随后通过引入虚拟变量和更换解释变量的方法进行了稳健性检验，并用动态面板GMM和2SLS工具变量法解决内生性问题。本章的实证分析结果为后续的传导机制分析及政策建议提供了参考和依据。

第一节 长三角地区森林资源丰裕度与碳排放
强度、固碳潜力分析

一、森林资源丰裕度与碳排放强度

森林植物通过光合作用，将大气中的二氧化碳固定在生物质中。因此，人们希望能够种植大量的树木，以树木来作为气候变化及碳减排的自然"刹车"，吸收由化石燃料燃烧排放的大量二氧化碳。成熟的森林资源对封存大气中的碳有非常重要的作用。森林碳汇/固碳是指森林植物通过光合作用吸收大气中存在的二氧化碳，并将二氧化碳固定在植被或土壤中，进而减少大气中二氧化碳的浓度。森林是生态系统中最大的碳库，可以有效降低大气中温室气体浓度且缓解气候变暖，因此，扩大森林覆盖面积是经济上可行、成本较低的重要缓解措施。

图 6-1 反映的是长三角地区 41 个城市森林覆盖率和单位 GDP 二氧化碳排放量的散点图。从图 6-1 中可以明显地看出，森林资源丰裕度和单位 GDP 碳排放量呈负相关关系。单位 GDP 碳排放强度的下降说明能源利用率及经济效益的提升。根据图 6-1 可知，2005 年以来，森林覆盖率整体有所提升，但是，为实现碳达峰和碳中和的目标，安徽省的部分城市，如阜阳、滁州、淮南、淮北、亳州等均是紧迫城市，而江苏省的连云港、宿迁紧迫感近年来有所下降，这可能是因为安徽省的产业结构偏重第二产业，因此部分城市碳排放量较大。上海、苏州等城市是实现碳达峰目标的领跑城市，单位 GDP 碳排放相对较低。森林资源覆盖率较高的城市基本属于浙江省和安徽省。2005 年，长三角 41 个城市碳排放总量为 96091 万吨，单位 GDP 碳排放量为 12.6 千克/元，森林覆盖率平均为 31.44%。其中，碳排放总量排名前 10 位的依次为上海、苏州、宁波、杭州、南京、无锡、南通、徐州、温州和盐城。从资源型城市来看，这 10 个城市中只有徐州属于资源再生型城市。碳排放总量排在后 5 位的从低到高依次为舟山、池州、铜陵、黄山和丽水。从碳排放强度来看，单位 GDP 碳排放量排在前 10 位的从高到低依次为阜阳、滁州、宿迁、淮南、宿州、连云港、淮北、亳州、池州和六安。这 10 个城市中，除了阜阳、连云港和六安不是资源

型城市，其他 7 个城市均是资源型城市，这些城市碳排放强度比较大的一个原因是经济水平相比其他城市不是很高。单位 GDP 碳排放量排名后 5 位从低到高依次为无锡、舟山、杭州、温州和绍兴，均是非资源型城市。除了无锡的森林覆盖率较低，仅有 15%，其他 4 个城市的森林资源都非常富裕，森林覆盖率在 50% 以上。

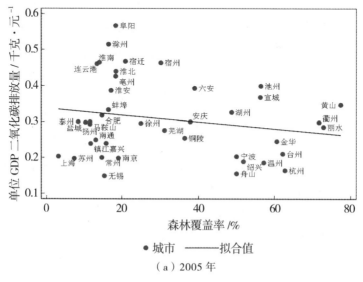

（a）2005 年

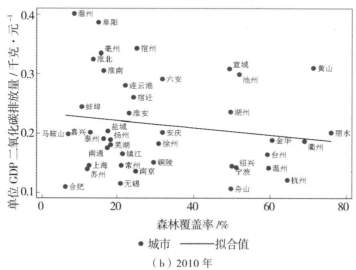

（b）2010 年

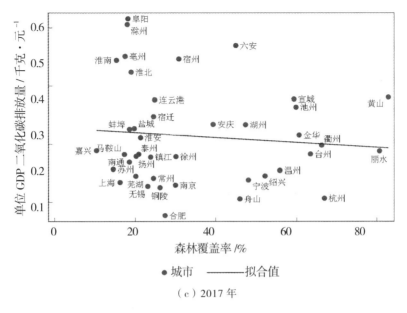

（c）2017 年

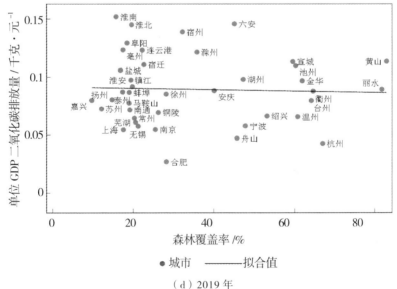

（d）2019 年

图 6-1　长三角地区 41 个城市 2005 年、2010 年、2017 年和 2019 年
森林覆盖率及碳排放散点图

2017 年，长三角地区碳排放总量为 153198 万吨，单位 GDP 碳排放
量为 4.38 千克 / 元，森林覆盖率为 34.74%。碳排放总量最高的城市基本
没有太大变化，主要集中在经济发展程度较高的城市；而碳排放总量排名

后 5 位从低到高依次为舟山、铜陵、池州、黄山和丽水，基本也没有太大变化，而这 5 个城市森林覆盖率平均为 59.1%，森林资源非常丰裕。从相对碳排放强度来看，单位 GDP 碳排放量最高的是安徽省的 9 个城市和江苏省的连云港，碳排放强度排在后 5 位的从低到高依次为合肥、舟山、杭州、铜陵和无锡。2005—2019 年，单位 GDP 碳排放量较高的城市属安徽省的居多；上海、苏州、南京等经济较为发达的城市单位 GDP 碳排放量较低，且森林覆盖率也较低；浙江省的部分城市，如舟山、杭州、温州、绍兴等城市森林覆盖率较高，但是单位 GDP 碳排放量较低。

二、森林资源丰裕度与固碳潜力

图 6-2 展示的是 2005 年以来长三角地区森林覆盖率和单位 GDP 固碳能力的散点图。可以看出，森林覆盖率和单位 GDP 固碳能力呈正相关关系，森林覆盖率越高的城市，单位 GDP 固碳能力越强。单位 GDP 固碳能力较强的城市，安徽省的最多，如六安、阜阳、安庆等城市。江苏省大部分城市森林覆盖率低，且固碳能力较低。但从整体来看，长三角地区城市的森林覆盖率是不断提升的，且固碳能力也在不断提升。2005 年，长三角地区总固碳量达 67219 万吨，总固碳量最高的城市从高到低依次为丽水、温州、杭州、台州、盐城、宁波、舟山，这些城市除了盐城，其他城市森林覆盖率均在 50% 以上，而铜陵、马鞍山、淮南、淮北和芜湖的总固碳量排在末位。从单位 GDP 固碳量来看，单位 GDP 固碳量排在前列的大多是安徽省的城市，还有浙江省的丽水和江苏省的盐城，而铜陵、马鞍山、无锡、常州和镇江的单位 GDP 固碳量均排在末位。2017 年，长三角 41 个城市总固碳量达 71575 万吨，2019 年总固碳量约为 71621 万吨。2017 年，单位 GDP 固碳量排名前 10 位从高到低依次为六安、阜阳、安庆、丽水、温州、宿州、亳州、宣城、滁州和黄山，都是浙江省和安徽省的城市，而单位 GDP 固碳量排名后 5 位的是铜陵、马鞍山、常州、无锡和镇江。2019 年，总固碳量最高的城市依次为丽水、温州、杭州、盐城、台州、六安、舟山、安庆、宁波和宣城，除了盐城以外，其他城市均是森林资源非常丰裕的城市。总体而言，单位 GDP 固碳量最多的是安徽省的六安、安庆、

阜阳及浙江省的丽水、温州等城市，但是单位 GDP 固碳量较低的是上海、苏州等森林覆盖率较低的城市。

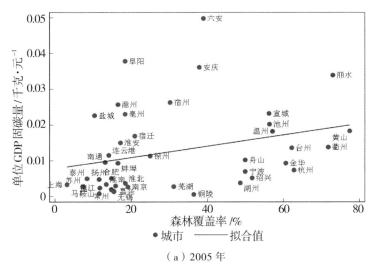

（a）2005 年

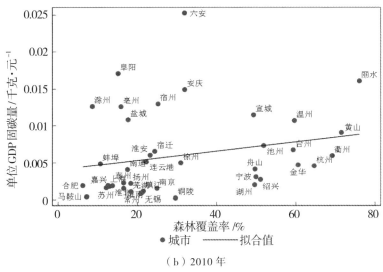

（b）2010 年

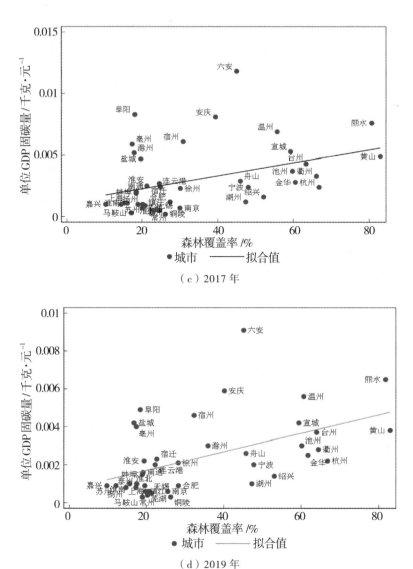

图 6-2 长三角地区 41 个城市 2005 年、2010 年、2017 年和 2019 年
森林覆盖率与固碳散点图

第二节　长三角地区经济发展水平与低碳发展的时空演变

一、经济发展水平与碳排放强度

图 6-3 反映的是 2005 年以来，长三角地区经济发展水平与碳排放总量的散点图。可以看出，经济发展水平与碳排放总量呈正相关关系。经济越发达的城市，碳排放总量越多。碳排放和经济增长的关系是内在的。2005—2019 年，经济发展水平较高且碳排放总量较高的城市为上海、苏州、无锡等城市，碳排放总量较低的城市多为安徽省的城市，如阜阳、亳州等城市。经济发展过程中必然会遇到环境问题，而环境问题多是由碳排放引起的。但是碳排放又体现了经济的发展，因为碳排放的主要来源是能源消费，尤其是碳基能源的消费。作为重要的生产要素，能源是较为重要的经济增长动力源泉之一。经济增长对碳排放的影响往往表现在两个方面：一是生产要素的投入决定了经济发展水平，但经济发展到一定程度，对能源消耗的需求将进一步增长，因此会引起二氧化碳排放量的增加；二是科技水平的进一步提升及对生态环境的注重，会进一步促进劳动生产率和能源使用效率的提高，特别是清洁能源的使用效率，进而在经济发展过程中减少要素投入，降低二氧化碳排放量，最终使经济发展进入低耗能、低污染的可持续发展状态。

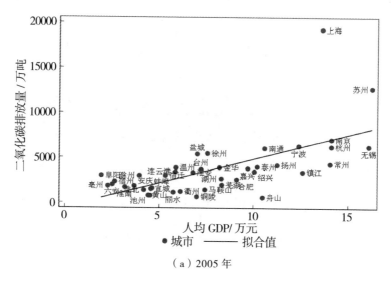

（a）2005 年

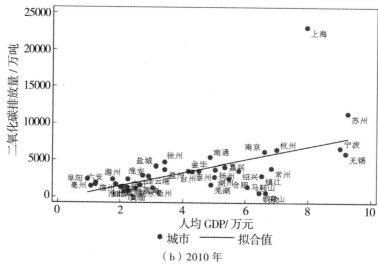

（b）2010 年

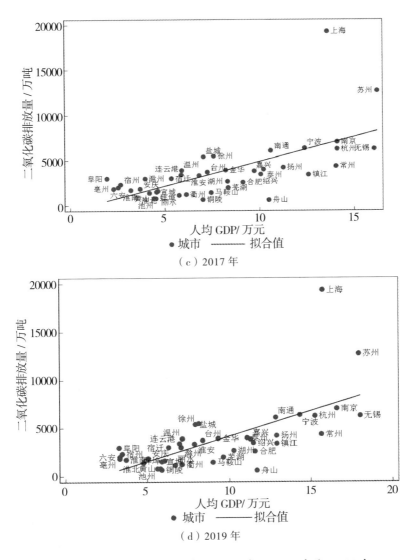

图6-3　长三角地区 2005 年、2010 年、2017 年和 2019 年
经济发展与碳排放散点图

图 6-4 展示的是长三角地区 2005 年以来，经济发展水平和单位 GDP
固碳能力的散点图。可以看出，经济发展水平和单位 GDP 固碳能力成反比，
即经济越发达，固碳能力越弱。较为典型的如苏州、无锡、上海、杭州等
城市，人均 GDP 始终排在前列，但是单位 GDP 固碳能力却不高；相反，六安、
阜阳、安庆、丽水等城市，人均 GDP 不高，但固碳能力较强。碳排放源

主要分为自然排放源和人为排放源，自然排放源主要来自海洋和土壤，人为排放源主要来自人类活动，如工业生产、土地利用、能源及森林碳源等。从图 6-4 中可以看出，在发展经济的同时，安徽省的六安、阜阳、安庆、亳州和浙江省的丽水及江苏省的苏州等城市对碳储的贡献程度较大，苏州、无锡、上海、南京、常州和杭州等城市对碳储的贡献较小，说明在实现低碳经济发展的道路上，长三角地区城市间存在较大的差异，目前尚未形成协同发展的趋势。

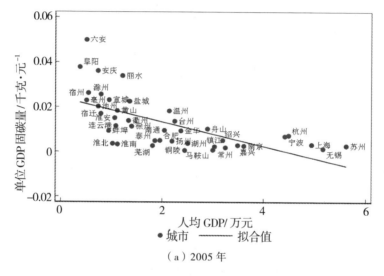

（a）2005 年

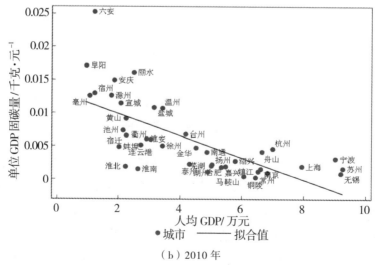

（b）2010 年

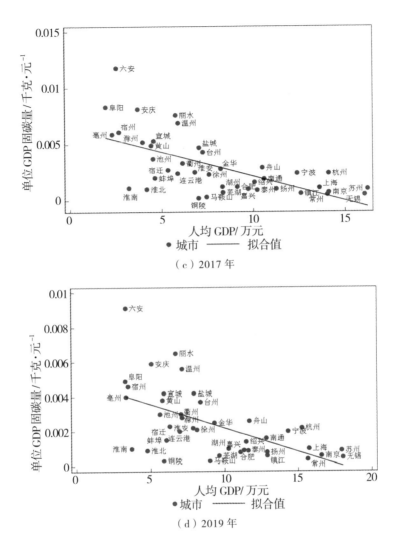

图 6-4　长三角地区 2005 年、2010 年、2017 年和 2019 年

经济发展与固碳散点图

二、经济发展水平与碳生产力

图 6-5 反映的是 2005 年以来长三角地区经济发展水平和碳生产力的散点图。碳生产力是单位二氧化碳排放所能产出的 GDP，碳生产力的指标越高，意味着物质能源的投入产出效率越高，即使用较少的物质和能源的消耗便能产出更多的财富。碳生产力是发展低碳经济的重要指标之一。从

图 6-5 中可以看出，经济发展水平和碳生产力呈正相关关系，即经济越发达的地区，碳生产力就越高。2005 年以后，除了经济有明显的提升以外，碳生产力也有非常明显的提升。2005—2019 年，长三角地区 41 个城市总的碳生产力从 150.19 元 / 千克上升到 541.126 元 / 千克，提升了约 2.6 倍，意味着能源使用效率在不断提高，也说明长三角地区从走传统工业的道路逐渐走上生态文明和循环经济的发展道路，逐步实现低碳发展。

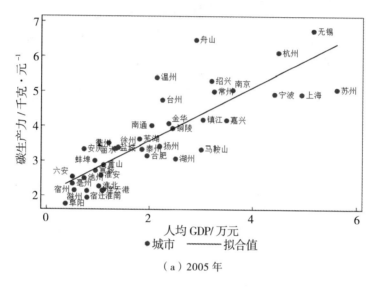

（a）2005 年

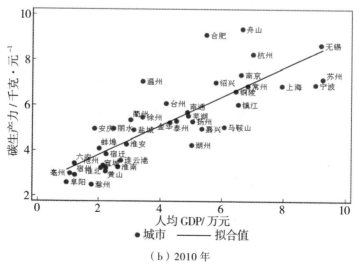

（b）2010 年

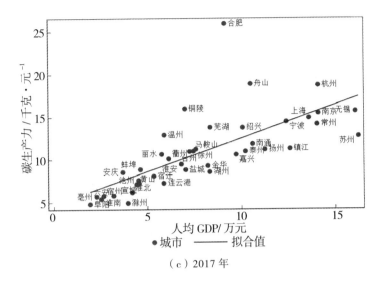

（c）2017 年

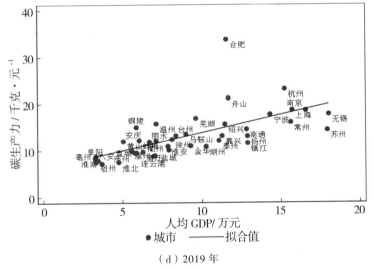

（d）2019 年

图 6-5　长三角地区 2005 年、2010 年、2017 年和 2019 年

经济发展与碳生产力散点图

在考察经济增长和碳排放的关系时，主要有四种情形：第一种情形是传统粗放型的增长模式，即经济增长的同时，碳排放也同步增长，如果二者增速相当，则处于增长联结的状态，如果二者增长率都为正，但是碳排放的增长速度要比经济的增长速度快，则是较不理想的状态；第二种情形是相对脱钩的情形，即经济增长和碳排放出现了不同步的增长趋势,经济水平的增长率大于碳排放的增长率,这是一种较为理想的状态;第三种情形是绝对脱钩的发展,即经济增长的同时,二氧化碳增长率为零;第四种情形是强脱钩,即在经济增长的同时,碳排放的增长率小于零,这是最理想的状态。社会发展的最终目标应该是既能保持经济的增长,又能实现经济增长对二氧化碳排放的脱钩。从图 6-6 中可以看出,2005年以来,长三角地区的经济一直在不断增长,2006 年,碳排放增长率基本和经济增长率保持一致,增长方式属于传统粗放型增长模式。其中有两个城市较为突出:一个是安徽省的合肥,碳排放增长率为负,经济增长却较快;另一个城市是安徽省的铜陵,经济增长率要远高于碳排放增长率。2017 年,情况发生了较大的变化,GDP 经济增长率较高,出现了正的经济增长,有 30 个城市的碳排放出现了负增长,其中,有 11 个城市呈现相对脱钩的局面,包括亳州、阜阳、淮安、连云港、南京、宿迁、泰州、温州、徐州、盐城和镇江碳排放出现了负增长,说明长三角地区低碳经济的发展趋势较为明朗,且 2005—2019 年单位 GDP 碳排放强度逐渐降低,这对经济可持续发展来说是非常有利的,说明投入产出的效率得到了提高。

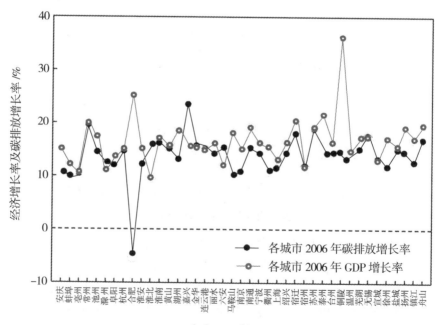

（a）2006 年

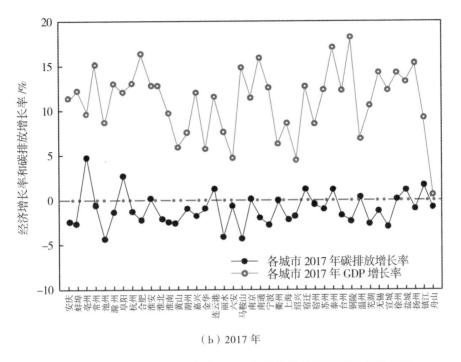

（b）2017 年

图 6-6　长三角地区 2006 年和 2017 年经济增长率及碳排放增长率

第三节　森林资源丰裕度影响经济低碳发展的理论分析框架

一、理 论 分 析 框 架 与 研 究 假 说

经济的低碳化发展是指一个新的经济、技术和社会体系，以可持续发展为目标，以技术创新、产业结构升级、清洁能源的使用等为依托，尽可能地节约能源，降低高碳能源的消耗，减少温室气体排放，使经济和环境协同发展。经济的低碳化发展实质是一种减少高碳能源消耗的经济发展模式。对资源环境的保护并不是要停止发展经济，而是在这个过程中要弄清楚资源开发和利用的成本和收益。目前较为流行的一种观点是，经济发展过程中会带来环境的恶化和资源的消耗。随着经济规模的提升及消费水平

的提高，经济活动的投入力度会加大，废弃物的产生会越来越多，地球的负担会越来越重，从而导致经济规模的扩大远远超过地球的承载能力。但是，我们不能简单地把经济增长和资源环境保护对立起来。

从经济学的角度看，市场机制能够实现资源的有效配置，但是达到市场经济配置效率是有严格条件的。环境产出，如污染、碳排放均产生于各种经济社会活动，特别是影响经济活动决策和影响决策过程的因素对环境的最终产出具有重要影响。很多决策从个人的角度来看是合理的，但是从社会角度来看却是不合理的。因此，市场机制很难调节社会的所有领域，由于生产要素的差异、外部性的存在等因素，往往会发生市场失灵的现象，即市场机制的作用被削弱。随着经济的发展和文明程度的提高，外部性内在化正逐步被认识，人们也努力将其实现。除了商业价值，森林资源在调节气候、保持生态平衡和物种完整性、保护植被、水源涵养和改善环境等方面的作用越来越受到重视。外部性内在化的过程中，政府会采用更多的经济政策、环境政策及加大对环境的投资，影响到产业结构、经济规模、投入产出效率等，最终对环境收益产生影响。随着经济水平的提高，人民的生活水平得到了改善，对环境也提出了更高的要求；更高的投入产出效率使人们对资源投入的需求下降；对环境方面的投资使技术等得到了改善，清洁技术的进步和使用会减少废弃物等的产生，最终改善环境质量。

经济的低碳化发展是一个相对的概念。与维持现状相比，低碳经济下，单位产出的排放量具有更快的下降速度。缓解大气中的碳排放浓度主要有两种方式：第一，从碳的来源方面进行管控，节能减排；第二，从碳的去向方面进行管理，主要是增加生态系统固碳。生态系统中有一个非常重要的碳汇角色，即陆地生态系统，主要包括森林、农田、灌丛和草地。我国森林生态系统的固碳量占到陆地生态系统的80%，农田和灌丛生态系统的固碳量分别占到12%和8%，而草地生态系统的碳收支基本处于平衡状态，森林生态系统是当之无愧的固碳主体。森林资源主要通过三种方式固碳：第一，通过植树造林和再造林、施肥和适当延长轮伐期进一步增加碳汇；第二，通过减少毁林砍伐、提高林木利用效率、加强森林火灾和病虫害防治等进一步保护碳贮存；第三，实现碳替代，主要方式有使用其他生物能源替代薪柴，对木产品进行深加工，适当延长木产品的使用寿命，循环利用木产品和纸产品，等等。

近些年来，乱砍滥伐和森林本身的退化而带来的温室气体排放已经是气候变暖的重要原因之一。早在2007年，《联合国气候变化框架公

约》就已经引入了 REDD（reducing emissions from deforestation and forest degradation）机制，即减少森林砍伐和森林退化所造成的碳排放机制，随后对该机制进行了扩展，演变为 REDD+ 机制，即在原来 REDD 的基础上，加上对森林的可持续管理和加强森林碳储量。根据联合国政府间气候变化专门委员会的研究，森林对大气中温室气体的排放和清除的贡献仍是非常积极的研究主题。森林可以通过森林生物质能量替代化石燃料，探讨森林碳储量的问题，而探讨这个问题的前提是存在对森林生物能源的需求，而用于森林生物能源的生物质能源确实可以减少温室气体排放，但森林生物质能源的其他用途则有可能在长期内增加温室气体排放量[262]。年代久远的森林充当着全球二氧化碳碳汇的主力，但是在 15~800 年树龄的森林中，净生态系统生产力通常为正值，且可以继续吸收碳，但如果这些年代久远的森林受到干扰，会使林木的固碳重新回到大气中，进而使大气中的碳量增多[263]。预测东南亚国家 2000—2030 年的碳排放量，53.4% 来自生产林的森林退化和伐木，46.6% 来自天然林的伐木和森林砍伐，而东南亚森林砍伐和伐木产生的碳排放量约占热带森林砍伐总碳排放量的 23%，大约是东南亚地区与能源相关的二氧化碳排放总量的 32.7%[264]。林业的发展会带来林产品供给增加，有可能会使森林砍伐加剧；反之，林业发展也有利于森林的可持续经营及森林价值的提升，林业发展最终对提升森林碳减排有促进作用[265]。全球大约有 9 亿公顷的林木覆盖率，可储存 20.5 万兆吨的碳，但到 2050 年，全部潜在的冠层覆盖将会减少 2.23 亿公顷，恢复树木是目前缓解气候变化最有效的策略之一[266]。Lin 和 Ge[166] 从生态发展和经济发展的角度分析了林业在缓解气候变化和增加区域产值方面的双重作用。

　　森林资源可以调节区域生态环境，而且对碳排放起着平衡作用。森林作为陆地生态系统的主体，储存的有机碳占到整个陆地系统的 60% 以上。森林主要通过光合作用将大气中的二氧化碳固定到植物和土壤中，减少二氧化碳的排放。森林碳汇也逐渐被重视并得到了广泛的关注。在温室气体的减排方式中，有两种和森林有直接的关系：第一种是以"净排放量"来计算温室气体排放，即需要扣除森林固碳的部分；第二种是通过绿色开发机制来实现碳减排，即通过造林、再造林及森林管理获得碳汇来抵消碳排放总量。

　　实现碳封存和增加森林碳汇将是实现碳中和的重要手段。森林碳汇是通过森林植物吸收大气中的二氧化碳，并将二氧化碳固定在植物和土壤中，以减少空气中二氧化碳的浓度。因此，森林就是生态系统中最大的碳库，也是目前世界上最为经济的碳吸收手段。我国森林生物碳储量在2005—2050年将累计增加35.5亿吨，意味着森林将是一个长期而稳定的生物量碳汇，且不同的森林树种在不同的生长阶段吸收二氧化碳的能力也存在较大差异。为在2060年前实现碳中和，除了森林碳汇以外，还要对剩下的碳进行捕捉和封存。碳捕捉是为了防止二氧化碳的再次泄漏，而碳封存是将二氧化碳永久深埋于地下。从经济成本的角度来看，由于技术较昂贵，碳捕捉和碳封存的处理成本会稍微高一些，但是碳捕捉可以使排放到大气中的二氧化碳减少20%~40%。因此，植树造林是目前最可行也是最有效的吸碳、固碳方法之一。

基于以上的理论分析框架及对变量的初步观察，本书提出以下假说：

假说6-1：提升长三角地区森林资源丰裕度有助于平衡碳排放，且经济发展水平的提升会提高碳排放强度。

假说6-2：长三角地区森林资源丰裕度对提升固碳能力有正向的作用，且相对固碳能力与经济发展水平负相关。

以上假设仅仅是初步观察的结果，并没有考虑到其他影响经济低碳发展的因素，因为任意两个变量之间的关系都可能受到经济、社会等因素的影响。因此，本书在控制相关影响因素的基础上，构建计量模型，验证森林资源丰裕度对经济低碳发展的影响机理。

二、经济低碳发展的影响因素

（1）经济发展水平。经济的发展离不开能源的消费，而能源的生产与消费和一个地区的消费、投资需求有直接的关系，进而影响二氧化碳总量的排放。当经济的发展对资源有强依赖时，经济发展和碳排放往往有显著的正相关关系。经济发展会刺激能源消费，同时高水平的经济发展也会带来科技创新，通过新技术及清洁能源的利用会有效提高能源利用的效率。

（2）环境污染。一般认为，终端治理会减少二氧化碳排放，即污染与排放同根同源，但是污染治理过程中，可能要消耗更多的能源，尤其是化石能源的消耗，导致终端治理过程中产生更多的碳排放。

（3）资源承载力。资源承载力会影响生态环境系统的完善及环境的可持续发展。资源承载力往往涉及"碳-水-土地"的边界，同能源消耗有很大的关系。资源承载力更多体现的是可持续发展的代际公平原则，也能

体现出资源区域分布、能源开采强度和能源利用效率的差异。资源承载力也常常受人口、土地面积、经济发展或其他累积消耗或排放等影响。

（4）能源消耗。能源消耗有可能会增加碳排放，但能源使用的绿色化及清洁能源的使用会有效降低二氧化碳排放量。能源结构的变动是影响碳排放的重要制约因素。

（5）城市化水平。城市化水平既能提升环境规制效率，也有可能抑制环境规制效率的提升。虽然城市化有可能提升长三角地区的工业发展水平，但也有可能影响碳排放绩效。城市化水平对碳排放的影响主要体现为能源消费的提升、土地利用方式的变化、植被和土壤的变化及城市代谢的增加。城市化带来的碳排放主要和工业生产、电力生产、居民生活所需要的能源消耗有关；城市化扩张也会促进土地利用方式的转变，如森林和草地会转变为城市建设用地等，而建设用地也是主要的碳排放来源之一，建设用地产生的碳排放一般占总碳排放量的一半以上；植被和土壤是非常重要的碳库，而城市化的扩张往往以破坏植被、草地等为代价，在一定程度上损害了植被和土壤的吸碳能力，进而影响大气中的碳排放浓度；城市化的扩张也意味着资源承载负担的增加，会带来污染的增加、食物的消费等，都会使城市的物质代谢加快，进而使碳排放有所增加。

（6）产业结构。产业结构优化升级能有效提升经济发展水平，实现经济绿色低碳发展。加快发展第三产业，及时推动第二产业转型升级，使产业结构高端化、合理化，同时借助科技创新，发展高精尖技术，优化产业结构，努力打造智能产业链，形成产业集群，产生规模效应，坚持绿色发展，最终减少碳排放，实现经济的稳定、高效和可持续发展。

（7）科技教育水平。研发投入有可能引起二氧化碳排放增加，当经济发展到一定水平，在资源共享、技术外溢和良性竞争的情况下，才能引导绿色技术的发展，最终降低污染排放。技术的使用能够有效提升二氧化碳的捕集、利用和封存效率，尤其在缩短碳排放源到碳储存地的运输距离方面发挥着重要作用[267]。

（8）政府干预程度。理论上说，工业化和城市化实际上是以产业为核心的人、财、物集聚的过程，这种集聚应使分工和资源配置更加有效率，进而带动碳排放强度的下降。但是根据历史经验，产业集聚的过程及很多时候的产业政策大多伴随着政府的干预，如政府的招商引资等，但是以GDP的增加为导向的政策带来的产业集聚很难产生技术的外溢效应，更多时候会进入逐底竞争的恶性循环当中，导致资源浪费，不利于节能减排，很难对碳排放产生良性的促进作用。政府政策往往会扶持重点产业，但有时也会形成资源错配，导致市场效率发生改变，只有在政府适度干预及市场分配的共同作用下，碳排放强度才有可能降低。

（9）外商投资。外商投资有可能会减轻对环境的污染，也有可能会带来很多环境问题。外商投资企业利用更有效率的节能技术可实现能源的节约，进而通过技术扩散影响东道国的二氧化碳排放。同时，外商投资的流入也在一定程度上加大了东道国的环境压力。当外商投资企业将产业转移到东道国时，其实也转移了部分碳排放，高碳的经济发展模式必然吸引高污染、高能耗的产业。虽然外商投资企业有清洁技术，但这种清洁技术带来的效应并不总是能和高碳、高污染的产业结构效应相互抵消。因此，外商投资虽然有可能带来经济总量的增长，但也有可能会对低碳经济的发展产生负面的影响。

（10）消费水平。居民的消费水平对碳排放有重要的影响。居民的消费水平会影响地区的能源消费结构，并可能会带来或引起能源的高强度使用，进而会对碳排放有较大的促进作用。随着人们环保意识的增强，对清洁能源的使用，以及不断优化升级消费模式，低碳消费、低碳生活方式逐渐被更多的人认可，这些举措有利于降低碳排放强度。

第四节　森林资源丰裕度对经济低碳发展影响的模型验证

一、模型构建

为验证森林资源丰裕度对实现经济低碳发展的影响，进而降低碳排放强度，本小节从两方面进行考察：一是碳的来源，即森林资源对碳排放的影响；二是碳的去向，即森林资源对固碳的影响。碳排放分为绝对排放量和相对排放量，其中相对排放量指的是与经济增长挂钩的相对值。我国目前还是发展中国家，虽然在减少温室气体排放方面发挥了非常重要的作用，但是作为发展中国家，经济增长和碳减排同样重要，不能以牺牲经济增长为代价去换取温室气体排放的减少，这也符合发展优先的原则。此外，低碳发展过程中能源结构调整非常重要，但是在短时间内全部更新换代是不现实的，因为能源结构的升级换代需要大量的资金投入和技术投入，短时间内很难实现，因此用绝对排放量的指标来衡量低碳发展的水平是不合适的。同时，考虑到森林碳汇的作用，扣除森林碳汇的影响，本小节还使用了单位 GDP 净碳排放量指标。最终，本小节使用单位 GDP 碳排放量、单位 GDP 净碳排放量及单位 GDP 固碳来衡量经济低碳发展。同时，经济发展水平对碳排放的影响也非常重要。基于以上思路，本小节建立了如下基准模型：

$$Y_{it}=\alpha+\gamma'FT_{it}+\gamma''GDP_{it}+\varphi CONT_{it}+\mu_i+\xi_t+\varepsilon_{it} \qquad (6-1)$$

式中，Y 是被解释变量，分别为单位 GDP 固碳、单位 GDP 碳排放量及单位 GDP 净碳排放；i 和 t 分别表示城市和时间；α 是常数项；FT 是核心解释变量，表示森林覆盖率；GDP 表示经济发展水平；CONT 是控制变量，包括单位 GDP 工业二氧化硫排放量、水资源承载力、单位 GDP 人均用电量、城镇化率、产业结构、科技教育水平、政府干预、外商投资水平及国内消费市场规模；μ_i 表示可选择的个体效应；ξ_t 表示可选择的时间效应；ε_{it} 表示随机误差项；γ、φ 分别表示可选择的各变量的系数。

为了避免由于内生性及空间相关性所带来的结果偏误，本书建立了空间自相关计量模型（SAR）及空间杜宾计量模型（SDM），再次验证森林资源对碳排放强度及净碳排放强度的影响，具体公式如下：

$$Y_{it}=\tau Y_{i,t-1}+\rho'\sum_{j=1}^{n}W_{ij}Y_{j,t-1}+\rho''\sum_{j=1}^{n}W_{ij}Y_{jt}+\beta'FT_{it}+\beta''\sum_{j=1}^{n}W_{ij}FT_{ijt}+\theta'GDP_{it}+$$
$$\theta''\sum_{j=1}^{n}W_{ij}GDP_{ijt}+\varphi'CONT_{it}+\varphi''\sum_{j=1}^{n}W_{ij}CONT_{ijt}+\mu_i+\xi_t+\varepsilon_{it}$$
$$(6-2)$$

$$Y_{it}=\tau Y_{i,t-1}+\rho'\sum_{j=1}^{n}W_{ij}Y_{j,t-1}+\rho''\sum_{j=1}^{n}W_{ij}Y_{jt}+\beta FT_{it}+\theta GDP_{it}+\varphi CONT_{it}+\mu_i+\xi_t+\varepsilon_{it}$$
$$(6-3)$$

$$\varepsilon_{it}=\lambda M\varepsilon_t+u_{it} \qquad (6-4)$$

式中，Y 是被解释变量，W_{ij} 表示城市 i 和城市 j 的空间权重矩阵；个体 i 和 $j=1,2,\cdots,n$，时间 $t=1,2,\cdots,t$，W 和 M 分别表示被解释变量和扰动项的空间权重矩阵；CONT 是控制变量，包括单位 GDP 工业二氧化硫排放量、水资源承载力、单位 GDP 人均用电量、城镇化率、产业结构、科技教育水平、政府干预、外商投资水平及国内消费市场规模；u_i 表示可选择的个体效应；ξ_t 表示可选择的时间效应；ε_{it} 表示随机误差项。

空间权重的设置采用的是后相邻方法对相邻性进行量化，即观测点之间只要有一条共同的边界或者一个共同的实体接触点，就认为空间相邻，权重取值为 1，否则为 0。在进行空间计量的时候，首先要对后相邻（0,1）的空间权重矩阵进行标准化处理，即将该空间权重矩阵中的每个元素（记为 $\widetilde{w}_{ij}$）除以其所在行元素之总和，以保证权重矩阵中每一行的元素加起来总和为 1，即 $w_{ij} = \widetilde{w}_{ij} \big/ \sum_j \widetilde{w}_{ij}$。为避免不同单位带来的量纲影响，所有变量都进行了标准化处理。

二、指标体系及数据来源

本小节分别从资源环境、社会、经济和制度的角度，构建了指标体系，以验证长三角地区森林资源丰裕度对碳排放强度及固碳潜力的影响，而且一个经济体的碳排放受相邻地区经济特征的影响，生产过程中存在一定的外部性和依赖性[268]。

被解释变量 1：单位 GDP 碳排放量（CO_2GDP），主要采用总碳排放量除以实际 GDP 进行衡量。数据来自 Scientific Data 中国县级碳排放及陆地植被固碳数据与中国碳核算数据库。

被解释变量 2：单位 GDP 固碳量（CSGDP），为避免计算方法带来的结果偏差，本章主要采用陆地植被固碳量除以 GDP 来衡量单位 GDP 固碳量。数据来自 Scientific Data 中国县级碳排放及陆地植被固碳数据与中国碳核算数据库。

被解释变量 3：单位 GDP 净碳排放量（NCO_2GDP），主要用单位 GDP 碳排放量减去单位 GDP 固碳量，采用动态的相对碳排放的指标，考察将扣除固碳以后，森林资源丰裕度对单位 GDP 净碳排放的影响。

核心解释变量：森林覆盖率（FT）。基于森林资源的统计方法和特性，以及长三角地区部门改制等原因，本书收集了长三角地区 41 个城市的森林资源方面的数据，如活立木蓄积量、森林面积、森林蓄积量、林业用地、森林覆盖率等数据，但为了构建平衡面板数据以方便计量验证，最终只选取了森林覆盖率来衡量城市的森林资源丰裕度。数据来自安徽统计年鉴、上海统计年鉴、江苏省林业局、浙江省森林资源监测中心。

其他解释变量：实际人均 GDP（GDPPC）。本书选用了最能反映实际经济发展水平的指标，即长三角地区的实际人均 GDP 为其他解释变量，历年的名义 GDP 全部按照 GDP 指数（上年 =100）折算成实际 GDP，并

除以每个城市的常住总人口得到。数据来自各省及各市历年统计年鉴。

控制变量包括：单位 GDP 工业二氧化硫排放量、水资源承载力、单位 GDP 人均用电量、城市化水平、产业结构、科技教育水平、政府干预、外商投资水平及人均消费水平。

单位 GDP 工业二氧化硫排放量（ISO_2GDP），考察污染对碳排放强度的影响程度。数据来自中国知网数据库、各省统计年鉴及《中国城市统计年鉴》、安徽省生态环境厅。

水资源承载力（WLI），衡量方法是人均生活用水与人均水资源的比值。数据来自各省统计年鉴、水资源公报和中国知网数据库。

单位 GDP 人均用电量（EUGDP），用全社会人均用电量除以 GDP，以反映能源消耗的情况。数据来自同花顺 iFinD 金融数据中心。

城市化水平（URB），用各城市的城镇人口除以常住总人口。数据来自各省、各市统计年鉴及各市国民经济和社会发展统计公报。

产业结构（SECGDP），考虑到第二产业多以工业和制造业等为主，对环境影响较大，因此本书选用了第二产业增加值占 GDP 的比重来衡量城市的产业结构。数据来自各省统计年鉴及各市国民经济和社会发展统计公报。

科技教育水平（KJ），以地方财政预算教育和科技方面的支出占总支出的比重来衡量科技教育水平。数据来自同花顺 iFinD 金融数据中心。

政府干预（GI），以地方财政预算支出减去在教育和科技方面的剩余支出占 GDP 的比重来衡量政府干预程度。数据来自同花顺 iFinD 金融数据中心。

外商投资水平（FDIGDP），以各城市实际利用外资占 GDP 的比重来衡量外商投资效应。外商投资总额根据国家统计局公布的历年平均汇率将实际利用外资额转换为人民币计价。数据来自中国知网数据库及各省统计年鉴。

人均国内消费水平（CONPC），采用人均社会消费品零售总额来衡量经济内循环的程度，用地区社会消费品零售总额除以地区常住人口来衡量。数据根据居民消费价格指数折算为真实的社会消费品零售总额，尽量扣除价格因素的影响。

以 2007—2019 年的数据为研究样本。部分缺失数据用插值法补齐完善。变量的描述性统计见表 6-1。

表 6-1　变量的描述性统计

变量	观测值	均值	标准误	最小值	最大值	单位
CO_2GDP	533	0.1674	0.0886	0.0296	0.4869	千克/元
CSGDP	533	0.0051	0.0055	0.0002	0.0422	千克/元
NCO_2GDP	533	0.1624	0.0853	0.0287	0.4561	千克/元
FT	533	33.2510	20.3320	3.1700	83.2500	%
GDPPC	533	5.8579	3.6554	0.5515	18.0044	万元
ISO_2GDP	533	2.7067	3.5777	0.0212	34.7532	千克/元
WLI	533	0.1069	0.1095	0.0040	1.1268	%
EUGDP	533	0.0877	0.0271	0.0429	0.2099	千瓦时/元
URB	533	58.1388	12.8491	29.0000	89.6000	%
SECGDP	533	48.7669	8.1090	26.9928	74.7346	%
KJ	533	21.0422	3.9938	1.9916	36.9996	%
GI	533	13.5148	5.5856	4.8154	32.1284	%
FDIGDP	533	3.3144	2.1926	0.2114	13.0430	%
CONPC	533	2.2246	1.6116	0.1881	19.4993	万元

　　为检验自变量的多重共线性，本书运用方差膨胀因子和容忍度进行验证。方差膨胀因子越大，表明多重共线性越严重，一般认为方差膨胀因子大于 10，就存在严重的多重共线性。容忍度其实是方差膨胀因子的倒数，该指标越小，则说明该自变量被其余变量预测得越精确，共线性可能就越严重。如果某个自变量的容忍度小于 0.1，则可能存在共线性问题。本书所选变量方差膨胀因子均值为 2.44，远低于临界值 10，且容忍度均值为 0.48，各变量容忍度均在 0.1 以上，说明并不存在明显的多重共线性，具体如表 6-2 所示。

表 6-2　变量的多重共线性检验

变量	方差膨胀因子	容忍度
GDPPC	5.41	0.18
URB	3.87	0.26
CONPC	3.19	0.31
SECGDP	2.13	0.47
EUGDP	1.98	0.50
WLI	1.89	0.53
ISO_2GDP	1.81	0.55
FT	1.78	0.56
GI	1.71	0.58
KJ	1.60	0.62
FDIGDP	1.41	0.71
均值	2.44	0.48

三、模型结果分析

（一）空间自相关的判定

首先判断空间自相关是否存在。空间自相关是用于度量地理数据的基本特征，即某个位置上的数据与其他位置上的数据的相互依赖程度，这种相互依赖程度主要受空间相互作用和空间扩散的影响。在地理统计方面，主要可以用莫兰指数进行判断。本书分别检验被解释变量是单位 GDP 碳排放量、单位 GDP 固碳量及单位 GDP 净碳排放量的莫兰指数，空间权重为后相邻的空间权重，即各个区域之间只要有共同的边或者共同的点，这两个区域在地理上便是相邻的。表 6-3 展示的是部分年份单位 GDP 碳排放量、单位 GDP 固碳量及单位 GDP 净碳排放量的莫兰指数，结果显示莫兰指数都远大于 1，且 P 值均在 5% 的水平上显著，说明空间自相关是存在的，且空间距离会对区域行为产生一定的影响。

表 6-3　相邻权重的莫兰指数

被解释变量	年份	I 值	z 值	P 值
CO_2GDP	2007 年	0.447	4.6216	0.001
	2010 年	0.349	3.6382	0.003
	2015 年	0.348	3.6268	0.003
	2019 年	0.271	2.8884	0.008
CSGDP	2007 年	0.203	2.2991	0.020
	2010 年	0.180	2.0361	0.027
	2015 年	0.214	2.4245	0.013
	2019 年	0.256	2.8522	0.005
NCO_2GDP	2007 年	0.444	4.6044	0.001
	2010 年	0.354	3.6907	0.004
	2015 年	0.354	3.6829	0.004
	2019 年	0.269	2.8784	0.006

除了莫兰指数的验证以外，本书还进行了 LM 检验。被解释变量单位 GDP 碳排放量、单位 GDP 净碳排放量的空间滞后效应和空间误差效应均在 1% 的水平上显著，而被解释变量的单位 GDP 固碳量的空间滞后效应和空间误差效应分别在 1% 和 5% 的水平上显著，均拒绝了不存在空间滞后和空间误差的原假设。因此，在构建的动态空间杜宾模型（SDM）和动态空间自回归模型（SAR）的基础上，本书整理了 41 个城市层面的数据，分析了 2007—2019 年森林资源丰裕度对单位 GDP 碳排放量、单位 GDP 固碳量、单位 GDP 净碳排放量的影响程度。为了消除量纲和不同计量单位对模型估计结果造成的影响，模型中的变量均进行了标准化处理。为验证模型结果的稳健性，本书同时给出地理距离空间权重矩阵的估计结果，以作对比。

（二）森林资源与单位 GDP 碳排放量

表 6-4 的结果是被解释变量为单位 GDP 碳排放量的空间计量模型的结果。从碳排放强度的角度来看，被解释变量的一阶滞后项均在 1% 的水平上显著为正，说明长三角地区的碳排放强度并不存在收敛效应，即并不存在单位 GDP 碳排放越少，后期碳排放强度会越大的现象。

表6-4　空间计量模型估计结果

变量	后相邻矩阵		地理距离矩阵	
	SAR	SDM	SAR	SDM
Y_{t-1}	0.8715***	0.9110***	0.8068***	0.9395***
	（0.0236）	（0.0267）	（0.0269）	（0.0264）
FT	−0.1594***	−0.1291***	−0.1275***	−0.1234**
	（0.0421）	（0.0452）	（0.0400）	（0.0580）
GDPPC	0.0640**	0.0396*	0.0711***	0.0818*
	（0.0258）	（0.0272）	（0.0248）	（0.0456）
ISO_2GDP	−0.0329	−0.0361	−0.0312*	0.0301
	（0.0172）	（0.0198）	（0.0164）	（0.0299）
WLI	−0.0317***	−0.0069	−0.0324***	0.0160
	（0.0087）	（0.0100）	（0.0083）	（0.0135）
EUGDP	0.1220***	0.1636***	0.1406***	0.1730***
	（0.0243）	（0.0242）	（0.0220）	（0.0345）
URB	−0.0500	−0.0066**	0.0408	−0.0093*
	（0.0042）	（0.0015）	（0.0126）	（0.0051）
SECGDP	−0.0596***	−0.0361**	−0.0595***	−0.0501*
	（0.0138）	（0.0182）	（0.0127）	（0.0276）
KJ	0.0211	0.0121	0.0216*	0.0136
	（0.0129）	（0.0148）	（0.0123）	（0.0209）
GI	0.1228***	0.0619***	0.1003***	0.0739**
	（0.0191）	（0.0206）	（0.0153）	（0.0331）
FDIGDP	−0.0496***	−0.0350**	−0.0529***	−0.0381*
	（0.0142）	（0.0161）	（0.0134）	（0.0207）
CONPC	0.0009	−0.0042	−0.0010	−0.0195
	（0.0094）	（0.0098）	（0.0089）	（0.0125）
R^2	0.9636	0.9612	0.9712	0.9596
时间固定效应	是	是	是	是
个体固定效应	是	是	是	是
观测值	492	492	492	492

注：*代表在10%水平上显著；**代表在5%水平上显著；***代表在1%水平上显著。括号内代表标准误。

从森林资源的角度来看，森林资源丰裕度和单位GDP碳排放（即碳排放强度）在1%的水平上呈显著的负相关，意味着森林资源越丰裕，越可以有效减少单位 GDP 的碳排放。森林资源可以通过光合作用来吸收大气中的二氧化碳并进行存储，使大气中的二氧化碳相应减少。森林通过其本身的固碳效应，确实可以中和大气中的部分二氧化碳[177]。因此，森林资源是应对气候变化及实现碳中和的最为有效且经济的手段之一。

经济的发展水平对相对碳排放强度的影响是正向的，且二者之间的正相关关系是显著的。社会和经济的发展需要不断增加投入及加大资源的消耗，必然会导致二氧化碳排放量的增加。但是在经济发展过程中，经济发展水平和碳排放总量成正比，但是碳排放强度逐渐降低，需增强经济发展和碳排放的脱钩稳定性[269]。

单位 GDP 二氧化硫与单位 GDP 碳排放的关系并不明朗。其主要原因是长三角地区煤炭在能源结构中的占比不高，通过脱硫、脱硝等方式可以减少燃煤电厂二氧化硫、二氧化碳等污染物的排放，但是，脱硫、脱硝有可能因为生产方式等原因而加大能源消耗，进而带来更多的二氧化碳排放[177]。

资源环境承载力对单位 GDP 碳排放的影响为负，但并不显著。在"十二五"规划当中，就提到降低单位 GDP 能耗和相对碳排放量，以减少资源消耗和环境损害等的破坏。资源消耗越多，资源的承载力越弱，消耗的资源产生的碳排放就会越多。而环境容量控制和相对碳排放总量的控制与资源环境承载力的评价息息相关。

单位 GDP 用电量提升了相对碳排放强度，且在 1% 的水平上显著，从回归系数来看，单位 GDP 用电量对碳排放的影响较大。长三角地区的清洁能源的使用是有限的，用电量的加大会造成碳排放的增多；传统工业用电量的增加，会使单位 GDP 能耗增大，能源利用效率不高，会使碳排放逐渐增多。另外，长三角地区能源较为匮乏，在能源方面主要以外部输入为主。诸如煤炭、石油和天然气等不可再生资源，主要依靠外省的调剂和国外进口；对于可再生资源，尤其是风能和太阳能，特别是太阳能，开发能力是非常有限的。而长三角三省一市中的江苏省、浙江省和上海市电力消费供应不足，主要依靠外部调剂，只有安徽省是唯一的可以对外输出电力的省份。因此，本着实现双碳的目标和经济的低碳发展，在能源结构改革、环保科技的应用、制度的顶层设计方面，都应该努力提高能源利用效率，减少碳排放。因此，有效实施节能政策对碳减排、提高能源利用效率有着直接的影响[270]。

城市化水平的提高抑制了单位 GDP 碳排放。城市化过程往往是人的集聚的过程，人口集聚效应会带来规模效应，能够减少污染处理、公共管

理、基础设施和清洁设施的边际减排成本，有利于污染治理及碳减排[150,271]。在经济粗放增长的情况下，城市化水平越高，对资源的消耗会越加依赖。城市居民生活、工作的方方面面都离不开能源，因此，快速的城市化进程会加大对能源的消耗。长三角地区应走低碳的城市化道路，在维持相对较高的城市化进程的同时也要充分利用科技和资金的支持，优化产业结构，提高规模效应，以降低碳排放强度。

产业结构对单位 GDP 碳排放的影响呈显著的负向影响，说明长三角地区的产业结构仍需优化升级，逐步向低碳化发展。工业化指的是国民收入中工业产值所占的比重较高。工业化是经济社会发展的重要部分，也是现代化发展的核心内容之一。在工业化发展的同时，也带动了很多资源的消耗，因此产生了二氧化碳等气体。工业产值占 GDP 的比重与碳排放有较为密切的关系。经济较为发达的地区，能源利用效率明显要高于经济不发达的地区，而长三角地区高端制造业较为丰裕，第三产业较为发达，且随着科技和教育的不断发展，摒弃以碳排放的要素扩张型这种粗放式经济增长也逐渐得到了重视。2010 年，中国首个承接产业转移示范区——皖江城市带承接产业转移示范区成立。作为产业发展的创新性模式，承接产业转移示范区能有效提高能源效率，进而促进经济低碳发展[272]。

科技教育水平对单位 GDP 碳排放产生了正向的影响，但是没有通过检验。科学技术的发展是推进长三角地区低碳技术发展和低碳经济发展的重要手段。但是科技往往具有两面性，在创新过程中，会带来相应的社会成本和时滞效应，而在应对气候变暖和碳达峰、碳中和目标的大背景下，抢占低碳科技，提升居民环保意识，是赢得发展的重要基础和推动力。实施科技发展战略，强化低碳科技的开发、应用和推广，是实现碳排放管理的重要手段。碳排放的主要来源是化石能源燃烧过程中产生的二氧化碳，其中碳排放因子从高到低依次为煤炭、石油、天然气和页岩气。碳减排的技术选择主要有三个方式，分别为电力替代、部分生物质能替代和部分碳补集与埋存技术。不考虑大规模使用碳捕捉技术，主要是因为该技术的研发成本和使用成本太高，市场竞争力太弱。碳补集和埋存技术属于典型的"先污染、后治理"的终端模式，使用过程中会带来更多的能源消耗，释放更多的碳，从而带来较大的潜在风险[273]。

政府干预程度显著提升了单位 GDP 碳排放的强度。企业是二氧化碳排放的主体，但是企业始终是追逐利益的，因此，为了经济利益，在生产过程中有可能会造成环境污染，排放大量二氧化碳。政府的干预很大程度上是为了实现经济的可持续发展，政府出台的相关政策可以约束企业甚至是个人的行为，使其在追逐利益的过程中控制自身生产行为对环境污染造成的负面影响。政府发起的项目或者出台的政策多与碳减排和改善环境有关。虽然企业有环保的目的和社会责任感，但最终还是以利润最大化为运营目标。另外，中央和地方的产业规划目标可能有所不同。中央的产业规划更看重长远的低碳发展目标，出台的政策也多偏向于低排放行业；地方政府往往更关注短期的经济增长目标，偏向发展高回报的产业，因此政策的干预对经济低碳发展的影响程度和影响路径均有所不同[150]。

外商直接投资对单位 GDP 碳排放的影响显著为负，说明外商直接投资并没有加剧单位 GDP 碳排放强度。外商直接投资会充分利用绿色清洁技术及引入低碳行业标准，对当地的产业承接转移、居民环保意识的培养等都有正面的引导作用，外商投资行为应充分考虑低碳技术的使用。企业国际化经营能够提高生产经营的效率，降低能耗水平，企业依靠先进的生产技术和管理经营，能够改善当地的环境质量[274]。外资进入提升了内资企业的创新数量和创新效率，主要通过溢出效应、锁定效应和竞争效应对产业链上下游的企业创新产生影响，进一步提升低碳生产效率[275]。

人均消费规模对单位 GDP 碳排放影响为负但并不显著。居民消费包括日常生活起居、日常取暖、交通出行等直接的能源消耗产生的碳排放，还包括个人在衣食住行用等领域所消费的产品和服务在其生产、运输过程中不断产生的碳排放。通常认为，扩大消费规模和实现经济增长的目标很难同时实现，主要是源于资本同质的假定，即进行消费的同时就不能用于资本积累，经济发展可能减缓[276]，碳排放强度就会减弱。

（三）森林资源与单位 GDP 固碳量

前面讨论了长三角地区森林资源丰裕度及经济发展水平对碳排放强度的影响，并分析了影响长三角地区碳排放强度的因素。空气中的二氧化碳被清除的过程、活动和机制被称为碳汇，主要指的是森林吸收并储存的碳或者指的是森林吸收和储存二氧化碳的能力。"碳汇"一词出自《联合国气候变化框架公约》的缔约方签订的《京都议定书》，通过陆地生态系统，对碳排放进行有效管理，提高固碳能力，从而相应降低空气中的二氧化碳浓度。将空气中的二氧化碳捕捉并储存，能有效缓解气候变暖的趋势。表 6-5 是森林资源丰裕度对单位 GDP 固碳量影响的估计结果，为检验模型结果的稳健性，同时展示了地理距离空间权重矩阵的空间计量结果和非空间面板的计量结果。

表6-5 森林资源丰裕度对单位GDP固碳量影响的估计结果

变量	后相邻权重矩阵		地理距离矩阵	非空间面板
	SAR	SDM	SAR	POLS
Y_{t-1}	0.0468	0.0480	0.0402	
	（−0.2651）	（−0.2448）	（−0.3805）	
FT	0.0858***	0.0873***	0.0834***	0.0856***
	（7.5724）	（7.3560）	（7.3098）	（7.8527）
GDPPC	−0.0012**	−0.0011**	−0.0012**	−0.0013**
	（−2.1046）	（−1.9645）	（−2.1322）	（−2.3426）
ISO_2GDP	0.0019	0.0011	0.0040	0.0034
	（0.2854）	（0.2318）	（0.4899）	（0.3442）
WLI	−0.0026	−0.0020	−0.0034	−0.0035*
	（−1.2994）	（−1.0183）	（−1.6444）	（−1.8330）
EUGDP	−0.0738***	−0.0683***	−0.0765***	−0.0750***
	（−4.3613）	（−3.8292）	（−4.4618）	（−4.9814）
URB	0.0062	0.0067	0.0072*	0.0068**
	（1.4596）	（1.3650）	（1.7250）	（2.0938）
SECGDP	0.0001***	0.0001***	0.0001***	0.0001***
	（3.0031）	（2.7118）	（3.6003）	（3.9984）
KJ	0.2543**	0.1881*	0.2916***	0.2721***
	（2.4631）	（1.6490）	（2.8013）	（2.8957）
GI	−0.0170	−0.0154	−0.0181	−0.0143
	（−1.5182）	（−1.3049）	（−1.5928）	（−1.4456）
FDIGDP	−0.0001**	−0.0001	−0.0001**	−0.0001**
	（−2.1288）	（−1.4303）	（−2.4759）	（−2.5841）
CONPC	−0.0154**	−0.0125	−0.0159**	−0.0168**
	（−2.0520）	（−1.5510）	（−2.1269）	（−2.2987）
R^2	0.5079	0.5196	0.4583	0.4086
时间固定效应	是	是	是	是
个体固定效应	是	是	是	是
观测值	492	492	492	533

注：* 代表在10%水平上显著；** 代表在5%水平上显著；*** 代表在1%水平上显著。括号内代表 T 统计值。

从模型估计结果来看，森林资源丰裕度与单位 GDP 固碳能力呈显著的正相关关系，而且森林资源对单位 GDP 的固碳能力达到 0.09 左右且在 1% 的水平上显著，这说明森林资源丰裕度能有效提高单位 GDP 的固碳能力。森林的固碳量和林木的年龄组是密不可分的。中龄林在森林中固碳量是最大的，而成熟林或过熟林由于基本不再生长，吸碳能力和碳释放的能力基本保持在平衡状态。截至 2019 年年底，浙江省的乔木林主要以低龄林和中龄林为主，幼龄林和中龄林的面积及蓄积量大小分别占全省的 68.15% 和 57.64%，乔木林的森林碳储量占到全省森林植被碳储量的 78%，且与 2016 年相比，乔木林的单位蓄积量在不断增加，林组和树种结构也逐步合理。安徽省的森林资源也较为丰裕，2021 年全省森林资源覆盖率逐步提高到 30.22%。基于第九次森林资源清查数据（2014 年），安徽省乔木林的碳储量占到全省总碳储量的 75.47%，中龄林碳储量最大，占到总碳储量的 40%，过熟林的碳储量最小，仅占到全省碳储量的 4% 左右。

从经济发展水平来看，经济发展水平对单位 GDP 固碳量有显著的负向影响。经济发展水平越高，单位 GDP 固碳量越低。最直接的解释就是，在经济发展的过程中，由于对环境污染等问题的重视，碳排放总量得到了控制，固碳量自然也得到了控制，随着经济发展水平的提高，单位 GDP 固碳量也就会逐渐降低。经济低水平发展阶段，主要采用的是高能耗、高排放的粗放型的增长方式，但是经济发展水平越高，清洁发展机制越会受到重视，清洁技术越能得到充分利用，且随着经济发展，林业碳汇的发展也会受到重视，绿色低碳循环发展的经济体系和清洁低碳安全高效的能源体系将会逐步建立和完善，经济结构逐步向清洁低碳转型。而在增汇减排的过程中，要权衡生态环境和经济发展的利弊，势必会影响经济发展的速度，因此在这个过程中，会出现固碳和经济发展水平呈负相关的现象。

从其他的控制变量来看，能源消耗（即单位 GDP 用电量）的系数符号为负。用电量越多，说明产生的二氧化碳越多，还有一些原因，就是清洁能源的使用、电量外调等，可能会影响长三角地区的固碳能力。产业结构虽然和单位 GDP 固碳量显著正相关，但是第二产业的发展对长三角地区固碳能力的影响非常小，这是因为长三角地区第二产业中的高端制造业发展较好，且长三角地区多以金融业和服务业为主。科技教育水平对单位 GDP 固碳量的影响显著为正，说明低碳技术和清洁能源的开发，以及教育的普及，都能提升单位 GDP 固碳量。外商直接投资与单位 GDP 固碳呈负相关关系，但影响程度较小。人均消费规模和单位 GDP 固碳呈显著的反

向关系，消费越多，消耗越大，会对碳减排产生负面影响，进而对固碳量产生影响。

（四）森林资源与单位 GDP 净碳排放量

表 6-6 展示的是森林资源丰裕度对单位 GDP 净碳排放量影响的估计结果。为进一步考察森林碳汇对经济低碳发展的影响，本小节还使用相对动态碳排放的变量，衡量森林资源对单位 GDP 净碳排放量的影响，使用动态 SDM 和动态 SAR 空间计量模型进行验证，模型估计结果如表 6-6 所示。结果显示，单位 GDP 净碳排放量的一阶滞后系数显著为正，说明相对净碳排放的收敛效应并不存在。森林资源丰裕度对单位 GDP 净碳排放量的影响显著为负，即森林资源越丰裕，单位 GDP 净碳排放量强度越小，说明森林碳汇对降低碳排放强度有一定的影响。从 SDM 的结果可以看出，在考虑固碳效应以后，森林资源丰裕度的系数由负向的 0.129 变为负向的 0.153，且地理权重的显著性由 5% 增加到 1%，说明考虑碳汇后，森林资源对相对净碳排放的影响更为显著。经济发展水平对单位 GDP 净碳排放量有正向的影响，经济发展水平越高，单位 GDP 净碳排放量越大。单位 GDP 净碳排放受两个因素影响，即固碳潜力和碳排放强度，因此，要做好碳的"来源（碳源）"与"去向（碳汇）"的管理。"碳源"即排放二氧化碳，"碳汇"即吸收二氧化碳。在"碳源"方面，并不是说控制能源消费总量就是控制碳排放，而是控制高污染、高排放的化石能源的消耗，才能真正助力碳减排；在"碳汇"方面，森林碳汇虽然有固碳效应，但是森林火灾和病虫害等因素也会使森林释放二氧化碳。只有同时做好"碳源"和"碳汇"管理，才能真正实现经济的低碳发展[277]。

表 6-6　森林资源丰裕度对单位 GDP 净碳排放量影响的估计结果

变量	后相邻矩阵		地理距离矩阵	
	SAR	SDM	SAR	SDM
Y_{t-1}	0.8703***	0.9112***	0.7971***	0.9396***
	（0.0236）	（0.0271）	（0.0273）	（0.0270）
FT	−0.1922***	−0.1530***	−0.1589***	−0.1466***
	（0.0427）	（0.0462）	（0.0402）	（0.0585）
GDPPC	0.0732***	0.0490*	0.0808***	0.0959**
	（0.0267）	（0.0284）	（0.0255）	（0.0473）

续表

变量	后相邻矩阵		地理距离矩阵	
	SAR	SDM	SAR	SDM
ISO$_2$GDP	−0.0319	−0.0386	−0.0301*	0.0333
	（0.0178）	（0.0205）	（0.0169）	（0.0306）
WLI	−0.0331***	−0.0081	−0.0335***	0.0149
	（0.0089）	（0.0103）	（0.0084）	（0.0139）
EUGDP	0.1268***	0.1724***	0.1473***	0.1813***
	（0.0249）	（0.0250）	（0.0224）	（0.0353）
URB	−0.0606*	−0.0155**	0.0054	−0.0154**
	（0.0148）	（0.0096）	（0.0018）	（0.0060）
SECGDP	−0.0635***	−0.0390**	−0.0629***	−0.0530**
	（0.0141）	（0.0187）	（0.0130）	（0.0282）
KJ	0.0236*	0.0131	0.0241*	0.0163
	（0.0132）	（0.0152）	（0.0125）	（0.0214）
GI	0.1260***	0.0588***	0.1013***	0.0678**
	（0.0195）	（0.0212）	（0.0155）	（0.0338）
FDIGDP	−0.0499***	−0.0339**	−0.0526***	−0.0354**
	（0.0147）	（0.0168）	（0.0138）	（0.0216）
CONPC	−0.0013	−0.0070	−0.0032	−0.0223*
	（0.0096）	（0.0101）	（0.0091）	（0.0129）
R^2	0.9539	0.9511	0.9644	0.9557
时间固定效应	是	是	是	是
个体固定效应	是	是	是	是
观测值	492	492	492	492

注：*代表在10%水平上显著；**代表在5%水平上显著；***代表在1%水平上显著。括号内代表标准误。

控制变量中，资源承载力和单位GDP净碳排放量呈负相关关系，意味着碳排放强度越强，资源承载力越低。单位GDP能源利用对单位GDP净碳排放量的影响较大，说明能源利用在同时满足经济发展和低碳发展的过程中具有重要作用。城镇化水平和单位GDP净碳排放量呈负相关关系。产业结构与单位GDP净碳排放量呈显著的负相关关系，说明长三角地区

的产业结构还需要不断优化升级，向低排放、低污染的产业转移，并发展先进制造业和服务业，同时做好产业转移和产业承接示范区的建设。科技教育投入和单位 GDP 净碳排放量呈正相关关系，说明科技转化率有待提高，同时科技在减排的过程中，可能需要消耗更多的电力，进而带来更多的碳排放风险[277]。外商直接投资与单位 GDP 净碳排放量呈显著的负相关关系，说明长三角地区的外商直接投资对经济低碳发展有一定的促进作用。

第五节　稳健性检验

一、引入虚拟变量

为再次验证模型结果的稳健性，并考虑城市异质性对模型结果产生的偏误，在基准模型的基础上引入虚拟变量 RCITY。如果城市属于资源型城市，则该变量设为 1；如果城市属于非资源型城市，则该变量设为 0，模型设定如下：

$$Y_{it}=\alpha+\beta'\text{FT}'_{it}+\beta''\text{GDP}'_{it}+\varphi\text{RCITY}+\varphi'\text{CONT}'_{it}+\mu_i+\xi_t+\varepsilon_{it} \quad （6-5）$$

式中，Y 是被解释变量，表示单位 GDP 碳排放量、单位 GDP 固碳量及单位 GDP 净碳排放量；i 和 t 分别表示城市和时间；α 是常数项；FT 是核心解释变量，表示一阶滞后的森林覆盖率；GDP 表示一阶滞后的经济发展水平，即一阶滞后的人均 GDP；RCITY 表示变量；CONT 是控制变量，包括一阶滞后的单位 GDP 工业二氧化硫排放量、一阶滞后的水资源承载力、一阶滞后的单位 GDP 人均用电量、一阶滞后的城镇化率、一阶滞后的产业结构、一阶滞后的科技教育水平、一阶滞后的政府干预、一阶滞后的外商投资水平及一阶滞后的国内消费市场规模；μ_i 代表可选择的个体效应；ξ_t 代表可选择的时间效应；ε_{it} 代表随机误差项；β、φ 分别表示各变量的系数。模型估计结果如表 6-7 所示。

表 6-7　引入虚拟变量的模型估计结果

变量	单位 GDP 碳排放量	单位 GDP 固碳量	单位 GDP 净碳排放量
FT	−0.2929***	0.0537*	−0.2749***
	（0.0641）	（0.0158）	（0.0664）
GDPPC	0.3934***	−0.2463***	0.3786***
	（0.0397）	（0.0629）	（0.0412）
RCITY	0.3136*	−0.3458***	0.4651**
	（0.1778）	（0.0664）	（0.1844）
常数项	0.0228	−0.1012***	0.0222
	（0.0161）	（0.0327）	（0.0167）
控制变量	是	是	是
时间固定效应	是	是	是
个体固定效应	是	是	是
观测值	533	533	533
R^2	0.9707	0.6392	0.9685
F 检验	246.59***	76.76***	228.79***

注：* 表示在 10% 的水平上显著；** 表示在 5% 的水平上显著；*** 表示在 1% 的水平上显著。括号里的是标准误。

模型估计结果显示，森林资源丰裕度对单位 GDP 碳排放量及单位 GDP 净碳排放量的影响是负向的，且均在 1% 的水平上显著。经济发展水平对单位 GDP 碳排放和单位 GDP 净碳排放的影响是显著为正的。森林资源丰裕度与单位 GDP 固碳呈正向关系，且在 10% 的水平上显著；经济发展水平与单位 GDP 固碳水平呈负向关系，且在 1% 的水平上显著。模型估计结果是稳健的。此外，表 6-7 的估计结果还表明，资源型城市类型对单位 GDP 碳排放和单位 GDP 净碳排放的影响均显著为正，与单位 GDP 固碳呈显著的负向关系。这主要是因为，资源型城市产业结构单一，面临较为迫切的转型问题，且在减碳过程中应改变能源体系的架构，逐步由传统的集中式化石能源转变为生物质能等多种用能形式的非化石能源，而在资源型城市转型过程中，对资源利用率的提高及新型能源的开发、经济增长动力的变革，都有可能带来转型的社会成本[278]。

二、更换解释变量

为了验证模型结果的稳健性，并排除时间滞后效应对被解释变量产生的结果偏差，在对所有变量进行标准化处理以后，本书对所有解释变量进行了一阶滞后的处理，以再次验证森林资源丰裕度对单位GDP碳排放量、单位GDP固碳量、单位GDP净碳排放量的影响。采用广义最小二乘法（GLS）进行计量验证，构建模型如下：

$$Y_{it}=\alpha+\beta'\text{FT}'_{it}+\beta''\text{GDP}'_{it}+\varphi'\text{CONT}'_{it}+\mu_i+\xi_t+\varepsilon_{it} \qquad （6-6）$$

式中，Y是被解释变量，表示单位GDP碳排放量、单位GDP固碳量及单位GDP净碳排放量；i和t分别表示城市和时间；α是常数项；FT是核心解释变量，表示一阶滞后的森林覆盖率；GDP表示一阶滞后的经济发展水平，即一阶滞后的人均GDP；CONT是控制变量，包括一阶滞后的单位GDP工业二氧化硫排放量、一阶滞后的水资源承载力、一阶滞后的单位GDP人均用电量、一阶滞后的城镇化率、一阶滞后的产业结构、一阶滞后的科技教育水平、一阶滞后的政府干预、一阶滞后的外商投资水平及一阶滞后的国内消费市场规模；μ_i代表可选择的个体效应；ξ_t代表可选择的时间效应；ε_{it}代表随机误差项；β、φ分别代表各变量的系数。具体模型估计结果如表6-8所示。

表6-8　一阶滞后的模型估计结果

变量	单位GDP碳排放量	单位GDP固碳量	单位GDP净碳排放量
L.FT	−0.1950[**] （0.0677）	0.0559 （0.0575）	−0.1410[*] （0.0677）
L.GDPPC	0.3530[***] （0.0414）	−0.1430[**] （0.0535）	0.2800[***] （0.0422）
L.ISO$_2$GDP	−0.0067 （0.0217）	0.0046 （0.0307）	0.1130[***] （0.0152）
L.WLI	−0.1150[***] （0.0285）	0.0154 （0.0340）	−0.0009 （0.0216）
L.EUGDP	−0.1160[**] （0.0407）	−0.5180[***] （0.0507）	−0.1610[***] （0.0292）
L.URB	−0.2530[***] （0.0252）	−0.2520[***] （0.0324）	−0.1640[***] （0.0412）

续表

变量	单位 GDP 碳排放量	单位 GDP 固碳量	单位 GDP 净碳排放量
L.SECGDP	0.0147	−0.0077	−0.2510***
	（0.0189）	（0.0264）	（0.0251）
L.KJ	0.1080**	−0.4270***	0.0107
	（0.0358）	（0.0368）	（0.0189）
L.GI	−0.0008	−0.0864***	0.1190***
	（0.0157）	（0.0224）	（0.0357）
L.FDIGDP	0.0225	−0.0177	−0.0036
	（0.0157）	（0.0248）	（0.0156）
常数项	1.3760***	−0.0985	0.9860***
	（0.1100）	（0.0653）	（0.1170）
观测值	492	492	492
R^2	0.9357	0.6876	0.9693

注：* 表示在 10% 的水平上显著；** 表示在 5% 的水平上显著；*** 表示在 1% 的水平上显著。括号里的是标准误。L 代表各解释变量的滞后一期。

从模型估计结果可以看出，一阶滞后的森林资源丰裕度与单位 GDP 碳排放量、单位 GDP 净碳排放量均呈显著的负相关关系，且一阶滞后的经济发展水平与单位 GDP 碳排放量、单位 GDP 净碳排放量呈显著的正相关关系，说明长三角地区的碳排放强度受到解释变量一阶滞后项的影响。单位 GDP 固碳量与森林资源丰裕度的一阶滞后虽然呈正相关关系但是不显著，说明单位 GDP 固碳量不受森林资源丰裕度一阶滞后项的影响；经济发展水平的一阶滞后项和单位 GDP 固碳量呈负相关关系，说明一阶滞后的经济发展水平越高，相对固碳量越低。

第六节　内生性问题

一、动态面板计量模型的进一步验证

考虑到单位 GDP 碳排放量、单位 GDP 固碳量和单位 GDP 净碳排放量作为被解释变量，可能存在的高度自相关，并与解释变量（如经济发展水

平）可能存在的互为因果的内生关系，本书参照田国强和李双建[279]发表在《经济研究》上的文章，采用动态面板差分GMM（DIF-GMM）和系统GMM（SYS-GMM）的方法缓解模型中可能存在的内生性问题。因此，本小节在基准模型的基础上，引入被解释变量的一阶滞后项。内生解释变量与它的滞后项相关，但是滞后项已经发生，所以滞后项与当期扰动项就不太可能相关，符合工具变量选取原则，进而构建动态的面板数据模型，具体模型设置如下：

$$Y_{it}=\alpha+\beta Y_{it-1}+\gamma'\mathrm{FT}_{it}+\gamma''\mathrm{GDP}_{it}+\varphi\mathrm{CONT}_{it}+\mu_i+\xi_t+\varepsilon_{it} \qquad (6-7)$$

式中，Y_{it-1}表示单位GDP碳排放量、单位GDP固碳量和单位GDP净碳排放量的一阶滞后项；β为对应的系数；其他变量和基准模型完全保持一致。为消除量纲，数据均标准化处理。模型估计结果如表6-9。表6-9中（1）至（3）列分别为单位GDP碳排放量、单位GDP固碳量和单位GDP净碳排放量的差分GMM估计结果，（4）至（6）列分别为单位GDP碳排放量、单位GDP固碳量和单位GDP净碳排放量的系统GMM估计结果。

表6-9　差分GMM和系统GMM的估计结果

变量	DIF-GMM			SYS-GMM		
	（1）	（2）	（3）	（4）	（5）	（6）
	CO₂GDP	CSGDP	NCO₂GDP	CO₂GDP	CSGDP	NCO₂GDP
L1	0.7680***	0.5160***	0.7900***	0.7050***	0.6210***	0.7240***
	（0.0106）	（0.0071）	（0.0121）	（0.0242）	（0.0079）	（0.0252）
L2	0.2450***	0.2240***	0.2320***	0.2570***	0.1310***	0.2410***
	（0.0095）	（0.0034）	（0.0092）	（0.0096）	（0.0054）	（0.0122）
FT	−0.1330***	0.0122*	−0.1410***	−0.0575***	0.0149*	−0.0720***
	（0.0151）	（0.0116）	（0.0153）	（0.0155）	（0.0064）	（0.0131）
GDPPC	0.0460***	−0.0833***	0.0532***	0.0611***	−0.0081*	0.0630***
	（0.0081）	（0.0064）	（0.0088）	（0.0095）	（0.0113）	（0.0094）
ISO₂GDP	−0.0104	0.0220***	−0.0105	0.0080	0.0246***	0.0026
	（0.0092）	（0.0049）	（0.0097）	（0.0093）	（0.0065）	（0.0118）
WLI	−0.0309***	0.0065**	−0.0340***	−0.0449***	−0.0012	−0.0461***
	（0.0033）	（0.0024）	（0.0035）	（0.0086）	（0.0022）	（0.0062）
EUGDP	0.1390***	−0.0773***	0.1460***	0.1980***	0.0090	0.2070***
	（0.0156）	（0.0064）	（0.0162）	（0.0154）	（0.0048）	（0.0159）

续表

变量	DIF-GMM			SYS-GMM		
	（1）	（2）	（3）	（4）	（5）	（6）
	CO$_2$GDP	CSGDP	NCO$_2$GDP	CO$_2$GDP	CSGDP	NCO$_2$GDP
URB	0.1920***	−0.0937***	0.2060***	0.1270***	−0.1040***	0.1290***
	（0.0143）	（0.0141）	（0.0167）	（0.0198）	（0.0091）	（0.0188）
SECGDP	−0.0969***	−0.0285***	−0.1020***	−0.0918***	0.0012	−0.0973***
	（0.0057）	（0.0050）	（0.0061）	（0.0064）	（0.0040）	（0.0074）
KJ	0.0238***	−0.0028	0.0237***	0.0371***	−0.0032	0.0390***
	（0.0050）	（0.0044）	（0.0048）	（0.0045）	（0.0023）	（0.0044）
GI	0.0557***	0.0947***	0.0448***	0.0386***	0.0372***	0.0321***
	（0.0069）	（0.0038）	（0.0068）	（0.0086）	（0.0050）	（0.0073）
FDIGDP	0.0009	0.0088**	0.0001	−0.0334*	0.0173**	−0.0403**
	（0.0084）	（0.0028）	（0.0010）	（0.0133）	（0.0063）	（0.0133）
CONPC	−0.0095***	0.0360***	−0.0128***	−0.0072***	0.0365***	−0.0108***
	（0.0020）	（0.0017）	（0.0024）	（0.0017）	（0.0028）	（0.0018）
观测值	410	410	410	451	451	451
Wald-P 值	0.0000	0.0000	0.0000	0.0000	0.0000	0.0000
Sargan-P 值	0.0560	0.0590	0.0586	0.4357	0.4493	0.4899

注：* 表示在 10% 的水平上显著；** 表示在 5% 的水平上显著；*** 表示在 1% 的水平上显著。括号里的是标准误。L1 和 L2 分别代表各被解释变量的一阶滞后和二阶滞后。

可以看出，差分 GMM 的 Sargan 的检验 P 值均在 0.05 以上，系统 GMM 的 Sargan 的检验 P 值远大于 0.05。Sargan 检验的 P 值越大越好，越大，说明工具变量越有效。差分 GMM 和系统 GMM 均无法拒绝工具变量有效的原假设，说明选取的变量是有效的。

所有被解释变量的一阶滞后项系数均为正数，且在 1% 水平上显著，说明相对碳排放和固碳均具有明显的惯性特征。森林资源丰裕度均与单位 GDP 碳排放量和单位 GDP 净碳排放量呈负相关关系，而与单位 GDP 固碳呈正向关系，说明模型结果是稳健的。

此外，模型结果还发现，考虑到碳汇的因素后，森林资源丰裕度对单位 GDP 净碳排放量的影响更大一些。在差分 GMM 的方法下，森林资源丰裕度对单位 GDP 碳排放量的影响为负向的 0.1330，而扣除碳汇因素后，对单位 GDP 净碳排放量的影响为负向的 0.1410。在系统 GMM 的方法下，

影响系数从负向的 0.0575 变为负向的 0.0720，说明考虑碳汇以后，森林资源丰裕度对相对净碳排放量的影响程度更大。

二、工具变量法

二阶段最小二乘法一般用于检验有内生性变量的问题。为了检验内生性问题，本小节采用二阶段最小二乘法（2SLS），再次验证森林资源丰裕度对单位 GDP 碳排放量、单位 GDP 固碳量及单位 GDP 净碳排放量的影响。构建模型如下：

$$GDP_{it}=\alpha+\gamma IV_{it}+\gamma' FT_{it}+\varphi CONT_{it}+\mu_i+\xi_t+\varepsilon_{it} \tag{6-8}$$

$$Y_{it}=\alpha+\beta GDP''_{it}+\beta'' FT_{it}+\varphi' CONT_{it}+\mu_i+\xi_t+\varepsilon_{it} \tag{6-9}$$

式（6-8）和式（6-9）分别代表第一阶段的回归方程和第二阶段的回归方程。IV 代表经济发展水平 GDP 的工具变量，具体指的是式（6-8）中被解释变量 GDP 的一阶差分滞后项[150]，GDP″ 是第一阶段回归方程得到的人均 GDP 变量的拟合值。式（6-8）和式（6-9）中所有变量都经过了标准化处理，Y 是被解释变量，且被解释变量分别为单位 GDP 二氧化碳排放量、单位 GDP 固碳量及单位 GDP 净碳排放量；i 和 t 分别表示城市和时间；α 是常数项；FT 是核心解释变量，表示森林覆盖率；GDP 表示经济发展水平，即实际人均 GDP；CONT 是控制变量，包括单位 GDP 工业二氧化硫排放量、水资源承载力、单位 GDP 人均用电量、城市化率、产业结构、科技教育水平、政府干预、外商投资水平及国内消费市场规模；μ_i 表示可选择的个体效应；ξ_t 表示可选择的时间效应；ε_{it} 表示随机误差项；γ、β 和 φ 分别表示各变量的系数。具体模型估计结果如表 6-10 所示。

表 6-10 2SLS 的模型估计结果

变量	单位 GDP 碳排放量	单位 GDP 固碳量	单位 GDP 净碳排放量
FT	−0.2880***	0.0839*	−0.2690***
	（0.0598）	（0.0331）	（0.0615）
GDPPC	0.5290***	−0.2260***	0.5070***
	（0.0499）	（0.0619）	（0.0513）
ISO₂GDP	0.1020***	−0.0345	0.1200***
	（0.0180）	（0.0407）	（0.0185）
WLI	−0.0291*	0.0517	−0.0290*
	（0.0135）	（0.0332）	（0.0139）

续表

变量	单位 GDP 碳排放量	单位 GDP 固碳量	单位 GDP 净碳排放量
EUGDP	−0.0684[*]	0.0555	−0.0702[*]
	（0.0320）	（0.0359）	（0.0329）
URB	−0.2170[***]	−0.3610[***]	−0.2170[***]
	（0.0388）	（0.0500）	（0.0399）
SECGDP	−0.2550[***]	−0.2130[***]	−0.2470[***]
	（0.0233）	（0.0389）	（0.0240）
KJ	0.0284	0.1090[**]	0.0267
	（0.0179）	（0.0356）	（0.0184）
GI	0.2330[***]	0.0360	0.2510[***]
	（0.0291）	（0.0420）	（0.0300）
FDIGDP	0.0322	−0.1380[***]	0.0309
	（0.0171）	（0.0306）	（0.0176）
CONPC	0.0023	−0.0406	0.0030
	（0.0149）	（0.0432）	（0.0153）
观测值	492	492	492
R^2	0.969	0.614	0.968

注：* 表示在 10% 的水平上显著；** 表示在 5% 的水平上显著；*** 表示在 1% 的水平上显著。括号里的是标准误。

从模型估计结果可以看出，核心解释变量森林资源丰裕度与单位 GDP 碳排放量、单位 GDP 净碳排放量均呈显著的负相关关系，即森林资源越丰裕，碳排放强度越低；经济发展水平和单位 GDP 碳排放量及单位 GDP 净碳排放量均呈显著的正相关关系，即经济越发达，碳排放强度越大。在单位 GDP 固碳方面，森林资源越丰裕，固碳能力越强，但是经济发展水平与单位 GDP 的固碳量呈显著的反向关系，即经济越发达，单位 GDP 固碳量越低。这与之前的空间计量模型的结果是一致的。结合第五章单位 GDP 固碳对人均 GDP 产生负向影响的结论，所有模型结果均证明了假说 6-1 和假说 6-2。

在碳减排的过程中，森林碳汇虽然具有固碳效应，但是森林资源本身具有"碳中性"属性，既能吸收二氧化碳，同时也能排放二氧化碳。从实现碳中和的目标来看，仅仅依靠森林碳汇是不够的，最主要的是管理好碳的"来源"和"去向"。二氧化碳最主要的来源是化石燃料煤、石油，但仅仅控制能源消费总量也是不够的，更应该关注高污染、高排放的碳汇的

消费，而且在终端治理方面，有可能会消耗更多的化石能源，带来更大的碳排放强度。虽然科技能够助力碳捕捉和碳封存，但是科技的使用和研发必然会消耗更多的电力，导致更大的碳排放风险，且目前的碳捕捉和碳封存技术的经济成本太高，并不能广泛推广和使用。清洁能源（如风、水等）存在不确定性，可靠性较低，尤其在长三角地区各城市建设风光电，会带来很大的用地成本。碳减排的关键是减少煤炭的消耗，提升能源利用效率也是节能减排的重要路径[280]，同时避免相应的减排误区，真正做到经济的低碳发展和可持续发展。

本章小结

本章主要探讨了长三角地区森林资源丰裕度对经济低碳发展的影响，分析了长三角地区 41 个城市森林资源丰裕度与碳排放强度的时空演变，基于经济低碳发展的理论框架，分别从静态和动态的相对碳排放指标，构建了长三角地区森林资源丰裕度与单位 GDP 碳排放量、单位 GDP 固碳量、单位 GDP 净碳排放量的空间计量模型，并对模型结果进行稳健性检验及内生性问题处理。主要结论如下：

长三角地区绝对碳排放总量呈上升趋势，区域差异化明显，且森林资源丰裕度和单位 GDP 碳排放量呈负的线性关系。从碳排放总量来看，江苏省排放总量最高；上海市排放总量最低；浙江省的碳排放总量虽然有上升趋势，但是总体较为平稳；安徽省的碳排放总量在 2014 年之前呈明显的上升趋势，随后基本保持较为稳定的水平。通过对长三角地区 41 个城市森林覆盖率、单位 GDP 碳排放量、单位 GDP 固碳量、单位 GDP 净碳排放量与经济发展水平的相关性分析，发现森林覆盖率和单位 GDP 碳排放量呈负相关关系，森林资源越丰裕的地区，单位 GDP 碳排放量越少。长三角地区森林覆盖率和单位 GDP 固碳能力呈正相关关系。单位 GDP 固碳能力较强的城市，安徽省的最多，如六安、阜阳、安庆等城市。江苏省大部分城市森林覆盖率低且固碳能力较低。从整体来看，长三角地区城市的森林覆盖率是不断提升的，且固碳能力也在不断提升。

长三角地区经济发展水平对城市相对碳排放量有显著的正向影响。经济越发达的城市，相对碳排放总量越多。碳排放和经济发展水平的关系是内在的。经济发展过程中需要大量资本、劳动力等生产要素的投入，进而会带来资源的消耗及环境问题，从而引起碳排放的增加。但是，碳排放增加带来的环境问题及生产效率问题又能促进经济生产方式的转变，尤其是产业结构、能源结构的转型升级，进而带动长三角地区的经济发展。社会和经济的发展都需要不断增加投入及加大资源的消耗，必然会导致二氧化碳排放的增加。经济发展对碳排放的影响往往表现在两个方面：第一，生产要素的投入决定了经济发展水平。但是，经济发展到一定程度，对能源消耗的需求将进一步增长，因此会引起二氧化碳排放量的增加。第二，科技水平的进一步提高及对生态环境的重视，会进一步促进劳动生产率及能源使用效率的提高，特别是清洁能源的使用效率，进而在经济发展过程中减少要素投入，降低二氧化碳排放量，最终使经济发展进入低耗能、低污染的可持续发展状态。

森林资源丰裕度和单位 GDP 碳排放量在 1% 的水平上呈显著的负相关关系。碳排放的主要来源是能源消费，尤其是碳基能源的消费，是经济发展过程中不可或缺的生产要素之一。碳基能源的消费会带来碳排放的增加。森林资源主要通过如下三方面来影响碳减排目标：第一，森林碳汇。森林资源可以通过光合作用来吸收大气中的二氧化碳并进行存储，使大气中的二氧化碳相应减少。森林资源通过自身的固碳能力，对碳排放起着平衡作用。森林碳汇是目前世界上最为经济有效的碳吸收手段。第二，碳基能源的替代。充分利用更加环保的替代性资源，降低碳基能源的消耗，从使用不可再生能源转向可再生的生态能源，充分利用生物质能资源。第三，经济越发达的地区，环境保护的意识就越强。长三角地区经济发展程度较高，越来越重视植树造林，大力发展绿色经济，提倡低碳消费、低碳生产，以此提高能源使用效率和碳生产力。

单位 GDP 碳排放强度主要受能源消费结构、资源承载力、城市化水平、产业结构、科技创新、政府干预、外商投资及消费水平等因素的影响，其中能源消费结构（即单位 GDP 用电量）的影响程度最大。经济的发展水平和相对碳排放强度成正比，且二者的正相关关系是显著的。资源环境承载力和单位 GDP 碳排放呈负相关关系。资源消耗越多，资源的承载力越弱，消耗的资源产生的碳排放就会越多。单位 GDP 用电量和相对碳排放强度呈正的相关关系，且在 1% 的水平上显著，从回归系数来看，单位 GDP 用电量对碳排放的影响较大。城市化水平和单位 GDP 碳排放呈负相关关系。在经济粗放增长的情况下，城市化水平越高，对资源的消耗越依赖，但是高水平的城市化带来了集聚效应和规模效应，降低了公共管理、污染处理和碳排放的边际成本，最终降低了碳排放强度。长三角地区在维持相对较高的城市化进程的同时，也要优化产业结构。产业结构和单位 GDP 碳排放呈显著的负相关关系，说明长三角地区的产业结构仍需优化升级，逐步向低碳化发展。随着科技和教育的不断发展，摒弃以碳排放的要素扩张型的粗放式经济增长也逐渐受到了重视，人们开始不断提高科技转化率。实施科技发展战略，强化低碳科技的开发、应用和推广，是实现碳排放管理的重要手段，但必须注意科技的研发和使用过程中，避免过多地使用化石能源，以免产生碳排放的反弹效应。

政府干预和外商投资水平对单位 GDP 碳排放量也有非常显著的影响。政府干预程度与单位 GDP 碳排放量呈显著的正相关关系。政府干预可让企业在低碳产品和服务的供给、低碳消费的创新等方面有所改善。但是中央和地方的产业规划目标可能有所不同。中央的产业规划更看重长远的低碳发展目标，出台的政策也多偏向于低排放行业；地方政府往往更关注短期的经济增长目标，偏向发展高回报的产业。因此，政策的干预对经济低碳发展的影响程度和影响路径均有所不同。外商直接投资对单位 GDP 碳排放量的影响显著为负，说明外商直接投资并没有加剧单位 GDP 碳排放强度。外商直接投资会充分利用绿色清洁技术及引入低碳行业标准，对当地的产业转移、居民环保意识的培养等有正面的引导作用。外资的进入提升了内资企业的创新数量和创新效率，且主要通过溢出效应、锁定效应和竞争效应对产业链上下游的企业创新产生影响，并进一步提升低碳生产效率。

从单位 GDP 固碳量与森林资源丰裕度的关系来看，森林资源丰裕度与单位 GDP 固碳能力呈显著的正相关关系，而且森林资源丰裕度对单位 GDP 的固碳能力达到 0.09 左右且在 1% 的水平上显著，这说明森林资源的丰裕度能有效提高单位 GDP 的固碳能力。在经济发展的过程中，由于对环境污染等问题的重视，碳排放总量得到了控制，固碳量自然也得到了控制，随着经济发展水平的提高，单位 GDP 固碳量也就会逐渐降低。经济低水平发展阶段，主要采用的是高能耗、高排放的粗放型的增长方式，但是经济发展水平越高，清洁发展机制越会受到重视，清洁技术越能得到充分利用，且随着经济发展，林业碳汇的发展也会受到重视，绿色低碳循环发展的经济体系和清洁低碳安全高效的能源体系将会逐步建立和完善，经济结构逐步向清洁低碳转型。在增汇减排的过程中，要权衡生态环境和经济发展的利弊，而固碳也会产生社会成本，势必会影响经济发展水平，因此在这个过程中，会出现固碳和经济发展水平负相关的现象。

森林资源丰裕度与单位 GDP 净碳排放量显著负相关，考虑固碳效应以后，森林资源丰裕度对碳排放强度的影响更大，应适度加大增绿减碳的幅度。本章通过构建 2007—2019 年长三角地区 41 个城市的动态空间杜宾模型（SDM）和动态空间自回归模型（SAR）验证森林资源与单位 GDP 净碳排放的关系。结果显示，森林资源丰裕度与单位 GDP 净排放量呈显著的负相关关系，即森林资源越丰裕，单位 GDP 净碳排放强度越小，说明森林资源的固碳能力对实现减排目标有促进作用。与单位 GDP 碳排放模型结果相比，考虑碳汇效应后，森林资源对单位 GDP 净碳排放量的影响程度更大，说明可以进一步实施植树造林计划，提升长三角地区的森林资源丰裕度，以提高森林碳汇水平。经济发展水平对单位 GDP 净碳排放量有正向的影响，即经济发展水平越高，单位 GDP 净碳排放量越大。单位 GDP 净碳排放量受两个因素影响，即固碳潜力和碳排放强度。因此，只有做好碳的"来源"与"去向"的管理，才能真正提高低碳经济发展质量。

　　本章的模型结果是稳健的。为排除城市异质性和解释变量滞后效应的影响，本章使用了引入虚拟变量及变更解释变量的方法对模型结果的稳健性进行再次验证。为排除滞后效应对被解释变量产生的结果偏差，在对所有变量进行标准化处理以后，本章对所有解释变量进行了一阶滞后的处理，以再次验证森林资源丰裕度对单位 GDP 碳排放量、单位 GDP 固碳量、单位 GDP 净碳排放量的影响。为了解决内生性问题，本书采用动态面板 GMM 模型及二阶段最小二乘法（2SLS），再次验证森林资源丰裕度对单位 GDP 碳排放量、单位 GDP 固碳量及单位 GDP 净碳排放量的影响。这两种方法均证明了模型结果的稳健性。

第七章　森林资源丰裕度对经济发展的传导机制及比较研究

中介效应是分析传导机制最常用的方法之一。森林资源对经济发展的传导机制主要体现为森林资源丰裕度对经济发展水平和经济低碳发展的间接效应，即中介效应。本章在第五章和第六章的研究基础上，通过构建中介效应模型，分别探讨森林资源丰裕度对经济发展水平及经济低碳发展的具体传导机制。本章在第五章的基准模型基础上分别从固碳效应、能源消费效应、城市化效应、产业结构效应等角度分析森林资源对经济发展水平的传导机制，并在第六章的基准模型基础上，分别从能源消费结构效应、城市化效应、产业结构效应、科技创新效应、制度效应、外商投资效应的角度分析森林资源丰裕度对单位 GDP 碳排放量和单位 GDP 净碳排放量的传导机制，并在此基础上总结分析森林资源丰裕度对经济发展的"量"和经济发展的"质"的不同影响及作用路径。本章的研究为第八章政策建议的提出提供了参考和依据。

第一节　森林资源丰裕度对经济发展水平的传导机制

一、中介效应模型构建

本节基于前文理论基础及实证，结合森林资源的自身特点和功能，主要从固碳效应、能源消费效应、城市化效应、产业结构效应、科技创新效应、制度效应及外商投资效应的角度分析森林资源丰裕度对经济发展水平的传导机制。在分析解释变量 X 对被解释变量 Y 的路径和传导机制时，中介效应是较为常用的方法。本书使用中介效应模型的计量方法。中介效应模型最早是借鉴 Baron 和 Kenny[281] 的逐步回归法进行检验。中介效应主要侧重于导致最终结果的干预机制[282]。温忠麟等[283] 在 MacKinnon 等人的基础上，使用了新的检验程序进行变量中介效应的检验。考虑到自变量 X 对被解释变量 Y 的影响，如果 X 是通过影响变量 M 来影响被解释变量 Y 的话，那么 M 则被认为是中介变量。中介效应的前提是自变量 X 和因变量 Y 显著相关，否则不考虑中介变量。

尽管很多中介效应是按照逐步回归的方法进行检验的，但是针对传统中介效应模型存在的合理性及有效性，学者们开始使用新的中介效应检验程序，即 Bootstrap 方法。Preacher 等[284] 在大样本的假设检验和置信区间的构建引入了标准误差，并提倡学者能够使用 Bootstrap 的检验方法。Xu[285] 构建了因果中介效应模型，分析了绿色技术创新对中国碳排放绩效的四种潜在的传导机制，即能源消费结构效应、产业结构效应、城市化效应和外商投资效应。任晓松等[169] 采用 Bootstrap 的方法构建了多重中介效应模型，分析了碳交易对高污染工业企业的经济绩效问题。传统的回归分析估计中介效应时标准误太大，会使参数估计不准确，且回归分析框架下使用 Sobel 检验需要满足 $a \times b$ 服从正态分布的假定，而这种假定在现实中基本很难满足。

本书采用的是 Bootstrap 方法（也被称为自助法），这种方法的实质是通过抽取多个样本来估计抽样分布，从而对参数进行假设检验，且该方法并不需要假设观测值的分布模型。用非参数百分位的 Bootstrap 计算系数乘积的置信区间比 Sobel 法更加精确，说服力更强。为了对模型结果进行对比分析，本书还同时提供了 Sobel 检验的结果。中介效应模型设定如下：

$$M_{it}=\alpha+\beta \mathrm{FT}_{it}+\varphi \mathrm{CONT}_{it}+\mu_i+\xi_t+\varepsilon_{it} \qquad (7-1)$$

$$Y_{it}=\alpha'+\beta'' \mathrm{FT}_{it}+\varphi' M_{it}+\varphi'' \mathrm{CONT}_{it}+\mu_i+\xi_t+\varepsilon_{it} \qquad (7-2)$$

式中，Y 代表被解释变量，即人均 GDP；M 代表中介变量，包括单位 GDP 固碳量、单位 GDP 用电量、城市化水平、产业结构、科技创新、制度效

应和外商投资水平；i 和 t 分别表示城市和时间；α 是常数项；CONT 是控制变量，控制变量是第五章中的基准模型中除了中介变量之外的所有变量；μ_i 代表可选择的个体效应；ξ_t 代表可选择的时间效应，在 Bootstrap 命令下，此中介效应模型均包含个体效应和时间效应；ε_{it} 代表随机误差项；γ、β 和 φ 分别代表各变量的系数。

所有变量都经过去标准化处理。所有模型是使用"Bootstrap"命令估计整个中介模型，并直接汇报间接效应和直接效应。间接效应是指自变量 X 通过影响中介变量 M，最终对被解释变量 Y 产生影响，即自变量 X 通过其他变量对被解释变量 Y 产生间接影响。直接效应是控制了中介变量 M 后，自变量 X 对被解释变量 Y 的影响。如果间接效应和直接效应符号相反，则认为总效应出现了被遮掩的情况，即存在遮掩效应。如果在 95% 的置信区间内，间接效应和总效应不包含 0，则认为结果是显著的。为对结果进行比较，同时提供了 Sobel 检验的中介效应结果，仅列出作参考。中介效应模型结果见表 7-1 和表 7-2。

表 7-1　中介效应模型结果（Bootstrap）

	CSGDP	EUGDP	URB	SEC	KJ	GI	FDI
	（1）	（2）	（3）	（4）	（5）	（6）	（7）
间接效应	−0.1100	−0.0048	0.0604	−0.0156	0.0119	0.0003	−0.0784
	（−0.1857, −0.0342）	（−0.0393, 0.0298）	（−0.0180, 0.1387）	（−0.0483, 0.0172）	（−0.0234, 0.0471）	（−0.0103, 0.0109）	（−0.1362, −0.0207）
直接效应	0.1777	0.1777	0.1777	0.1777	0.1777	0.1777	0.1777
	（0.0273, 0.3282）	（0.0259, 0.3295）	（0.0227, 0.3328）	（0.0377, 0.3178）	（0.0250, 0.3305）	（0.0234, 0.3321）	（0.0346, 0.3209）
控制变量	是	是	是	是	是	是	是
时间固定效应	是	是	是	是	是	是	是
个体固定效应	是	是	是	是	是	是	是
随机抽取次数	500	500	500	500	500	500	500
观测值	533	533	533	533	533	533	533

注：置信区间设置的是 95% 的置信度。

表7-2 中介效应模型结果（Sobel 检验）

	CSGDP	EUGDP	URB	SEC	KJ	GI	FDI
	（1）	（2）	（3）	（4）	（5）	（6）	（7）
间接效应	−0.1100***	−0.0048	0.0604***	−0.0156	0.0119	0.0003	−0.0784***
	（0.0293）	（0.0137）	（0.0332）	（0.0101）	（0.0157）	（0.0038）	（0.0290）
直接效应	0.1777**	0.1777**	0.1777**	0.1777**	0.1777**	0.1777**	0.1777**
	（0.0708）	（0.0708）	（0.0708）	（0.0708）	（0.0708）	（0.0708）	（0.0708）
总效应	0.0677	0.1730**	0.2381***	0.1622	0.1897	0.1780	0.0993
	（0.0741）	（0.0721）	（0.0689）	（0.0707）	（0.0691）	（0.0707）	（0.0754）
控制变量	是	是	是	是	是	是	是
时间固定效应	是	是	是	是	是	是	是
个体固体效应	是	是	是	是	是	是	是
观测值	533	533	533	533	533	533	533

注：* 代表在 10% 的水平上显著；** 代表在 5% 的水平上显著；*** 代表在 1% 的水平上显著。括号内是标准误。

二、传导机制分析

（一）固碳效应

模型估计结果如表7-1（1）列所示。基于森林资源特有的经济价值和功能，单位 GDP 固碳和经济发展水平呈负相关关系，且在95% 的置信区间内不包含 0，说明单位 GDP 固碳对经济发展水平的影响是显著的，意味着森林资源可以通过固碳来影响经济发展水平。但是结果发现，间接效应和直接效应的系数是相反的，说明单位 GDP 固碳对经济发展可能存在对立的作用。一方面，为提高碳储量，需要大力提升森林资源丰裕度，有可能会影响土地利用，在树种构成上会将低碳储能力的树种更换成高碳储能力的树种，进而影响到森林的自然生长状态，同时也会提高森林管理的成本，进而会间接影响到经济发展；另一方面，为了提升固碳能力，减少二氧化碳对环境的影响，应加强对碳源和固碳效率的研究，尽量减少向大

气中排放二氧化碳，因此可能不会过度追求经济的发展，从而产生一定的社会成本。另外，经济发展不能以牺牲环境为代价，良好的环境下，人们的精神需求得以满足，从长期来看，可以更好地实现经济的可持续发展。

（二）能源消费效应

模型估计结果如表7-1（2）列所示。从能源消费结构来看，能源消费与经济发展水平呈负相关关系，且在95%的置信区间内包含0，说明能源消费水平对经济发展水平的影响并不显著，意味着森林资源丰裕度无法通过能源消费结构来影响经济发展水平。但是结果发现，间接效应和直接效应的系数是相反的，说明能源消费对经济发展可能存在对立的作用。一方面，能源消费带来了投资和生产，可以有效提升区域经济发展；另一方面，能源消费企业如果是粗放型且高耗能、高污染的产业，则能源消耗得多，未必就能带来更多的经济产出，反而为治理生产过程中的污染等后续问题，要花费更多的资金，甚至会阻碍经济发展。因此，能源消费结构对经济发展水平的中介效应并不能得到有效验证。

（三）城市化效应

模型估计结果如表7-1（3）列所示。从城市化效应来看，城市化水平与经济发展呈正相关关系，但是在95%的置信区间内包含0，说明城市化水平对经济发展水平的影响并不显著，意味着森林资源丰裕度无法通过城市化水平来影响经济发展水平。理论上，城市化水平越高，通常经济水平越高，但是城市化水平往往受很多因素的影响，森林资源的发展往往也受到很多因素的影响，其中一个因素就是地域的限制。长三角地区地域有限，即使退耕还林，也必须保证有充足的耕地。城市化本就是一个人口、土地、社会等的集中，甚至是经济模式、生产方式的转变，城市化是一个多维的概念，既包括人口城市化、经济（生产方式）的城市化，也包括社会文明的城市化和地理空间的城市化，而这种扩张有可能与森林资源的扩张相矛盾，如何做到城市化与森林资源的协同发展才能真正促进经济发展。在 Sobel 检验中，结果显示森林资源是可以通过城市化效应来促进经济发展的，且结果在1%水平上显著。

（四）产业结构效应

模型估计结果如表 7-1（4）列所示。从产业结构来看，产业结构与经济发展水平呈负相关关系，且在 95% 的置信区间内包含 0，说明产业结构水平对经济发展水平的影响并不显著，意味着森林资源丰裕度无法通过产业结构来抑制经济发展，但是结果发现，间接效应和直接效应的系数是相反的，说明产业结构对经济发展可能存在对立的作用。一方面，长三角地区经济发展由改革开放以后的出口主导型产业，逐渐变成以内循环为主、内外循环相互促进的双循环发展模式，产业结构从原来的"二一三"结构转变为"三二一"结构，地区产业结构存在同构趋势，有可能是由资源禀赋、地理区位及地方政府政策导致的，产业同构化会使资源配置效率低，竞争激烈，会影响经济发展。此外，在长三角地区的产业结构调整中，数字产业也在不断发展壮大，但是目前数字产业和传统产业还没有形成有效的协同发展效应。另一方面，第二产业的发展容易形成产业集聚效应，如苏州的工业园区，形成规模经济，进而推动经济的发展。

（五）科技创新效应

模型估计结果如表 7-1（5）列所示。从科技创新效应来看，科技创新与经济发展水平呈正相关关系，但在 95% 的置信区间内包含 0，说明科技创新对经济发展水平的影响并不显著，意味着森林资源丰裕度无法通过科技创新来促进经济发展。理论上，科技创新及教育水平的提高有利于培养高质量人力资本，但是长三角森林资源发展的困境之一是科技支撑不足，产出效益较低，如一些产品开发利用的科技水平较低，很多生产方式还是依靠传统的方式，生产成本较高，投入较大，但是产出效益低。产品以初级产品为主，无法形成有效的产业链，也尚未形成市场化规模和品牌效应。因此在今后的发展中，政府应增强技术指导，并加大技术支持，要加强经济的技术转化和成果推广，使森林资源通过科技创新来促进经济增长。

（六）制度效应

模型估计结果如表 7-1（6）列所示。从制度效应来看，制度干预与经济发展呈正相关关系，且在 95% 的置信区间内包含 0，说明制度干预程

度对经济发展水平的影响并不显著，意味着森林资源丰裕度无法通过制度干预来影响经济发展。长三角地区各级人民政府可以通过完善基础设施建设，增加科技和教育投入，促进产业结构高端化和合理化，对经济发展起到促进作用。但是，政府的干预程度有可能受政绩的影响，导致经济增长是粗放型的，且政府间的竞争过大，合作较少，容易形成产能过剩的局面。另外，政府干预水平也不同，如有的通过信贷、财政等手段，对市场行为进行过度干预，这会使产业风险加大，资源配置效率低下，最终抑制经济的发展。

（七）外商投资效应

模型估计结果如表7-1（7）列所示。从外商投资效应来看，外商投资与经济发展呈负相关关系，且在95%的置信区间内不包含0，说明外商投资对经济发展水平的影响是显著的，意味着森林资源丰裕度可以通过外商投资来影响经济发展。但是结果发现，间接效应和直接效应的系数是相反的，说明外商投资对经济发展可能存在对立的作用。2020年，国家发展改革委和商务部出台了修订的《鼓励外商投资产业目录》，其中包括森林资源培育、林下生态种养，以及防治荒漠化、水土保持和国土绿化等生态环境工程建设、经营等共17个农、林、牧、渔项目。一方面，通过外商投资可以引进国外的先进技术和经验，但是在资源配置效率上，不同的行业外商投资带来的产出和效率完全不同。对于劳动密集型产业，外商投资可以提高效率，但是资源配置的效率总体上是以牺牲生产效率为代价的。另外，在不同的区域，尤其是上海地区，外商投资呈现了明显的进口替代和资本的深化模式。相较于出口导向及劳动密集型的外商投资模式，上海的这种模式并不具有经济的可持续发展特性。另一方面，外商投资主要集中在第二产业，尤其是一些风险较小的行业，有可能会加剧产业结构不合理。另外，外商投资的环境逐渐得到了改善，这与我国体制改革和市场化进程不断推进有很大的关系，但有可能导致外商投资形成垄断，降低市场效率，也有可能造成本土企业的生存压力，并对本土相关产业产生一定的抑制作用，最终影响本土经济发展。

第二节　森林资源丰裕度对经济低碳发展的传导机制

一、中介效应模型构建

本节基于前文理论基础及实证，主要从能源消费结构效应、城市化效应、产业结构效应、科技创新效应、制度效应、外商投资效应的角度分析森林资源丰裕度对单位 GDP 碳排放量及单位 GDP 净碳排放量的传导机制。本书沿用上一节的做法，采用 Bootstrap 方法，最终构建中介效应模型如下：

$$M_{it}=\alpha+\beta FT_{it}+\varphi CONT_{it}+\mu_i+\xi_t+\varepsilon_{it} \tag{7-3}$$

$$Y_{it}=\alpha'+\beta''FT_{it}+\varphi'M_{it}+\varphi''CONT_{it}+\mu_i+\xi_t+\varepsilon_{it} \tag{7-4}$$

式中，Y 代表被解释变量，即单位 GDP 碳排放；M 代表中介变量，包括能源消费结构、城市化、产业结构、科技创新和制度效应；i 和 t 分别表示城市和时间；α 是常数项；CONT 是控制变量，控制变量是第六章中除了中介变量以外的所有基准模型中的其他变量；μ_i 代表可选择的个体效应；ξ_t 代表可选择的时期效应；ε_{it} 代表随机误差项；γ、β 和 φ 分别代表各变量的系数。在此次中介效应的验证过程中，均加入了个体固定效应和时间固定效应。

所有变量都经过标准化处理。所有模型使用"Bootstrap"命令估计整个中介模型，并直接汇报间接效应和直接效应。如果间接效应和直接效应符号相反，则认为总效应出现了被遮掩的情况，即存在遮掩效应。如果在 95% 的置信区间内，间接效应和总效应不包含 0，则认为结果是显著的。为了对比中介效应结果，将 Sobel 检验的结果也在此展示，仅列出作参考。所有结果见表 7-3 和表 7-4。

表7-3 中介效应模型结果（Bootstrap）

	EUGDP	URB	SEC	KJ	GI	FDI
	（1）	（2）	（3）	（4）	（5）	（6）
间接效应	−0.0181	−0.1028	0.0257	−0.0282	−0.0048	0.0091
	（−0.0533, 0.0170）	（−0.1737, −0.0318）	（−0.0518, 0.1033）	（−0.0036, 0.0599）	（−0.0638, 0.5420）	（−0.0203, 0.0385）
直接效应	−0.2929	−0.2929	−0.2929	−0.2929	−0.2929	−0.2929
	（−0.4878, −0.0981）	（−0.5067, −0.0791）	（−0.4922, −0.0936）	（−0.4995, −0.0864）	（−0.4951, −0.0908）	（−0.4860, −0.0999）
控制变量	是	是	是	是	是	是
时间固定效应	是	是	是	是	是	是
个体固定效应	是	是	是	是	是	是
随机抽取次数	500	500	500	500	500	500
观测值	533	533	533	533	533	533

注：置信区间设置的是95%的置信度。

表7-4 中介效应模型结果（Sobel检验）

	EUGDP	URB	SEC	KJ	GI	FDI
	（1）	（2）	（3）	（4）	（5）	（6）
间接效应	−0.0181	−0.1028***	0.0257	−0.0282**	−0.0048	0.0091
	（0.0122）	（0.0242）	（0.0332）	（0.0141）	（0.0211）	（0.0112）
直接效应	−0.2929***	−0.2929***	−0.2929***	−0.2929***	−0.2929***	−0.2929***
	（0.0641）	（0.0641）	（0.0641）	（0.0641）	（0.0641）	（0.0641）
总效应	−0.3111***	−0.3957***	−0.2672***	−0.2648***	−0.2977***	−0.2839***
	（0.0648）	（0.0636）	（0.0720）	（0.0631）	（0.0674）	（0.0631）
控制变量	是	是	是	是	是	是
时间固定效应	是	是	是	是	是	是
个体固体效应	是	是	是	是	是	是
观测值	533	533	533	533	533	533

注：*代表在10%的水平上显著；**代表在5%的水平上显著；***代表在1%的水平上显著。括号内是标准误。

二、传导机制分析

（一）能源消费结构效应

表 7–3（1）列是能源消费效应对单位 GDP 碳排放量的中介效应分析结果。能源消费结构对单位 GDP 碳排放量的影响为 –0.0181，但是 95% 的置信区间包含 0，说明能源消费结构对碳排放的负向影响是不显著的，意味着森林资源并没有通过能源消费结构对单位 GDP 碳排放产生影响。用电量的增加有可能会加剧能源消耗，同时提升生产规模，进而带来能源的反弹效应。理论上，森林资源的丰裕度及对绿色自然资源的需求，有可能会刺激人们对低碳生活的向往，并刺激对清洁能源的需求程度。然而在现实生活中，长三角地区的能源消费及电力消耗主要来自化石能源（如煤、石油和天然气），还有一部分来自清洁能源，以及区域间的相互拆借和调剂，因此，用电量高并不意味着能耗越大。

（二）城市化效应

表 7–3（2）列是城市化效应对单位 GDP 碳排放量的中介效应分析结果。城市化程度对单位 GDP 碳排放的影响为 –0.1028，且 95% 置信区间没有包含 0，说明城市化水平对单位 GDP 碳排放量的影响是显著且通过检验的，意味着森林资源丰裕度可以通过城市化水平对单位 GDP 碳排放量产生负向的影响。城市化水平的间接效应和直接效应的系数是一致的，说明城市化水平对碳排放的中介效应是存在的。城市化本就是人口、资源和资金的集聚过程，城市化发展程度越高，对生产物质和生活物质的需求就越大，能源消耗也就越多，往往城市化过程中会出现热岛效应，即城市中的气温比周边地区的气温要高。而发展城市化和增加森林资源丰裕度都受到土地因素的制约，正因为资源的限制，所以在城市化过程中，必须考虑人与自然的和谐共生。在城市化过程中，人口的集聚会产生规模效应，进而降低了污染处理、公共管理和碳减排的边际成本，使城市化过程中产生的生态环境问题得到缓解。因此，考虑到资源承载力和经济承载力，发展新型城市化及低碳城市的发展将是解决碳排放的关键所在。

（三）产业结构效应

表7-3（3）列是产业结构的中介效应分析结果。产业结构对单位GDP碳排放的影响虽然是正向的，但这个结果的95%置信区间包含0，说明这个结果并没有通过检验。这意味着并没有明显的证据能够证明森林资源丰裕度会通过第二产业的发展来增加单位GDP碳排放量。但是间接效应和直接效应系数的方向并不一致，说明产业结构对单位GDP碳排放的影响可能存在遮掩效应，即产业结构对单位GDP碳排放的影响有可能是对立的，而且产业结构的间接效应包含0，导致产业结构对碳排放的中介效应不能得到检验。一方面，高能耗工业会增加碳排放强度，如安徽省的重型化工产业；另一方面，以高端制造为代表的制造业却以较小的能耗获得了较高的经济回报，尤其是江浙一带实施高能耗产业转移以后，产业结构的发展不一定会提高碳排放强度，尤其是长三角地区的第二产业不都是高能耗产业，且长三角地区先进制造业也较为发达。

（四）科技创新效应

表7-3（4）列是科技创新的中介效应分析结果。科技创新对单位GDP碳排放的影响虽然是负向的，即科技创新投入越高，长三角地区的碳排放强度越低，但这个结果的95%置信区间包含0，说明这个结果并没有通过检验。这意味着并没有明显的证据能够证明森林资源丰裕度会通过科技创新投入来影响单位GDP碳排放。虽然间接效应和直接效应系数的方向是一致的，但是科技创新的间接效应包含0，导致科技创新对碳排放的中介效应不能得到检验。科技创新过程中加大对碳减排的投入，能够减少碳排放，但在经济发展没有达到一定程度的时候，过多地增加研发投入有可能会提高碳排放强度。一方面，由于经济的粗放型发展，科技创新更多地关注产出结果，导致碳排放增加；另一方面，科技创新中低碳技术的研究，确实能有效减少碳排放，但目前低碳技术的发展水平和具体运用还有待进一步提高。如果从Sobel检验的结果看，科技创新能有效降低碳排放，且森林资源通过科技创新实现碳减排的中介效应是存在的。

（五）制度效应

表 7-3（5）列是制度（即政府干预）的中介效应分析结果。政府干预对单位 GDP 碳排放的影响是负向的，即政府干预程度越高，长三角地区的碳排放强度越低，但这个结果的 95% 置信区间包含 0，说明这个结果并没有通过检验。这意味着并没有明显的证据能够证明森林资源丰裕度会通过政府干预来减少单位 GDP 碳排放量。在政府碳减排的政策出台之前，企业有可能会加快碳排放，政策出台也会有一定的时滞效应，长期来看，节能减排的政策对碳减排有积极的影响。而制度变迁的过程中，会引起相应的规模效应和经济结构的变化。因此，在制度干预过程中，形成的不同的消费模式、经济结构的转变、基建设施的完善程度及政策的出台与实施等，都会对地区碳排放产生不同的影响。

（六）外商投资效应

表 7-3（6）列是外商投资效应的中介效应分析结果，同时列出了 Sobel 检验结果以作对比（表 7-4）。外商投资效应对单位 GDP 碳排放的影响虽然是正向的，即外商投资程度越高，长三角地区的碳排放强度越高，但这个结果的 95% 置信区间包含 0，说明这个结果并没有通过检验。这意味着并没有明显的证据能够证明森林资源丰裕度会通过外商直接投资而增加单位 GDP 碳排放量。然而，间接效应和直接效应系数的方向并不一致，说明可能存在遮掩效应，即外商投资程度对碳排放可能存在对立的影响，外商投资会带来清洁技术的使用，并从人力资本、企业规模及管理模式方面对企业进行优化，从而减少碳排放。同时，外商投资过程中也有可能会进行高碳产业的转移，进而加剧东道国地区的二氧化碳排放量。长三角沿海地区经济发达的基础主要是因交通便利而带来的外商直接投资总量和规模，但同时也带来了很多高污染、高排放产业。

为考察森林资源对单位 GDP 净排放量的传导机制，本章利用 Bootstrap 方法构建中介效应模型，得出的结论和表 7-3 基本保持一致（详见表 7-5）。这说明森林资源可以通过城市化效应来影响单位 GDP 净碳排放，其中很重要的原因就是城市化过程中的土地利用、能源使用效率及规模效应，同时也说明长三角地区城市化发展水平较高，且呈低碳发展趋势。

表 7-5　中介效应模型结果（Bootstrap）

	EUGDP	URB	SEC	KJ	GI	FDI
	（1）	（2）	（3）	（4）	（5）	（6）
间接效应	−0.0173	−0.1046	0.0248	−0.0265	−0.0052	0.0096
	（−0.0470，0.0123）	（−0.1719，−0.0373）	（−0.0502，0.0997）	（−0.0049，0.0580）	（−0.0693，0.0589）	（−0.0246，0.0437）
直接效应	−0.2749	−0.2749	−0.2749	−0.2749	−0.2749	−0.2749
	（−0.4782，−0.0716）	（−0.4868，−0.0630）	（−0.4830，−0.0667）	（−0.4773，−0.0724）	（−0.4801，−0.0697）	（−0.4816，−0.0682）
控制变量	是	是	是	是	是	是
时间固定效应	是	是	是	是	是	是
个体固定效应	是	是	是	是	是	是
随机抽取次数	500	500	500	500	500	500
观测值	533	533	533	533	533	533

注：置信区间设置的是 95% 的置信度。

　　研究结果发现，在森林资源丰裕度对相对碳排放的影响路径上，单位 GDP 用电量、产业结构、科技投入、政府干预和外商投资在 Bootstrap 的检验机制下并不显著。其主要原因可能在于：第一，碳减排并不是完全减少用电量或者减少能源消耗，而是要减少化石能源中高排放和高污染的能源消耗，如煤和石油。清洁能源的使用可能并不会减少碳排放，导致用电量对碳减排可能存在对立的影响，进而不显著。第二，产业结构对碳排放可能存在遮掩效应。一方面，长三角地区的煤炭资源并不多，生产性服务业及高端制造业并不会带来很多碳排放；另一方面，部分地区产业结构还需要升级转型。第三，科技教育投入对碳排放的影响可能也是对立的，即科技应用可以提升碳排放效率，但是科技研发过程中可能使用电量增加，加大能源消耗，反而带来更大的碳排放风险。第四，政府干预对碳排放的表现在于，一方面应中央的要求对环境和高碳产业进行管制，另一方面存在央地之间的政策博弈，中央关注长期的可持续发展，地方关注短期的经济政绩目标，导致产业政策对碳排放的影响和路径均存在差异。第五，外商投资水平对碳排放的影响也具有两面性。一方面，外资引入可以带来先进的管理理念和技术，并产生竞争效应；另一方面，也会存在高碳转移的问题，同时，对内资企业的创新也会带来一定的负面影响。

第三节　森林资源丰裕度对经济发展的影响及传导机制比较

一、森林资源丰裕度对经济发展的影响比较

在对经济发展水平的影响上，森林资源丰裕度与地区经济发展水平存在 U 型的非线性关系。在经济发展初始阶段，森林资源越丰裕的地区，经济发展受到的阻碍越大；当经济发展到一定程度时，丰裕的森林资源却能促进经济水平的提高。这符合"两山"理论的实质内容。森林资源的经济效益只有在特定的经济时期才能体现出来。这是因为，森林资源丰裕的地方往往交通不方便，产业单一，但随着技术的进步、生活水平的提高及人们思想意识的转变，森林资源诅咒会随着经济水平的提高逐渐形成森林资源福利。从长期来看，森林资源可以促进经济发展。此外，对于经济初始状态相对不太发达的地区，发展的空间和动力越足，经济发展水平提升的空间越大。

在对经济低碳发展的影响上，森林资源丰裕度与单位 GDP 碳排放量和单位 GDP 净碳排放量呈非常显著的负相关关系。森林资源越丰裕，碳排放强度越低。其中，森林资源对单位 GDP 净碳排放的影响程度比对单位 GDP 碳排放的影响程度要稍微低一点，主要是因为森林资源本身的固碳能力，相对降低了空气中的碳浓度。森林的生态效益是始终存在的，森林资源也是目前公认的缓解气候问题及固碳的最经济有效的手段之一。但是，单位 GDP 净碳排放量的降低并不意味着空气中总的碳排放量降低，也有可能是能源利用效率提升、能耗降低。

二、森林资源丰裕度对经济发展传导机制的影响比较

在对经济发展水平的传导机制影响方面，森林资源对经济发展水平有直接的影响，同时也存在间接影响，即中介效应。森林资源对经济发展水平的传导机制影响体现在固碳效应和外商投资效应两个方面。森林资源通过其本身的固碳能力，在一定程度上抑制了经济的发展水平，使经济发展在"量"上有所减缓，这在一定程度上是为了实现森林的生态效益而放弃部分经济价值。因此，提高森林的碳汇能力，会对经济发展水平产生负面影响。同时，森林资源也通过外商投资水平对经济发展产生一定的负面影响。外商投资的负面性主要体现在以下几个方面：第一，使用外资的经济成本较高。为提高招商引资的水平，很多地区提供了较优惠的税收政策，导致政府税收收入减少。第二，使用外资的管理成本较高。外商在投资的过程中容易进行高污染产业转移，带来一系列环境问题，而治理成本很多时候是由政府承担的。第三，外商投资对地域有一定的偏好。地理位置优越和交通便捷的区域更容易获得外商投资，经济发展较快，这造成了区域间经济发展的不平衡和产业的失衡。第四，外商投资直接影响了本土技术创新的动力和经济发展的内生动力。

在对经济低碳发展的传导机制上，森林资源主要通过城市化效应对经济低碳发展产生传导机制。森林资源丰裕度对单位 GDP 碳排放量有负向的影响，主要是通过森林本身具有的固碳能力，相对减少了单位 GDP 碳排放量，提升了经济发展质量。森林资源通过城市化效应作用于单位 GDP 碳排放，主要是因为城市化带来的集聚产生的规模效应，降低了污染治理等公共管理的边际成本。

此外，优化产业结构，加快发展服务业、高端制造业等既有利于经济水平的提高，又能淘汰落后产能，降低碳排放强度，提升经济发展质量；采用先进的技术设备，加强科技的研发、利用，开发节能技术，合理使用清洁能源，政府的适当干预同样有利于经济的可持续发展。

基于以上研究，森林碳汇对经济发展水平有一定的抑制作用，但是却能与碳排放强度呈负相关关系，助力经济的低碳发展，提升经济发展质量。为进一步实现经济的绿色发展，实现碳达峰和碳中和目标，有必要进一步深化森林生态效益补偿制度。森林生态效益补偿制度是森林生态服务受益者和提供者之间的利益调节机制，也是健全森林生态保护激励相容的重要手段。充分发挥森林资源的生态功能和经济功能，通过碳交易平台，结合森林资源带来的经济效益和生态效益，最终实现经济价值和生态价值的双赢。以政府有效干预为主导，社会、市场各方积极参与，以受益者付费原则为基础，逐步形成多元化、市场化、差异化的补偿机制（如图7-1所示）。例如，进一步完善碳交易市场，按照木材采伐量征收生态补偿费，政府在制定补偿标准的时候需结合自上而下和自下而上的原则，尽可能做到公正、公平、公开。一方面，森林生态效益补偿是个人或者区域保护森林资源，为周边森林生态效益行为提供补偿；另一方面，从森林生态效益补偿的基金来源、生态效益补偿的基金标准、生态效益补偿基金的运作机制方面不断完善。不断完善森林生态效益补偿机制的结论与 van den Bremer 和 van der Ploeg[286] 的研究成果较为一致。碳的社会成本是排放一吨碳的预期危害进行内部化处理的庇古税，即碳排放会产生危害，进而根据危害程度对排放者进行征税，利用税收来弥补碳排放产生的私人成本和社会成本之间的差距，使私人成本和社会成本相等。因此，碳的社会成本可以理解为现阶段排放一吨碳带来的所有将来边际效用损失的预期折现值，因此碳排放的最理想的定价应是碳的社会成本。此外，在利用森林碳汇助力经济低碳发展的过程中，应避免进入极端的误区。森林碳汇对经济低碳发展有一定的作用，但是发展可储存的生物质能源、完善生态系统功能才是真正助力经济低碳发展最有效的途径。

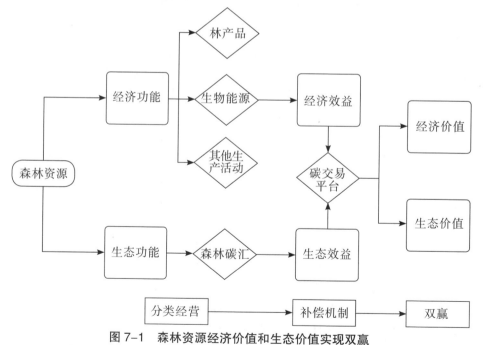

图 7-1　森林资源经济价值和生态价值实现双赢

本章小结

本章主要探讨了长三角地区森林资源丰裕度对经济发展水平及经济发展质量的具体传导机制，并进行了对比分析。基于2007—2019年长三角地区41个城市的数据基础，通过构建中介效应模型，分别探讨了森林资源丰裕度对经济发展水平及单位GDP碳排放量、单位GDP净碳排放量的传导机制，并总结分析了森林资源丰裕度对经济发展的"量"和"质"的影响和作用机理。主要结论如下：

森林资源丰裕度主要通过固碳和外商投资来影响经济发展水平，但是单位GDP固碳、外商投资水平与经济发展水平的关系均存在遮掩效应。在森林资源丰裕度对经济发展水平的中介效应上，结合森林资源的自身特点和功能，主要从固碳效应、能源消费效应、城市化效应、产业结构效应、科技创新、制度效应及外商投资效应的角度分析森林资源丰裕度对经济发展水平的传导机制。本章构建了中介效应模型，并验证了固碳效应和外商投资效应对经济发展中介效应的存在，即森林资源丰裕度主要通过固碳效应和外商投资效应来影响经济发展，但是单位GDP固碳水平、外商投资水平与经济发展水平的关系均存在遮掩效应，意味着单位GDP固碳水平和外商投资水平对经济发展水平的影响有可能同时存在对立的影响，而能源消费效应、城市化效应、产业结构效应、科技创新效应、制度效应在中介效应的模型检验中并未得到验证。

森林资源丰裕度可以通过城市化水平对单位GDP碳排放量和单位GDP净碳排放量产生负向的影响，但产业结构和外商直接投资有可能存在遮掩效应。在森林资源丰裕度对经济发展质量的中介效应上，本章基于以上理论基础及前文实证，主要从能源消费结构效应、城市化效应、产业结构效应、科技创新效应、制度效应、外商投资效应的角度分析森林资源丰裕度对单位GDP碳排放量和单位GDP净碳排放量的传导机制。从直接效应来看，森林资源丰裕度与单位GDP碳排放量呈负相关关系。但是从中介效应来看，森林资源通过能源消费结构效应对单位GDP碳排放产生影响的中介效应并不存在。森林资源丰裕度可以通过城市化水平对单位GDP碳排放产生负向的影响。产业结构效应、科技创新效应、制度效应和外商投资效应对碳排放的中介效应同样不能得到检验。科技教育投入对碳排放的影响可能也是对立的，即科技应用可以提升碳排放效率，但是科技研发过程中可能使用电量增加，加大能源消耗，反而带来更大的碳排放风险。

政府干预对碳排放可能存在对立的影响，在政府碳减排的政策出台之前，企业有可能会加快碳排放，政策出台也会有一定的时滞效应。此外，地方政府会应中央的要求对环境和高碳产业进行管制，但央地之间存在政策博弈，中央关注长期的可持续发展，地方关注短期的经济政绩目标，导致产业政策对碳排放的影响和路径均存在差异。产业结构效应和外商投资效应对碳排放的影响有可能存在遮掩效应。一方面，高能耗工业会增加碳排放强度，如安徽省的重型化工产业；另一方面，以高端制造为代表的制造业却以较小的能耗获得了较高的经济回报。外商投资会带来清洁技术的使用，并从人力资本、企业规模及管理模式等方面对企业进行优化，从而减少碳排放；但是外商投资过程中，也有可能会进行高碳产业的转移，从而加剧东道国地区的二氧化碳排放。

森林资源通过其本身的固碳能力，降低了大气中的碳浓度，但在一定程度上抑制了经济的发展水平。森林碳汇能力的增强使经济发展在"量"上有所减缓，这在一定程度上是为了实现森林的生态效益而放弃部分经济价值。因此，提高森林的碳汇能力，会对经济发展水平产生负面影响。通过森林碳汇，有效吸收大气中的温室气体，促进经济的低碳发展。森林资源通过城市化效应作用于单位 GDP 碳排放，主要是因为生产的高效率及城市化带来的集聚产生的规模效应，降低了污染治理等公共管理的边际成本。森林碳汇对经济发展水平有一定的抑制作用，但是却有效地降低了大气中的二氧化碳浓度，能助力经济的低碳发展，提升经济发展质量。因此，进一步深化森林生态效益补偿制度，是促进经济的绿色发展、实现碳达峰和碳中和目标的重要路径之一，这与 van den Bremer 和 van der Ploeg[286] 的思想较为一致。充分发挥森林资源的生态功能和经济功能，通过碳交易平台，结合森林资源带来的经济效益和生态效益，最终实现生态价值和经济价值的双赢。一方面，森林生态效益补偿是个人或者区域保护森林资源，为周边森林生态效益行为提供补偿。另一方面，从森林生态效益补偿的基金来源、生态效益补偿的基金标准、生态效益补偿基金的运作机制方面不断完善。以政府有效干预为主导，社会、市场各方积极参与，以受益者付费原则为基础，逐步形成多元化、市场化、差异化的补偿机制。此外，在利用森林碳汇助力经济低碳发展的过程中，应避免进入极端的误区，森林碳汇对经济低碳发展有一定的作用，但是发展可储存的生物质能源、完善生态系统功能才是真正助力经济低碳发展的有效途径。

第八章　研究结论与政策建议

　　本书基于资源诅咒的理论分析框架，系统分析了自然资源与经济发展的研究进展，从可再生资源的角度出发，分析了森林资源与经济发展的研究现状，以"两山"理论、经济增长理论、空间结构理论及可持续发展理论为基础，对长三角地区 41 个城市森林资源与经济发展现状进行了事实性描述，通过构建资源诅咒系数及结合数据包络分析方法，深入剖析了长三角地区森林资源的经济优势及城市异质性，并通过修正的耦合协调度模型，分析了森林资源和经济发展的协同成效。在理论框架的分析基础上，本书进一步构建空间计量模型，实证检验了森林资源丰裕度对经济发展的影响，并进行稳健性检验及内生性问题处理。通过中介效应模型，本书分析了森林资源丰裕度对经济发展水平和经济低碳发展的具体传导机制，对比分析了森林资源丰裕度对经济发展"量"和"质"的影响及传导机制，为后续相关政策的制定提供了一定的参考和依据。本章在前七章的基础上，对本书的主要研究结论进行总结、提炼，提出长三角地区经济低碳发展的相关政策建议，并探讨本书的不足之处及后续的研究方向。

第一节　研究结论

一、长三角地区森林资源呈上升趋势，经济发展低碳化

长三角地区森林资源整体呈上升趋势，但区域差异化明显。2000—2018 年，林业用地面积、森林面积、人工林面积、活立木蓄积量、森林蓄积量都有所提升，森林覆盖率从 22.29% 上升到 29.33%。2018 年，森林蓄积量和森林面积分别占到全国的 3.29% 和 5.29%，天然林面积和人工林面积分别占全国的 3.76% 和 7.96%，但是林业产值却占到了全国近18%。2000—2018 年，长三角地区林业总产值从 163.39 亿元增长到 673 亿元，整体产出提升了 3.12 倍，具有稳步上升的趋势。但是，长三角地区森林资源分布不均匀，结构不合理，在开发利用过程中存在一定的统一性等问题。2018 年，上海市、江苏省、浙江省和安徽省的森林覆盖率分别为 14.04%、15.2%、59.43%、28.65%。长三角地区经济发展高于全国平均水平，但同样呈现出地区的差异性。2019 年，上海市、江苏省、浙江省和安徽省的 GDP 分别为 37987.6 亿元、98656.8 亿元、62462 亿元、36845.5 亿元，整个长三角地区 GDP 总额为 235951.9 亿元，占全国 GDP 的 23.92%。2020 年，整个长三角地区 GDP 达到 244713.16 亿元，占全国 GDP 的 24.09%。其中，长三角地区 GDP 占比从高到低依次为江苏省41.98%、浙江省 26.4%、上海市和安徽省均占 15.81% 左右。江苏省 GDP 占长三角地区的比重一直稳居前列，安徽省虽然占比较低，但是一直较为稳定，且呈上升趋势。2005—2019 年，长三角地区人均 GDP 从 2.1 万元上升到 10.1 万元，无锡、苏州、南京、上海和常州人均 GDP 靠前，安徽省的部分城市经济发展水平较低。长三角地区经济的高速增长在于绿色全要素生产率的提高。2005—2019 年，长三角地区绿色全要素生产率均值为 1.1115，说明整体实现了较快的增长，但是绿色全要素生产率的增长出现了波段式的变动。这段时间内，绿色全要素生产率的变动主要得益于绿色技术的进步和创新，其增长率为 11.32%，且管理水平较高，但是绿色技术效率指数和绿色规模效率都小于 1，说明绿色投入产出要素并没有得到最优利用，规模效益还有提升的空间。长三角地区碳排放总量呈持续上

升趋势，但单位 GDP 碳排放强度和单位 GDP 净排放强度持续降低，且区域经济发展质量差异较大。其中，江苏省的碳排放总量最高，上海市的碳排放总量最低。浙江省的碳排放总量虽然有上升趋势，但是总体较为平稳，而安徽省的碳排放总量在 2014 年之前呈明显的上升趋势，随后基本保持较为稳定的水平。

二、长三角地区森林资源的经济优势城市异质性明显

长三角地区森林资源丰裕度对经济发展水平有一定的抑制作用，但并不严重且情况有所好转，且这种抑制作用呈现出明显的空间异质性。2005—2019 年长三角地区 41 个城市的森林资源诅咒呈明显的空间异质性。森林资源整体上对经济发展有一定的抑制作用，说明森林资源在发挥经济优势方面有较大的发展空间。2005—2019 年，江苏省的资源诅咒系数均值为 0.81，明显小于 1，说明江苏省整体上是不存在森林资源诅咒的，森林资源也并没有限制经济的发展，且期间资源诅咒系数的变化也一直较为平稳，均保持在 1 以下。在此期间，上海市的资源诅咒系数为 0.21，远低于 1，说明上海市的森林资源对经济发展并没有限制作用，而且 2005—2019 年的资源诅咒系数均远低于 1。浙江省 2005—2019 年的森林资源诅咒系数均值为 3.11，说明森林资源并没有形成较好的经济优势，还有很大的资源整合的空间。2005—2019 年，安徽省的资源诅咒系数均值为 0.97，资源诅咒系数整体是下降的，但是 2005—2007 年的资源诅咒系数是大于 1 的，2008 年以后，资源诅咒系数逐步保持平稳下降，基本保持在 1 以下，说明安徽省的森林资源逐步发挥出经济优势。2005—2009 年，从城市层面上看，共有 23 个城市的资源诅咒系数小于 1，说明这些城市整体上并不存在森林资源诅咒的情况；共有 11 个城市的资源诅咒系数介于 1 和 2 之间，说明这 11 个城市虽然存在资源诅咒，但并不严重；还有 7 个城市的资源诅咒系数大于 2，说明这 7 个城市存在严重的森林资源诅咒情况。2005—2019 年，长三角地区 41 个城市森林资源诅咒系数发生较大的变化，说明资源诅咒整体情况有所好转，但各城市的经济发展和资源管理还存在较大的差异性。此外，资源型城市整体上森林资源对经济发展的抑制作用也逐步得到缓解，说明经济低碳发展是有成效的。

三、长三角地区资源与经济的相互作用逐步加强，协同成效有待提升

长三角地区森林资源与经济发展质量相互作用的程度在不断加深，资源和经济发展开始相互制衡、相互配合。2005—2019 年，长三角地区资源环境和经济发展之间的耦合度排在前六位的城市分别是上海、南京、无锡、徐州、常州和苏州，而排名较为靠后的均为安徽省的城市，从低到高依次为黄山、安庆、池州、铜陵、宣城和芜湖。安徽省的 10 个城市在这期间耦合度均值介于 0.3 到 0.5 之间，属于拮抗时期，说明这些城市的资源环境和城市耦合度并不高，但是二者之间的相互作用已经在逐步加强。上海、南京、无锡、徐州、常州、苏州和南通的耦合度均值在 0.8 和 1 之间，属于耦合协调时期，说明这些城市的资源环境和经济发展的良性耦合已经越来越强，且逐步向有序的方向发展，耦合度处于较高水平。而其他城市，如连云港、淮安等及浙江省的所有城市耦合度均值均处于 0.5 到 0.8 之间，均处于磨合时期，说明这些城市的资源环境和经济发展已经出现相互制衡、相互配合的良性耦合特征。从整体层面上看，资源和经济之间耦合度从高到低依次为上海市、江苏省、浙江省和安徽省。长三角地区 41 个城市资源环境和经济发展之间的耦合协调度的趋势和耦合度的趋势基本保持一致。与 2005 年长三角地区 41 个城市的耦合协调度相比，2019 年，所有城市都有所提升，且整体提升幅度高达 57.61%，说明在提升经济水平的同时，长三角地区对资源环境的注重和修复水平也在不断提升，其中提升幅度最大的前十位分别是杭州、盐城、淮安、绍兴、宿迁、滁州、芜湖、泰州、徐州和扬州，提升幅度较小的除了上海，排在最末尾的是淮南、淮北、六安、黄山和铜陵，说明城市之间差异较大。长三角地区森林资源与经济发展之间的协同成效有待提高，但发展态势良好，从中度不协同发展到基本协同，经济发展逐渐由中高速向高质量发展，开始重视对资源环境等问题的修复。2005 年耦合协调度均值为 0.2730，2010 年上升为 0.3412，2015 年和 2019 年分别为 0.4012 和 0.4303。2005—2019 年，长三角地区 41 个城市资源环境和经济发展之间的耦合协调度的趋势和耦合度的趋势基本保持一致。

四、长三角地区森林资源对经济的抑制作用正逐步转变为资源福利

森林资源丰裕度对地区经济发展水平的影响呈 U 型的非线性特征。森林资源丰裕度与经济发展水平的关系为负且在 10% 的水平上显著，但是森林覆盖率的平方与人均 GDP 的关系为正且在 1% 的水平上显著，说明在经济发展初始阶段，森林资源丰裕度与经济水平的增长存在负相关关系，而当经济发展到一定程度，丰裕的森林资源却能促进经济水平的提高。这符合"两山" 理论的实质内容，也符合碳达峰、碳中和的伟大愿景。长三角地区的森林资源诅咒会随着经济水平的提高逐渐形成森林资源福利。在空间效应上，邻近城市的森林资源的丰裕度对本地区经济发展的影响呈非线性的 U 型特征。在初始状态，邻近城市的森林资源越丰裕，越会促进本地区的经济发展水平；当达到一定程度以后，邻近地区过于丰裕的森林资源反倒会抑制本地区的经济发展水平。其中有一个非常重要的因素是，林木生长需要土地等物质条件。提升森林覆盖率有助于长三角地区城市的绿色经济发展。森林资源并不是影响经济发展水平的唯一因素，经济初始水平、固碳潜力、能源消费、城市化水平、科技教育水平等因素都共同作用于经济发展水平。

五、森林资源有助于经济低碳发展，增绿减碳幅度需适度加大

森林资源丰裕度对单位 GDP 碳排放量在 1% 的水平上呈显著的负相关关系。碳排放的主要来源是能源消费，尤其是碳基能源的消费。碳基能源是经济发展过程中不可或缺的生产要素之一。碳基能源的消费会带来碳排放的增加。森林资源主要通过如下三方面来影响碳减排目标：第一，森林碳汇。森林资源可以通过光合作用来吸收大气中的二氧化碳并进行存储，使大气中的二氧化碳相应减少。第二，碳基能源的替代。充分利用更加环保的替代性资源，降低碳基能源的消耗，从使用不可再生能源转向可再生的生态能源，充分利用生物质能源资源。第三，经济越发达的地区，环境保护的意识就越强。长三角地区经济发展程度较高，越来越重视植树造林，

大力发展绿色经济，提倡低碳消费、低碳生产，以此提高能源使用效率和碳生产力。森林资源丰裕度对单位 GDP 净碳排放量呈显著的负相关关系，说明森林资源的固碳能力对减排起到了助力作用。与单位 GDP 碳排放模型结果相比，考虑碳汇效应后，森林资源对单位 GDP 净碳排放的影响程度更大。在碳减排的过程中，森林碳汇虽然具有固碳效应，但森林资源本身是"碳中性"，既能吸收二氧化碳，同时也能排放二氧化碳，从实现碳中和的目标来看，仅仅依靠森林碳汇是不够的，最主要的是管理好碳的"来源"和"去向"。二氧化碳最主要的来源是化石燃料煤、石油，但仅仅控制能源消费总量也是不够的，还应该关注高污染、高排放的碳汇的消费，且在终端治理方面，有可能会消耗更多的化石能源，带来更大的碳排放强度。虽然科技能够助力碳捕捉和碳封存，但是科技的使用和研发必然会消耗更多的电力，导致更大的碳排放风险，且目前的碳捕捉和碳封存技术的经济成本太高，并不适合广泛推广和使用。清洁能源（如风、水等）存在不确定性，可靠性较低，尤其是在长三角地区各城市里建立风光电，会带来很大的用地成本。碳减排的关键是减少煤炭的消耗，同时避免进入相应的碳减排误区。

六、森林资源对经济发展水平和经济低碳发展的传导机制不同

森林资源丰裕度主要通过固碳效应和外商投资效应来影响经济发展水平，主要通过城市化来影响经济低碳发展。在森林资源丰裕度对经济发展水平的传导机制上，主要通过固碳效应和外商投资效应来影响经济发展水平，但是单位 GDP 固碳水平、外商投资水平与经济发展水平的关系均存在遮掩效应，意味着单位 GDP 固碳水平和外商投资水平对经济发展的影响都有可能同时存在对立的影响。森林资源丰裕度可以通过城市化水平对单位 GDP 碳排放量和单位 GDP 净碳排放量产生负向的影响，但产业结构和外商直接投资有可能存在遮掩效应。从直接效应来看，森林资源丰裕度与单位 GDP 碳排放量具有负向的关系。产业结构效应和外商投资效应对碳排放的影响有可能存在遮掩效应。一方面，高能耗工业会增加碳排放强度，如安徽省的重型化工产业；另一方面，以高端制造为代表的制造业却

以较小的能耗获得了较高的经济回报。外商投资会带来清洁技术的使用，并从人力资本、企业规模及管理模式方面对企业进行优化，从而减少碳排放。外商投资虽然能够带来先进的技术和管理理念，但也有可能会进行高碳产业的转移，从而加剧东道国地区的二氧化碳排放。

七、森林资源的生态效益和经济价值应和谐共生

森林资源通过其本身的固碳能力，降低了大气中的碳浓度，但在一定程度上抑制了经济的发展，使经济发展在"量"上有所减缓，这在一定程度上是为了实现森林的生态效益而放弃部分经济价值。因此，提高森林的碳汇能力，会对经济发展水平产生负面影响。通过森林碳汇，有效地吸收大气中的温室气体，促进经济的低碳发展。森林资源通过城市化效应作用于单位 GDP 碳排放，主要是因为集聚效应带来的规模效应，进而引发污染治理的边际成本的下降。城市低碳化发展可以促进生产效率及能源利用效率的提高。森林碳汇对经济发展水平有一定的抑制作用，但是却能有效降低大气中的二氧化碳浓度，助力经济的低碳发展，提升经济发展质量。为进一步实现经济的低碳发展，实现碳达峰和碳中和目标，有必要进一步深化森林生态效益补偿制度，以政府有效干预为主导，社会、市场各方积极参与，以受益者付费原则为基础，逐步形成多元化、市场化、差异化的补偿机制。

第二节　政策建议

一、做好森林资源管理，科学制定国土规划

（一）制定森林资源管理的宏观战略

禁止天然林的商品性采伐，大力倡导商品林的依法流转，科学编制或参照编制森林经营方案，同时创新森林资源管理的手段，注重科技创新和

先进技术及工具的运用，采用遥感、地理信息系统、导航定位、无人机等高端技术，从森林资源检测到森林督查、从采伐利用到运输检查、从森林经营到林地管理，都应努力创建森林资源的现代化管理机制。

森林管理计划的首要目标是确保以生态可持续的方式管理森林资源。近些年来，森林管理目标不断扩大和演变，包括生态恢复和保护、研究和产品开发、减少火灾危害及维护健康的森林，以提供有效的木材供应。因此，在法律、法规和机构政策的指导下，森林资源的管理机构及管理人员应针对林业生产和发展进行宏观调控，制定生产发展方针和政策，做好调整规划、资源管理和森林保护等林业基础工作；构建以生态无害的方式进行森林资源管理的更有效方法，以改善森林资源保护，如通过再生木制品的创新、开发木质复合材料等，帮助提高木材使用的效率并减少引起的工业污染，进而带来更环保和更经济的运营。

森林资源管理的首要目标是确保以生态可持续的方式进行资源管理。随着人口的增长和社会经济的发展，居民的生活行为和生活方式对森林的影响也越来越大。这对森林维护生态平衡提出了很大的挑战。在生态保护方面，应制定合理的木材采伐制度，以维护森林生态物种的平衡。在某些情况下，生态系统无法以一种可维持的方式运作，野火、虫害或疾病等有可能会造成风险损失。在森林灾害等的防治过程中，应通过减少过度拥挤的不耐火树种等方式，帮助恢复健康的森林生态。在实现森林健康方面，应合理评估当地和景观层面的生态状况，根据生态、社会和经济信息制定管理目标，并利用可用的最佳工具实现既定的植被目标。无论什么情况下，森林管理的首要目标是维持土地的长期健康。恢复和维护健康的森林是维持土地健康、多样性和生产力的最佳方式。

针对森林资源管理的工具使用，应有效使用合理的森林植被模拟器，适当模拟森林植被因自然演替、干扰和管理而发生的变化，利用合理的工具尽可能识别所有主要树种，并有效输出包括树木体积、生物量、密度、树冠覆盖、产量、火灾影响等信息数据。在森林植被模拟器的使用上，应尽可能最大化该森林管理工具的使用效率，如捕捉林地生物量信息，估计碳库随时间的变化，等等。此外，应当对森林管理人员进行定期或不定期的培训，以提升森林管理人员的素质及管理水平。各行政管理部门应各司其职，且不断完善森林资源的用途管制及森林法律法规建设。在森林资源

的管理过程中，资源开发利用要兼顾森林资源培育和保护，激励、约束和扶持等多种方式并用，实现森林的可持续经营和管理。

（二）推进城乡造林绿化，完善森林管理体制

不断完善林长制，努力提升城乡绿化，结合林业发展实际，从规划体系、政策体系、林业智慧平台、科技支撑和地方性法律法规等方面，实施自上而下的责任制，不断推进长三角地区生态一体化发展。2017年，安徽省率先在合肥、安庆、宣城试点林长制。2018年，安徽省率先在全国全面推广林长制改革，建立以党政领导责任制为核心的省、市、县、乡、村五级林长体系。林长制的实施使安徽省的森林资源覆盖率及林木蓄积量得到了稳定的增长。林长制主要是为了保障森林的生态保护修复，不断推进城乡造林绿化，增强林业活力并提升森林质量效益，预防并治理森林灾害，强化林业执法改革和监督管理水平。2019年，全国首个林长制改革示范区在安徽省落户，新修订的《森林法》也将建立林长制纳入法律体系。林长制改革会不断提升林业部门的自身建设水平，也会提升各部门的积极性，使各部门协调发展，共同提升森林资源的质量。在长三角地区一体化发展战略实施以来，借助林长制改革的力量，各地区的绿色发展水平得到了很大的提高。

林长制的建立体现了较为强大的制度优势。深入贯彻五级林长制，能更好地完成"护绿、增绿、管绿、用绿和活绿"五大任务，实现多部门共同发力的局面。借助科技及大数据，构建林长制智慧平台，将日常操作，如智能查询、监管、考核、人员调度等业务嵌入智能平台，实现在线监督、管理，提高工作效率。将土地、政策、技术、林业产业、资金等多要素进行整合，发展相关森林旅游产业，做活"森林"，以"改"激"活"，实现生态、生产、生活共赢。在林长制基础上实现所有权、承包权和经营权"三权分置"，不断完善林业产权制度，深化集体林权改革，发展绿色富民产业，充分发挥护林员的管护作用，以现代技术提升智慧管理水平。

（三）科学制定国土规划，推动林业高质量发展

长三角地区森林覆盖率为29.3%，虽然高于全国平均森林覆盖率水平，但是长三角地区的活立木蓄积量和森林蓄积量都不是很高，在"十四五"

发展规划中，进一步提高森林覆盖率成为三省一市的共同目标之一。制约森林面积发展很重要的一个原因是国土规划。增绿行动不仅要注重数量，还要注重质量。制定国土规划，坚持规划引领，科学绿化、因地制宜，不断提高长三角地区的森林覆盖率，推动长三角地区林业的高质量发展，不断提高生态系统的稳定性。当前增绿的难度越来越大，种植地点、种植时间、种植种类等问题日益突出。因此，要合理布局绿化空间，综合考虑土地利用结构、宜林地等因素，科学合理地安排绿化用地，实施生态环境和耕地保护措施，禁止占用耕地来植树造林。此外，还应保持国土绿化政策的持续性和稳定性，适时推出用地的激励机制和惩罚措施，以建立合理的绿化新格局，将长三角森林资源由量质并重逐步向质量优先转变，进一步优化长三角地区的森林结构，提高森林质量，实现长三角地区林业的高质量发展。

（四）构建林业一体化发展合作机制

构建三省一市区域林业发展的合作机制，有序开发综合利用资源，长效推动林业高质量发展。实现优势互补，探索建立区域的森林生态补偿机制，加强国有林场改革，并在维护生态安全方面，设立工作组，并实行年度轮值制。加大植树造林力度，扩大林地面积，建立完善的森林火灾预防机制，同时制定合理的采伐额度制度。

构建长三角地区党建联盟，加强深化林业重点领域改革，并共同建设长三角区域林长制改革示范区，构建长三角地区林业生态绿色一体化发展合作机制，有效推动长三角地区三省一市林业的协同发展。在组织架构上，要进一步共建基层党支部，实现组织结构的优势互补，以组织架构保障业务开展的质效；在技术合作上，共同研讨林业生态建设前沿理论，强化重大林业生态建设，并进一步探索长三角地区森林生态补偿机制，实现区域间的优势互补及资源共享，搭建区域间的信息共享平台，并及时更新，做好信息的及时分享与交流，如优质种苗供需在三省一市间进行精准对接；在林业改革方面，加强国有林场方面的合作交流，进一步推进长三角地区的森林生态建设水平；在监督管理方面，加强三省一市的联合执法力度，构建三省一市的空间联保制度，共同保护森林资源，确保森林生态的安全。构建长三角地区统一的林业标准，长三角因特殊的区位优势，沿海防护林

的功能和结构较为特殊，有别于其他森林生态系统，为更好地进行沿海防护林生态效益评估，长三角地区已经出台了《沿海防护林生态效益监测与评估技术规程》，对长三角地区生态效益指标提出了要求，并规定了生态效益的监测方法，完善了生态效益的评估指标体系。制定统一的评估准绳及监测依据，并进一步完善长三角地区林业的观测指标及生态服务系统功能的评估，这有利于长三角地区沿海林业的发展及一体化建设。

二、发展林业碳汇，深化森林生态效益补偿制度

（一）提高林业碳汇能力，实施碳排放权市场化

森林资源是陆地生态系统的重要资源之一，森林资源自身的特点决定了森林是陆地生态系统中最大的碳库。森林可以通过光合作用吸收大气中的二氧化碳，生物固碳的方式是增加碳汇最为经济有效的方式。森林资源是仅次于煤、石油和天然气的战略性能源资源，是这四大能源资源中唯一可再生、可降解的能源，森林很有可能成为未来的新兴绿色能源。因此，森林资源的有效利用，不仅可以使森林资源持续经营，还能促进低碳经济的发展。森林资源减排增汇的路径主要是通过增加和保护森林覆盖率、提高林木质量、减少森林火灾及病虫害的发生，以及其他森林相关的生态系统的碳储存的功能来实现的。林业碳汇是将林业资源进行市场化交易，以此获得额外的经济利益，林业碳汇是用市场化的方式实现生态产品的经济价值。在林业发挥碳汇功能的过程中，既能缓解气候变化，又能维护生物多样性，还可以有针对性地进行扶贫。林业碳汇有两种模式：一种是森林经营性碳汇，这种模式主要针对现有森林，通过森林的经营促进林木生长，以增加林木的固碳量；还有一种是造林碳汇，这种模式涉及多方面、多部门，造林碳汇的项目主要是由政府、林草部门、企业及林权主体合作开发的，造林碳汇主要由政府牵头引导，林草部门负责组织开发，企业负责碳核算等工作，林权主体则是受益方，有温室气体排放或者碳排放需求的企业可以到市场上去购买碳汇。随着长三角地区的森林覆盖率逐步提升，森林蓄积量逐渐增加，森林的碳汇能力得到了进一步提升。现代社会中，人们对生态环境重视程度越来越高，林业碳汇有较大的市场需求和良好的发

展前景。实施碳排放权市场化,地方政府也可以通过搭建平台,将工业企业碳排放与林业碳汇有效结合起来,政企双方有效开发林业碳汇项目,企业根据实际需要购买所需的碳排放权。

(二)构建林业碳汇激励机制,实现共生生态补偿

发展林业碳汇的同时,应该实施构建林业碳汇的激励机制,为区域生态安全着想,应建立明确的奖惩机制,一方面要支持区域的绿色发展,另一方面要尽力维护造林护林的成果。林业碳汇的激励机制主要体现在三个方面。第一,建立合理的碳汇补偿机制。例如,江苏省人均 GDP 在长三角地区中相对较高,但是江苏省的森林覆盖率相对而言并不高,因此,森林覆盖率低的城市可以向森林覆盖率高的城市购买相差的指标,应定期核算森林的固碳存量和固碳流量,根据核算结果,制定合理的配套交易机制,可以探索建立碳排放权交易的弹性交易机制,如林业碳汇的购买时间和期限可以灵活设定。对于占地经营对森林带来的破坏,人为的经营性项目如果造成森林生态价值损失,应该通过市场化的方式,即购买林业碳汇进行补偿。尽管补偿机制并不能完全抵消对生态价值带来的伤害,但是这种带有警示性质的处罚措施可以对森林生态价值起到一定的保护作用。第二,不断完善林业碳汇项目的开发和交易机制。例如,林业碳汇项目的开发范围要不断调整,可以将不同种类的森林(如天然林、生态公益林等)都囊括进林业碳汇交易项目;适当提高林业碳汇交易配额并提高补贴标准,调动林农的积极性以提升林农的收入水平。第三,林业碳汇项目是供需双方的交易行为,因此金融支持对碳排放起着非常重要的作用。林业碳汇的发展主要是为了充分发挥森林碳储的功能,以缓解温室气体排放,发展林业碳汇的激励兼容机制,可以帮助企业获得更多的经济利益,使资源得到有效配置。

(三)规范林业碳汇交易方法,避免发生碳逆转

规范和完善碳排放交易市场和温室气体国家核证自愿减排量市场,虽然目前对碳汇项目的具体类型并没有过多限定,但是碳市场交易项目所采用的方法必须经过主管部门的批准和认可。林业碳汇项目开发有着较高的要求,项目开发一般要经过项目设计、项目审定、项目备案、实施、减排

量监测、减排量核证、减排量备案签发等程序，因此，只有符合规定的企业才能参与。但是，企业在参与碳汇交易项目的过程中，也会面临一定的风险。例如，对于碳控排企业，每年都有二氧化碳排放的履约责任，如果企业要生产、要生存，碳排放超过了限额，就需要去购买其他企业的碳排放配额。虽然参与碳汇项目可以提升企业自身形象，并可以履行一定的生态环境保护的社会责任，但是参与碳汇项目，同样会使企业面临风险，如突遇森林火灾、碳汇开发的技术障碍、国家政策调整及森林病虫害等都有可能将"碳信用"变为"碳逆转"。因此，在开展碳汇交易的项目中，熟悉碳汇交易政策、科学运用碳汇交易方法，且在有碳汇项目开发经验的专家指导下完成项目是非常重要的，否则碳汇项目的质量和程序将无法保证。森林固碳也有可能因为火灾或病虫害等的发生，吸收的碳又重新排放到大气中，正因为森林固碳的这种非永久性，在开发林业碳汇项目过程中，一定要谨防购买的"碳信用"变为"碳逆转"。

三、转变经济发展方式，优化能源消费结构

（一）开发节能降碳技术，大力发展可再生能源

为实现碳达峰、碳中和目标，长三角地区必须深入推进节能增效，大力开发节能降碳的新技术。部分重型化工企业有强烈的节能降耗的需求，必须有效引导老企业、重污染企业走上经济低碳发展的道路，大力推广清洁能源并提高能源使用效率。企业是节能降碳的主体，而电力消费则是能源的重要基础。在节能降碳技术上，企业应加大关键技术的研发和应用，并深入拓展电能的替代广度和深度，提升能源供给清洁化的程度。在长三角区域一体化发展规划中，2035年要基本实现现代化经济体系建设。但是，现代化经济体系建设必须依靠现代化的能源体系为基本保障。长三角地区在能源领域虽然取得了很多成效，但依旧存在提质增效的问题，因此，必须加大长三角地区能源生产和消费模式的转变的改革，逐步建立清洁低碳且安全高效的能源体系。长三角地区自身化石能源储备较少，煤炭资源主要依靠外省，石油资源主要依靠进口，天然气则主要来源于外省和外国的供应。虽然安徽省的煤炭资源在长三角地区相对丰裕，但是也需要靠外

调才能满足需要。在可再生能源方面，风能和太阳能的开发能力有限。在电的外调方面，2019 年，长三角地区外调的电消费占总消费的近四分之一，安徽省在长三角地区是唯一一个对外净输出的省份。长三角的能源消费占比较高的依旧是化石能源消费，浙江省和江苏省的风、光、水和核电发电量占到总发电量的 26% 和 11%，上海市和安徽省分别为 3% 和 8%，清洁能源消费的比例还有较大的发展空间。此外，长三角地区以高效清洁煤电、核电和气电及可再生能源为主的高端装备制造业发展势头迅猛，核电在长三角地区基本形成了较为完整的产业链。在电力消费上，长三角地区的市场化调峰机制还需要不断完善。因此，长三角地区应尽可能摆脱传统、粗放的能源生产和消费模式，以节能减碳技术（包括能源技术、环保技术和信息技术）为依托，以国家能源管理政策为导向，构建现代化的能源消费体系，从而推动长三角地区的经济低碳发展。

（二）优化升级产业结构，加快高碳产业有效转移

改革开放以来，长三角地区出口导向型产业带动了该区域的经济发展。长三角地区的产业结构正立足于国内外需求，结合信息化技术的发展及大数据背景，加速将传统产业和现代产业相结合，加快形成产业集群，并不断推进生产制造业和服务业的融合。长三角经济的发展最初是在对外开放的政策下，依靠出口导向型的经济拉动投资和消费需求。这种模式造成了长三角城市之间发展差异较大，城市"单打独斗"的现象较为明显。在全球化发展的背景下，以出口拉动长三角地区经济发展的动力明显不足，必须将产业结构进行调整和优化，努力提升生产和消费的匹配性，加强供给和需求之间的耦合，根据长三角地区和国内其他地区的需求，逐步形成区域产业体系，并提高城市间经济的协同发展水平。长三角地区的经济发展正在从高速发展向高质量发展转变，消费升级正成为经济发展面临的主要问题，生产和服务之间的耦合和匹配度则需要进一步提高和强化，产业分立的状态会逐步转变为产业融合发展的态势，在融合发展过程中，逐步形成了产业链的新业态、新模式。数字产业在长三角产业转型升级过程中成为非常重要的一个部分，甚至是未来的发展方向。数字产业在长三角地区得到了较快的发展，尤其在传统产业的运用上，加快了农业和制造业线上线下的融合，但目前产业数字化转型还需要进一步完善。推动长三角地区

传统产业与数字产业融合对提高产业结构水平有很重要的意义，还要充分利用现代人工智能和数字经济，对企业产品的设计、研发、规模效应等进行数字改造，促进长三角地区整体技术水平的提升，以数字化对传统产业进行升级改造，协同发展生产与消费需求，融合发展生产与服务，促进产业结构转型升级。

　　加速长三角地区加工制造业等高碳产业的转移，即经济达到某一增长极以后会出现扩散效应。上海经济腾飞以后，带动了昆山、苏州等城市大型工业园的发展。长三角地区的经济增长活力开始得到大幅提升。在新兴产业的不断发展下，各种人才、技术、资本等要素纷纷流入长三角地区，但是持续多年的高速发展也使资源环境承载力受到了前所未有的挑战，国内外市场消费需求结构的变化，也使以加工制造业为主导的增长方式受到了一定的冲击。长三角地区经济发展进入成熟期以后，产业结构也逐步从以第二产业为主转为以第三产业为主，在转型升级过程中，由外部周边城市或者经济不发达地区承接价值链低端的高碳产业，而长三角地区经济发达的城市则主要向高端迈进。作为承接产业转移的城市，实际是参与区域分工的一种体现，同时也能带来技术、人力、资金，可以适当改善这些承接城市的产业结构、就业结构及技术结构。产业转移实质是一种双赢的合作方式，通过高碳产业的承接，可以缩小与经济发达城市的经济发展差距，但是在承接产业转移形成集聚区的同时也要注重自身产业的优质化，并构建与高端产业配套融合的现代化产业体系。

　　为实现长三角地区的可持续发展，必须加大对产业结构的调整力度。适当控制对林木资源的采伐，并根据地区自身的自然资源条件、地理区位、劳动力等方面的条件，构建初级加工行业的接续替代产业，并适当发展符合当地特色的林下经济等项目，同时提高林产品的附加价值，将森林资源合理利用与保护生态环境相结合。大力发展第三产业，布局森林休闲产业发展，结合自身资源优势，加快森林康养等新业态的建设。结合市场的实际需求，创建森林康养基地、森林特色小镇、生态旅游基地等，提高生态产品的供给能力，带动森林康养产业的发展。打造产业链，从林下经济的发展，拓宽林农的收入渠道，推进森林休闲旅游，真正实现"绿水青山就是金山银山"的建设理念。注重产业结构调整，倡导绿色生产和消费，加快绿色发展步伐。同时，重点关注"五基"建设，努力打造自主可控产业体系，推进产业基础高级化和产业链现代化，并强链补链，通过产业集群，创造规模效益。

四、持续推进低碳城市化，提高外商投资质量

（一）优化城市布局，稳步推进低碳城市化发展

紧紧围绕低碳发展的目标，从总体规划、产业发展、交通运输、基层建筑、消费方式等方面，稳步推进长三角地区都市圈建设。基于城市的功能定位，自上而下，从区域整体规划到居住区规划，构建低碳发展的指标体系，充分发挥政府政策的引领作用，不断优化和完善城市空间布局，充分发挥郊区在城市化发展过程中的战略作用，持续推进新型城镇化建设，以人为本，同时考虑资源环境承载力，构建并不断完善城乡基础设施、管理和服务体系，提高城市化管理水平。鼓励并不断推进清洁能源的使用，产业结构调整必须以低碳发展为目标，充分发展新兴产业，加快发展先进制造业，构建以服务业为主的产业结构体系，结合城市定位和资源禀赋，进一步优化产业布局，合理进行产业的转移和承接，在长三角地区一体化发展的大背景下，不断融合，避免同质竞争。不断拓展公共交通和轨道交通系统，引导城市居民低碳出行，并深入研究可再生能源使用的核心技术，构建碳排放平台。研究推广使用节能技术，不断提高能源的利用效率，倡导低碳生活和消费方式，购买符合低碳政策的商品和服务，最终降低能效、减少污染和浪费。

构建城市群，以中心城市带动周边城市发展。自然资源禀赋的差异性是区域经济分异的第一动力。区域经济分异本就是一个不断演变的状态，也是经济发展的必然。长三角地区的自然条件和自然资源的分布，是区域经济发展的重要因素。"点—轴—圈"模式是一种较为常见的空间模式，以大中城市为依托，以区域内经济发达地区、集聚效应明显的交通线等为轴，确定重点，并通过辐射扩散效应来推进区域经济由近及远的圈层式发展模式，从而实现区域经济的协同发展。进一步加强长三角地区南京都市圈、杭州都市圈、合肥都市圈、苏锡常都市圈、宁波都市圈五大都市圈建设，最大限度地发挥都市圈城市的引领作用，沿交通干线打造创新走廊，推动区域一体化发展。

做好碳减排与经济的协同发展，避免激进的减排政策，持续稳步推进长三角地区新型城镇化的发展。碳中和的实现不是一蹴而就的，更不能搞一刀切，长三角地区发展差异较大，经济发展水平、能源结构、产业结构均存在差异，不能因为要实现碳达峰、碳中和，就出台激进的减排政策，甚至搞碳减排竞赛，过度地搞能源转型，大幅减少化石能源的生产与消费。要统筹"双碳"目标与新型城镇化建设的有序推进，在长三角城市群范围内，区分核心城市、区域中心城市和一般性城市，并制定不同的碳排放标准，将碳源和碳汇有机结合起来，同时结合长三角地区城乡融合发展的特色，注重土地利用的价值转换。在城镇化过程中，随着人口集聚的增加，应加大绿色建筑的建设，融合低碳发展的智慧，避免高碳行为的发生。

（二）倡导绿色消费，提高外商投资质量

随着收入水平的不断提高，在人均资源拥有量较少的情况下，应践行绿色生活方式，倡导绿色低碳消费，形成绿色发展方式和消费方式的意识和习惯。首先，保持勤俭节约的良好传统，强化环境保护意识，低碳出行，养成文明健康的消费模式。其次，形成人与自然的和谐共处，将适度节约作为生活和消费的基本准则。不能过度追求高消费和提前消费，而且应该转变粗放的消费模式，倡导适度节约的消费方式。最后，倡导绿色低碳行动。尽量减少生活消费所耗费的能量，减少含碳物质的燃烧，从而减少二氧化碳的排放，尽量做到低碳出行、光盘行动、爱护环境等，倡导绿色消费、低碳生活的核心是低污染、低消耗、低排放和多节约。只有提高绿色低碳意识，才能从资源节约上保护生态环境，也能从根本上将粗放的消费模式转变为集约的资源消费模式，进而从根本上改变资源利用的方式，形成人与自然的和谐共生。

随着经济的快速发展、城镇化的不断深化，外商投资水平不断提高，资源承载的压力逐渐增大。外商投资对经济发展有非常重要的作用，但是在经济低碳发展的背景下，应提升外商投资质量，引入低碳技术，进而减少外商投资过程中的碳排放。第一，依靠低碳技术，降低生产过程中的碳排放，低碳技术主要可以运用于原材料的使用、投入环节、产出环节、回收再利用环节。第二，从消费理念等方面，提高低碳消费和绿色环保的意识，让利益相关者为低碳经济的发展做出贡献。第三，改善供需结构，倡

导绿色低碳投资。从对产品和服务的供给和需求端入手，逐步形成低碳投资、低碳生产、低碳消费的市场，引导外商投资流入低碳领域。

（三）加强制度建设，引导经济低碳化转型

强化制度建设，构建碳排放约束机制。进一步强化制度建设，政府层面、政策层面及企业层面都应该提前做好规划并出台相应的举措。构建长三角地区碳排放交易体系，并在产出和基准值的基础上做好碳交易配额制的设计，为碳交易市场在实施和发展过程中提供较好的制度保障和政策协调。不断推进技术进步和制度创新，做好节能降碳的技术研发及运用，寻找更合适的商业模式，并从需求侧的角度挖掘节能降碳的潜力。

加快推进区域森林城市群建设，打造健康稳定的森林生态屏障，建设宜居的绿色生态廊道，大力推进人与自然的和谐共生，调整能源结构，进一步提高长三角地区能源资源的利用效率，加快能源绿色转型，构建绿色循环经济体系。以效率、和谐与持续为目标，将高耗能、低效率和高污染的粗放经营模式逐步转变为低耗能、低污染、低排放为主要特征的可持续的绿色发展模式，提升资源的投入产出效率。加强绿色技术创新，合理开发资源。加强对森林生态系统的建设和保护，继续实施好天然林资源保护，有效实施退耕还林、还草等建设项目，扩大森林资源并提升森林质量。

推进绿色金融发展，充分发挥资金的调配作用。要实现生态和环境的协同发展，必须将创新技术、资金、产业等资源进行整合，如此才能更好地推动绿色技术产业化，推动绿色经济和生态文明建设。长三角地区的传统制造业较为发达，对自然资源的使用需求较大，同时也会对环境发展带来负面影响。推动绿色金融的发展，可以发挥其对绿色产业的重要支持作用。通过增加绿色债券等绿色金融的供给，可引导企业采用绿色技术、开发绿色工艺、生产绿色产品，最终形成良性互动，提升环境效益和社会综合效益。政府应加强政策引导，如财税政策、绿色信贷及产业政策等；鼓励社会资本投入绿色产业，加大对先进制造业的绿色信贷投放力度；构建科学合理的绿色金融产品体系，打造涉及技术、项目、企业、人才等不同阶段的绿色金融服务链。

强化数字赋能，推进资源管理现代化。加强数字化转型，加快塑造区域数字经济产业发展的新优势。推动公共服务领域的全方位数字赋能，强

化数字平台建设，实现资源现代化管理模式。充分运用数字化技术、数字化思维、数字化认知来推动自然资源的制度重塑，进而实现全方位的管理变革。推进自然资源的"一码一平台"建设。不断完善数据归集、业务协同、资源管理和融合感知等系统建设，并深入资源的调查检测、政务服务、监管、防灾减灾及决策分析等方面。加强自然资源空间治理的数字化平台建设，在深化省级应用平台建设的基础上，统筹市级平台建设。完善自然资源的调查监测体系建设，探索并开展资源的三维立体时空数据库建设，建立健全基础地质核心数据库和相关服务体系。

增加教育投入，提高民众对森林资源有效利用的意识，同时要解决代际不公平的矛盾。完善法治法规，并加强林业法治宣传教育，严禁乱砍滥伐，严格采伐审批制度，并重视森林防火防灾的知识普及和森林病虫害的防治。通过教育逐步改变林农"靠山吃山"的传统谋生方式。加强执法队伍建设，提高执法人员的整体素质和依法行政水平。深入基层进行相关法律法规的宣传工作，并注重对林场基础设施的投入。通过宣传教育，让社会大众知道保护森林的重要性，只有形成这种自觉保护森林的意识，才能真正自觉地去保护森林资源，实现人与自然和谐共生。同时代际矛盾也较为突出，不同的消费观念，超前消费、炫耀性消费及传统保守的消费理念，都会引起代际矛盾，这些会对低碳经济的发展产生负面影响，只有在消费理念中融入生态保护的意识，倡导绿色消费、适度消费，才能让消费者承担起低碳发展的社会责任。

增加城乡居民收入，改善生态环境质量。在共同富裕的大背景下，完善收入分配制度，合理提高劳动报酬及其在初次分配中的比重，同时完善再分配制度，发挥好第三次收入分配的作用。鼓励通过劳动获得更多的收入，拓宽城乡居民财产性收入渠道，增加中低收入群体的要素收入。通过教育提升劳动者的技能水平，积极打造世界级先进制造业集群，拓宽技术工人上升通道，扩大中等收入群体。同时，实施国土绿化美化，建设稳定生态屏障，完善资源保护体系，提升林业产业质量效益，重点关注生态环境质量的提升，注意绿色技术的使用及对污染的控制。

在低碳经济发展的过程中，要做好经济和碳减排的协同发展，同时改善能源结构，转变粗放的发展模式为集约型的发展模式，制定合理的碳减排政策和规划，寻求长三角地区一体化的可持续发展路径。

第三节   研究展望

本书深入分析了长三角地区森林资源丰裕度对经济发展的影响及传导机制进行，借助数据包络分析和修正的耦合协调度模型，真实判断了长三角地区城市层面的经济发展水平，并深入分析了长三角地区森林资源的经济优势及城市异质性，以及长三角地区森林资源和经济发展的协同成效。本书借助空间计量的分析方法，实证检验了长三角地区城市层面森林资源丰裕度对经济发展水平和经济低碳发展的影响，并进行了模型结果的稳健性检验和内生性问题处理。在碳中和的大背景下，森林资源对实现"增绿""减碳"有非常重要的作用，而且森林碳汇也是目前固碳最经济有效的方式。借助中介效应模型，本书分析了森林资源丰裕度对经济发展水平及经济低碳发展的传导机制，并进行总结比较，最后根据研究结论提出相关的政策建议。但是本书的不足之处在于：第一，由于城市层面森林资源统计数据的可得性，在尽了最大努力之后，依旧无法获得完整的相关数据，因此，在实证部分，本书仅使用了森林覆盖率这一个物质及存量特性的指标来衡量城市层面森林资源的丰裕程度；第二，因为目前的数据可得性、文章篇幅等客观因素，关于森林生态效益补偿的问题没有能够深入研究。本书可能还存在其他不足，这些问题将在后续研究中逐步完善，并进行更深入的探讨。

参考文献

[1] WANG J，FENG L，PALMER P I. Large Chinese land carbon sink estimated from atmospheric carbon dioxide data[J]. Nature，2020，586（7831）：720 - 723.

[2] 张希良，张达，余润心. 中国特色全国碳市场设计理论与实践[J]. 管理世界，2021（8）：80 - 95.

[3] 陶建格，沈镭，何利，等. 自然资源资产辨析和负债、权益账户设置与界定研究：基于复式记账的自然资源资产负债表框架[J]. 自然资源学报，2018，33（10）：1686 - 1696.

[4] 李四能. 自然资源资产视域问题研究[J]. 经济问题，2015（10）：20 - 25.

[5] ANGRIST J D，KUGLER A D. Rural windfall or a new resource curse? Coca，income，and civil conflict in Colombia[J]. Review of economics and statistics，2008，90（2）：191 - 215.

[6] 邵帅，齐中英. 西部地区的能源开发与经济增长：基于"资源诅咒"假说的实证分析[J]. 经济研究，2008（4）：147 - 160.

[7] 蒲志仲. 略论自然资源产权界定的多维视角[J]. 经济问题，2008（11）：12-16.

[8] CHEN Y，WEN Y，LI Z G. From blueprint to action：the transformation of the planning paradigm for desakota in China[J]. Cities，2017，60：454 - 465.

[9] 柯水发，朱烈夫，袁航，等. "两山"理论的经济学阐释及政策启示：以全面停止天然林商业性采伐为例[J]. 中国农村经济，2018（12）：52 - 66.

[10] BARRO R，SALA-I-MARTIN X. Economic growth[M]. Cambridge：The MIT Press，2004.

[11] ACEMOGLU D. Introduction to modern economic growth[M]. Princeton：Princeton University Press，2009.

[12] BADEEB R A, LEAN H H, CLARK J. The evolution of the natural resource curse thesis: a critical literature survey[J]. Resources policy, 2017, 51: 123 - 134.

[13] SACHS J D, WARNER A M. Natural resource abundance and economic growth[J]. NBER working paper, 1995, 5398（4）: 496 - 502.

[14] SACHS J D, WARNER A M. The big push, natural resource booms and growth[J]. Journal of development economics, 1999, 59（1）: 43 - 76.

[15] AUTY R. Sustaining development in mineral economies: the resource curse thesis[M]. London: Routledge, 1993.

[16] SMITH A. An inquiry into the nature and causes of the wealth of nations[M]. London: The Electric Book Company Ltd., 1998.

[17] RICARDO D. On the principles of political economy and taxation[M]. Kitchener: Batoche Books, 2001.

[18] CORDEN W M. Booming sector and dutch disease economics: survey and consolidation[J]. Oxford economic papers, 1984, 36（3）: 359 - 380.

[19] GELB A. Oil windfalls: blessing or curse?[M]. Oxford: Oxford University Press, 1988.

[20] AUTY R. Resource abundance and economic development[M]. Oxford: Oxford University Press, 2001.

[21] SACHS J D, WARNER A M. The curse of natural resources[J]. European economic review, 2001, 45（4/6）: 827 - 838.

[22] GYLFASON T, ZOEGA G. Natural resources and economic growth: the role of investment[J]. World economy, 2006, 29（8）: 1091 - 1115.

[23] BRUNNSCHWEILER C N. Cursing the blessings? Natural resource abundance, institutions, and economic growth[J]. World development, 2008, 36（3）: 399 - 419.

[24] BUTKIEWICZ J L, YANIKKAYA H. Minerals, institutions, openness, and growth: an empirical analysis[J]. Land economics, 2010, 86: 313 - 328.

[25] SATTI S L, FAROOQ A, LOGANATHAN N. Empirical evidence on the resource curse hypothesis in oil abundant economy[J]. Economic modelling, 2014, 42: 421 - 429.

[26] AUTY R M. Natural resources, capital accumulation and the resource curse[J]. Ecological economics, 2007, 61（4）: 627‑634.

[27] DAUVIN M, GUERREIRO D. The paradox of plenty: a meta‑analysis[J]. World development, 2017, 94: 212‑231.

[28] SHAO S, YANG L. Natural resource dependence, human capital accumulation, and economic growth: a combined explanation for the resource curse and the resource blessing[J]. Energy policy, 2014, 74（C）: 632‑642.

[29] HAVRANEK T, HORVATH R, ZEYNALOV A. Natural resources and economic growth: a meta‑analysis[J]. World development, 2016, 88: 134‑151.

[30] 陆云航，刘文忻.“资源诅咒”问题研究的困境与出路[J]. 经济学动态，2013（10）: 124‑131.

[31] 王嘉懿，崔娜娜.“资源诅咒”效应及传导机制研究：以中国中部36个资源型城市为例[J]. 北京大学学报（自然科学版），2018, 54（6）: 1259‑1266.

[32] 邵帅，范美婷，杨莉莉.资源产业依赖如何影响经济发展效率：有条件资源诅咒假说的检验及解释[J]. 管理世界，2013（2）: 32‑63.

[33] 王智辉.俄罗斯资源依赖型经济的长期增长[J]. 东北亚论坛，2008, 17（1）: 93‑96.

[34] 张薇薇.资源依赖度与经济增长的非线性关系：基于国际动态面板数据的系统 GMM 估计[J]. 改革与战略，2015（4）: 50‑54.

[35] VAN DER PLOEG F. Natural resources: curse or blessing?[J]. Journal of economic literature, 2011, 49（2）: 366‑420.

[36] COLLIER P, HOEFFLER A. Resource rents, governance, and conflict[J]. Journal of conflict resolution, 2005, 49（4）: 625‑633.

[37] PAPYRAKIS E, GERLAGH R. The resource curse hypothesis and its transmission channels[J]. Journal of comparative economics, 2004, 32（1）: 181‑193.

[38] 徐康宁，韩剑.中国区域经济的“资源诅咒”效应：地区差距的另一种解释[J]. 经济学家，2005（6）: 96‑102.

[39] 马宇，程道金. "资源福音"还是"资源诅咒"：基于门槛面板模型的实证研究 [J]. 财贸研究，2017（1）：13－25.

[40] 冯旭芳，班纬. 基于"资源诅咒"假说的资源产业依赖与经济增长实证分析：以山西省为例 [J]. 经济研究参考，2018（4）：8－14，36.

[41] 黄秉杰，赵洁，刘小丽. 基于信息熵评价法的资源型地区可持续发展新探 [J]. 统计与决策，2017（11）：34－37.

[42] 姚顺波，韩久保. 基于资源丰裕和资源依赖不同视角下的"资源诅咒"问题再检验：以陕西省 10 个地市面板数据为例 [J]. 经济经纬，2017，34（5）：14－19.

[43] 郑尚植，徐珺. 市场化进程、制度质量与有条件的"资源诅咒"：基于面板门槛模型的实证检验 [J]. 宏观质量研究，2018，7（2）：28－40.

[44] 万建香，汪寿阳. 社会资本与技术创新能否打破"资源诅咒"：基于面板门槛效应的研究 [J]. 经济研究，2016（12）：76－89.

[45] 杜克锐，张宁. 资源丰裕度与中国城市生态效率：基于条件 SBM 模型的实证分析 [J]. 西安交通大学学报（社会科学版），2019，39（1）：66－72.

[46] 王晓轩，刘那日苏. 政策影响下资源开发与经济增长关系的双重差分检验 [J]. 统计与决策，2018（23）：125－129.

[47] 李强，徐康宁. 资源禀赋、资源消费与经济增长 [J]. 产业经济研究，2013（4）：81－90.

[48] 周喜君，郭丕斌. 煤炭资源就地转化与"资源诅咒"的规避：以中国中西部 8 个典型省区为例 [J]. 资源科学，2015，37（2）：318－324.

[49] 赵玉田，贾登勋. 基于"资源诅咒"效应的西北农业虚拟水资源丰度研究 [J]. 兰州大学学报（社会科学版），2016，44（3）：53－58.

[50] 张菲菲，刘刚，沈镭. 中国区域经济与资源丰度相关性研究 [J]. 中国人口·资源与环境，2007，17（4）：19－24.

[51] HAO Y, XU Y, ZHANG J. Relationship between forest resources and economic growth: empirical evidence from China[J]. Journal of cleaner production, 2019, 214: 848－859.

[52] 茶洪旺，郑婷婷，袁航. 资源诅咒与产业结构的关系研究：基于 PVAR 模型的分析 [J]. 软科学，2018，32（7）：97－101.

[53] 洪开荣，侯冠华．基于空间计量模型对"资源诅咒"假说的再检验 [J]．生态经济，2017，33（11）：48‑52.

[54] 梁斌，姜涛．自然资源、区域经济增长与产业结构：基于 DSGE 模型的理论与实证分析 [J]．财经问题研究，2016（4）：24‑31.

[55] 梅冠群．中国经济增长中"资源诅咒"的短期存在性识别研究 [J]．南京社会科学，2016（8）：26‑33.

[56] 徐晓亮，程倩，车莹．中国区域"资源诅咒"再检验：基于空间动态面板数据模型的分析 [J]．中国经济问题，2017（3）：29‑37.

[57] 周晓博，魏玮，董璐．资源依赖对地区经济增长的影响：基于经济周期和产业结构视角的分析 [J]．现代财经（天津财经大学学报），2017（7）：102‑113.

[58] COXHEAD I．国际贸易和自然资源"诅咒"：中国的增长威胁到东南亚地区的发展了吗 ?[J]．经济学（季刊），2006，5（2）：609‑634.

[59] 郭根龙，杨静．金融发展能缓解资源诅咒吗：基于中国资源型区域的实证分析 [J]．经济问题，2017（9）：47‑52.

[60] 王柏杰，郭鑫．地方政府行为、"资源诅咒"与产业结构失衡：来自 43 个资源型地级市调查数据的证据 [J]．山西财经大学学报，2017，39（6）：64‑75.

[61] 张军涛，黎晓峰．城镇化视角下资源型产业依赖与经济增长：基于资源诅咒假说的经验分析 [J]．财经问题研究，2017（9）：30‑36.

[62] 李强，丁春林．资源禀赋、市场分割与经济增长 [J]．经济经纬，2017，34（3）：129‑134.

[63] 芦思姮，高庆波．委内瑞拉：资源诅咒与制度陷阱 [J]．亚太经济，2016（5）：75‑83.

[64] 龚秀国．中国式"荷兰病"与外来直接投资研究 [J]．世界经济研究，2010（10）：63‑75.

[65] 崔艳娟，李延喜，陈克兢．外部治理环境对盈余质量的影响：自然资源禀赋是"诅咒"吗 [J]．南开管理评论，2018，21（2）：172‑181，191.

[66] 韩军辉，柳典宏．R&D 投入、资源依赖与区域经济增长：基于门槛模型的实证研究 [J]．工业技术经济，2017（3）：139‑146.

[67] 王保乾，李靖雅．中国煤炭城市资源开发对经济发展影响研究：基于"资

源诅咒"假说 [J]. 价格理论与实践，2017（9）：140‑143.

[68] 李江龙，徐斌 . "诅咒"还是"福音"：资源丰裕程度如何影响中国绿色经济增长 ?[J]. 经济研究，2018（9）：151‑167.

[69] 程颜，田相辉 . 县域森林资源丰富度与经济增长关系的实证分析 [J]. 林业经济，2018（2）：88‑94.

[70] 王承武，孟梅，王志强，等 . 西部地区资源开发"资源诅咒"效应传导机制与测度 [J]. 生态经济，2017，33（3）：95‑99.

[71] HOGARTH N J, BELCHER B, CAMPBELL B. The role of forest‑related income in household economies and rural livelihoods in the border‑region of southern China[J]. World development, 2013, 43: 111‑123.

[72] 李晓西 .《破解"资源诅咒"：矿业收益、要素配置与社会福利》评介 [J]. 中国工业经济，2016（9）：163.

[73] 邓明，魏后凯 . 自然资源禀赋与中国地方政府行为 [J]. 经济学动态，2016（1）：15‑31.

[74] 李强，高楠 . 资源禀赋、制度质量与经济增长质量 [J]. 广东财经大学学报，2017（1）：4‑12，23.

[75] 张满洋，陈洪章 . WTO "两案"裁决后中国资源性产品出口政策调整 [J]. 江西社会科学，2018（5）：84‑90.

[76] 郭淑芬 . 从"全产业链"逻辑视角破解"资源诅咒"[J]. 经济问题，2016（10）：2.

[77] 严红 . 内生增长：西部民族地区打破"资源诅咒"的路径选择 [J]. 生态经济，2017，33（9）：54‑58.

[78] 万建香，梅国平 . 社会资本、技术创新与资源诅咒的拐点效应 [J]. 系统工程理论与实践，2016，36（10）：2498‑2513.

[79] 薛雅伟，张在旭，王军 . 自然资本与经济增长关系研究：基于资本积累和制度约束视阈 [J]. 苏州大学学报（哲学社会科学版），2016（5）：102‑111.

[80] 余鑫，傅春，杨剑波 . 我国"资源诅咒"的形成机理研究 [J]. 统计与决策，2016（2）：142‑145.

[81] 李楠 . 资源依赖、技术创新和中国的产业发展 [J]. 经济社会体制比较，2015（4）：56‑67.

[82] 李强，魏巍，徐康宁.国际资源依赖与经济增长方式转变：基于跨国面板数据的经验分析 [J].世界经济研究，2014（9）：3﹣9，87.

[83] 安虎森，周亚雄，薄文广.技术创新与特定要素约束视域的"资源诅咒"假说探析：基于我国的经验观察 [J].南开经济研究，2012（6）：100﹣115.

[84] NELSON J P, KENNEDY P E. The use（and abuse）of meta-analysis in environmental and natural resource economics: an assessment[J]. Environmental & resource economics，2009，42：345﹣377.

[85] 徐康宁，王剑.自然资源丰裕程度与经济发展水平关系的研究 [J].经济研究，2006，1：78﹣89.

[86] 胡援成，肖德勇.经济发展门槛与自然资源诅咒：基于我国省际层面的面板数据实证研究 [J].管理世界，2007，4：15﹣23.

[87] 徐盈之，胡永舜.内蒙古经济增长与资源优势的关系：基于"资源诅咒"假说的实证分析 [J].资源科学，2010，32（12）：2391﹣2399.

[88] 邵帅.煤炭资源开发对中国煤炭城市经济增长的影响：基于资源诅咒学说的经验研究 [J].财经研究，2010，36（3）：90﹣101.

[89] 孙永平，叶初升.资源依赖、地理区位与城市经济增长 [J].当代经济科学，2011，33（1）：114﹣123，128.

[90] 周晓唯，宋慧美.新疆经济增长和能源优势的关系：基于"资源诅咒"假说的实证分析 [J].干旱区资源与环境，2011，25（11）：7﹣12.

[91] 孙永平，叶初升.资源型城市经济增长：资源的"诅咒"还是距离的"暴政"[J].经济经纬，2012（2）：6﹣11.

[92] 靖学青.自然资源开发与中国经济增长："资源诅咒"假说的反证 [J].经济问题，2012（3）：4﹣8，87.

[93] 韩健.我国西部地区经济增长是否存在"资源诅咒"的实证研究：基于索罗模型的分析 [J].探索，2013，5：90﹣95.

[94] 陈浩，方杏村.资源开发、产业结构与经济增长：基于资源枯竭型城市面板数据的实证分析 [J].贵州社会科学，2014，300（12）：114﹣119.

[95] 宋瑛，陈纪平.政府主导、市场分割与资源诅咒：中国自然资源禀赋对经济增长作用研究 [J].中国人口·资源与环境，2014，24（9）：156﹣162.

[96] 邓伟，王高望. 资源红利还是"资源诅咒"？：基于中国省际经济开放条件的再检验 [J]. 浙江社会科学，2014（7）：35‑46，156-157.

[97] 杨莉莉，邵帅，曹建华. 资源产业依赖对中国省域经济增长的影响及其传导机制研究：基于空间面板模型的实证考察 [J]. 财经研究，2014，40（3）：4‑16.

[98] 田志华. 资源诅咒存在吗？基于中国城市层面的检验 [J]. 产业经济评论，2014（3）：65‑73.

[99] 贺俊，范小敏. 资源诅咒、产业结构与经济增长：基于省际面板数据的分析 [J]. 中南大学学报（社会科学版），2014，20（1）：34‑40.

[100] 王石，王华，冯宗宪. 资源价格波动、资源依赖与经济增长 [J]. 统计与信息论坛，2015，30（2）：41‑47.

[101] 黄新颖，马颖. 自然资源禀赋与石油城市经济增长的实证分析：1997—2014 年数据 [J]. 生态经济，2015，31（11）：76‑79.

[102] 余鑫，傅春，杨剑波. 基于制度约束的经济增长与资源诅咒的实证分析：以中部六省为例 [J]. 江西社会科学，2015（3）：67‑73.

[103] 黄悦，李秋雨，梅林，等. 资源、区位与经济增长：东北地区资源型城市资源诅咒效应研究 [J]. 资源开发与市场，2015，31（12）：1475‑1479，1519.

[104] 张在旭，薛雅伟，郝增亮，等. 中国油气资源城市"资源诅咒"效应实证 [J]. 中国人口·资源与环境，2015，25（10）：79‑86.

[105] 薛雅伟，张在旭，李宏勋，等. 资源产业空间集聚与区域经济增长："资源诅咒"效应实证 [J]. 中国人口·资源与环境，2016，26（8）：25‑33.

[106] 何雄浪，姜泽林. 自然资源禀赋与经济增长：资源诅咒还是资源福音？：基于劳动力结构的一个理论与实证分析框架 [J]. 财经研究，2016，42（12）：27‑38.

[107] 赵领娣，徐乐，张磊. 资源产业依赖、人力资本与"资源诅咒"假说：基于资源型城市的再检验 [J]. 地域研究与开发，2016，35（4）：52‑57.

[108] 陈运平，何珏，钟成林. "福音"还是"诅咒"：资源丰裕度对中国区域经济增长的非对称影响研究 [J]. 宏观经济研究，2018（11）：139‑

152，175.

[109] 孟望生，张扬．自然资源禀赋、技术进步方式与绿色经济增长：基于中国省级面板数据的经验研究[J]．资源科学，2020，42（12）：2314 - 2327.

[110] ZHANG Q，BROUWER R. Is China affected by the resource curse? A critical review of the Chinese literature[J]. Journal of policy modeling，2020，42：133 - 152.

[111] BERNARD A B，DURLAUF S N. Interpreting tests of the convergence hypothesis[J]. Journal of econometrics，1996，71（1 - 2）：161 - 173.

[112] 林光平，龙志和，吴梅．我国地区经济收敛的空间计量实证分析：1978—2002 年[J]．经济学（季刊），2005（B10）：67 - 82.

[113] FRANKEL J A. The natural resource curse：a survey of diagnoses and some prescriptions[D]. Harvard：Harvard University，2012.

[114] 崔学锋．"资源诅咒"论不成立[J]．经济问题探索，2013（5）：27 - 31.

[115] 景普秋．资源诅咒：研究进展及其前瞻[J]．当代财经，2010（11）：120 - 128.

[116] 方颖，纪珩，赵扬．中国是否存在"资源诅咒"[J]．世界经济，2011（4）：144 - 160.

[117] 韩爽，徐坡岭．自然资源是俄罗斯的诅咒还是福祉?[J]．东北亚论坛，2012（1）：87 - 97.

[118] 栾贵勤，孙成龙．"资源诅咒"对资源匮乏地区的影响及作用机制：以山西为例[J]．经济问题，2010（9）：123 - 126，F0003.

[119] 刘海洋．资源禀赋、干中学效应与经济增长[J]．经济经纬，2008（1）：36 - 39.

[120] 张复明，景普秋．资源型经济及其转型研究述评[J]．中国社会科学，2006（6）：78 - 87.

[121] 黄悦，刘继生，张野．资源丰裕程度与经济发展关系的探讨：资源诅咒效应国内研究综述[J]．地理科学，2013，33（7）：873 - 877.

[122] 孙永平，赵锐．"资源诅咒"悖论国外实证研究的最新进展及其争论[J]．经济评论，2010（3）：124 - 128.

[123] CAO S，LI S，Ma H. Escaping the resource curse in China[J]. Ambio，

2014，44（1）：1－6.

[124] 丁文广，陈发虎，南忠仁.甘肃省森林资源禀赋与贫困关系的量化研究[J].
干旱区资源与环境，2006，20（6）：152－155.

[125] 刘宗飞，姚顺波，刘越.基于空间面板模型的森林"资源诅咒"研究[J].
资源科学，2015，37（2）：379－390.

[126] 刘宗飞，赵伟峰，庞文静.中国各地区森林资源相对变化分析：基于单
一量化的森林资源丰裕度指数[J].林业经济问题，2017，37（5）：6－11.

[127] 胡鞍钢，沈若萌，郎晓娟.中国森林资源变动与经济发展关系的实证研
究：基于中国第二至第七次森林清查省际面板数据[J].公共管理评论，
2013，15（2）：61－75.

[128] 陈晨，王立群.北京市森林资源与经济增长关系实证分析[J].林业经济，
2011（6）：78－81，93.

[129] 赵怀俭，王建卫，祁志强，等.山西省森林资源变化与经济增长关系的
研究[J].山西林业科技，2018，47（3）：46－48.

[130] 谢煜，王雨露."森林资源诅咒"的存在性、传导机制及破解对策：综
述与展望[J].世界林业研究，2020，3（2）：9－14.

[131] 王雨露，谢煜.中国省际森林资源诅咒效应的时空分异及传导机制分
析[J].南京林业大学学报（人文社会科学版），2020（3）：103－113.

[132] FOSTER A D，ROSENZWEIG M R. Economic growth and the rise of
forests[J]. Quarterly journal of economics，2003，118（2）：601－637.

[133] TADJOEDDIN M Z. A future resource curse in Indonesia：the political
economy of natural resources，conflict and development[J]. CRISE working
paper，2007（35）：1－43.

[134] DAMETTE O，DELACOTE P. The environmental resource curse hypothesis：
the forest case[J]. INRA laboratoire d'economie forestière（LEF），2009，4：
hal－01189378.

[135] SOLBERG B，MOISEYEV A，KALLIO A M I. Economic impacts of
accelerating forest growth in Europe[J]. Forest policy and economics，2003，5
（2）：157－171.

[136] CARAVAGGIO N. Economic growth and the forest development path：
a theoretical re-assessment of the environmental Kuznets curve for

deforestation[J]. Forest policy and economics，2020，118：102259.

[137] PERMAN R，MA Y，MCGILVRAY J. Natural resource and environmental economics database [M]. 3th ed. New York：Pearson Educaiton，2003.

[138] WILDBERG J，MÖHRING B. Empirical analysis of the economic effect of tree species diversity based on the results of a forest accountancy data network[J]. Forest policy and economics，2019，109：101982.

[139] KNOKE T，GOSLING E，THOM D. Economic losses from natural disturbances in Norway spruce forests：a quantification using Monte–Carlo simulations[J]. Ecological economics，2021，185：107046.

[140] TAYE F A，FOLKERSEN M V，FLEMING C M. The economic values of global forest ecosystem services：a meta–analysis[J]. Ecological economics，2021，189：107145.

[141] AMIRNEJAD H，MEHRJO A，SATARI YUZBASHKANDI S. Economic growth and air quality influences on energy sources depletion，forest sources and health in MENA[J]. Environmental challenges，2021，2：100011.

[142] 刘宗飞，赵伟峰 . 森林资源异质性对收入不平等的影响：基于 1986—2012 年省际面板数据 [J]. 农林经济管理学报，2018，17（4）：445-454.

[143] 刘浩，陈思煜，张敏新，等 . 退耕还林工程对农户收入不平等影响的测度与分析：基于总收入决定方程的 Shapley 值分解 [J]. 林业科学，2017，53（5）：125–133.

[144] GIBSON J. Forest loss and economic inequality in the Solomon Islands：using small–area estimation to link environmental change to welfare outcomes[J]. Ecological economics，2018，148：66–76.

[145] ALAM M B，SHAHI C，PULKKI R. Economic impact of enhanced forest inventory information and merchandizing yards in the forest product industry supply chain[J]. Socio–economic planning sciences，2014，48（3）：189–197.

[146] LI Y，MEI B，LINHARES–JUVENAL T. The economic contribution of the world's forest sector[J]. Forest policy and economics，2019，100：236–253.

[147] RAZAFINDRATSIMA O H，KAMOTO J F M，SILLS E O. Reviewing the evidence on the roles of forests and tree–based systems in poverty dynamics[J].

Forest policy and economics, 2021, 131: 102576.

[148] KIM J S, LEE T J, HYUN S S. Estimating the economic value of urban forest parks: focusing on restorative experiences and environmental concerns[J]. Journal of destination marketing and management, 2021, 20: 100603.

[149] VAN KOOTEN G C, NIJNIK M, BRADFORD K. Can carbon accounting promote economic development in forest-dependent, indigenous communities?[J]. Forest policy and economics, 2019, 100: 68–74.

[150] 余壮雄,陈婕,董洁妙.通往低碳经济之路:产业规划的视角[J].经济研究, 2020(5): 116–132.

[151] ZHANG K, SONG C, ZHANG Y. Natural disasters and economic development drive forest dynamics and transition in China[J]. Forest policy and economics, 2017, 76: 56–64.

[152] WELSBY D, PRICE J, PYE S. Unextractable fossil fuels in a 1.5℃ world[J]. Nature, 2021, 597(7875): 230–234.

[153] KALLIO A M I, SOLBERG B, KÄÄR L. Economic impacts of setting reference levels for the forest carbon sinks in the EU on the European forest sector[J]. Forest policy and economics, 2018, 92: 193–201.

[154] NAKICENOVIC N, LUND P. Could Europe become the first climate-neutral continent?[J]. Nature, 2021, 596(7873): 486.

[155] VICCARO M, COZZI M, FANELLI L. Spatial modelling approach to evaluate the economic impacts of climate change on forests at a local scale[J]. Ecological indicators, 2019, 106: 105523.

[156] HOWLEY P. Examining farm forest owners' forest management in Ireland: the role of economic, lifestyle and multifunctional ownership objectives[J]. Journal of environmental management, 2013, 123: 105–112.

[157] TURNER J A, BUONGIORNO J, ZHU S. An economic model of international wood supply, forest stock and forest area change[J]. Scandinavian journal of forest research, 2006, 21(1): 73–86.

[158] KALLIO A M I, MOISEYEV A, SOLBERG B. Economic impacts of increased forest conservation in Europe: a forest sector model analysis[J]. Environmental science and policy, 2006, 9(5): 457–465.

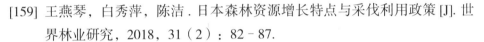

[159] 王燕琴，白秀萍，陈洁. 日本森林资源增长特点与采伐利用政策 [J]. 世界林业研究，2018，31（2）：82‑87.

[160] GREBNER D L，BETTINGER P，SIRY J P. Introduction to forestry and natural resources [M]. Pittsburgh：Academic Press，2013.

[161] SANTOS A，CARVALHO A，BARBOSA‑PÓVOA A. An economic and environmental comparison between forest wood products：uncoated woodfree paper，natural cork stoppers and particle boards[J]. Journal of cleaner production，2021，296：126469.

[162] BELAVENUTTI P，CHUNG W，AGER A A. The economic reality of the forest and fuel management deficit on a fire prone western US national forest[J]. Journal of environmental management，2021，293：112825.

[163] CASTRO‑MAGNANI M，SANCHEZ‑AZOFEIFA A，METTERNICHT G. Integration of remote‑sensing based metrics and econometric models to assess the socio‑economic contributions of carbon sequestration in unmanaged tropical dry forests[J]. Environmental and sustainability indicators，2021，9：100100.

[164] LIN B，GE J. Does institutional freedom matter for global forest carbon sinks in the face of economic development disparity?[J]. China economic review，2021，65：101563.

[165] LIN B，GE J. Valued forest carbon sinks：how much emissions abatement costs could be reduced in China[J]. Journal of cleaner production，2019，224：455‑464.

[166] LIN B，GE J. Carbon sinks and output of China's forestry sector：an ecological economic development perspective[J]. Science of the total environment，2019，655：1169‑1180.

[167] 吴昊玥，何宇，黄瀚蛟，等. 中国种植业碳补偿率测算及空间收敛性 [J]. 中国人口·资源与环境，2021，3（6）：113‑123.

[168] 曹先磊. 碳交易机制下造林碳汇项目投资时机与投资期权价值分析 [J]. 资源科学，2020，42（5）：825‑839.

[169] 任晓松，马茜，刘宇佳，等. 碳交易政策对高污染工业企业经济绩效的影响：基于多重中介效应模型的实证分析 [J]. 资源科学，2020，42（9）：1750‑1763.

[170] 莫建雷，段宏波，范英，等.《巴黎协定》中我国能源和气候政策目标：综合评估与政策选择 [J]. 经济研究，2018（9）：168－181.

[171] HENGEVELD G M，SCHÜLL E，TRUBINS R. Forest landscape development scenarios （FoLDS）：a framework for integrating forest models，owners' behaviour and socio–economic developments[J]. Forest policy and economics，2017，85：245－255.

[172] JÅSTAD E O，MUSTAPHA W F，BOLKESJØ T F. Modelling of uncertainty in the economic development of the Norwegian forest sector[J]. Journal of forest economics，2018，32：106－115.

[173] OVANDO P，BROUWER R. A review of economic approaches modeling the complex interactions between forest management and watershed services[J]. Forest policy and economics，2019，100：164－176.

[174] SHIGAEVA J，DARR D. On the socio–economic importance of natural and planted walnut （Juglans regia L.）forests in the Silk Road countries：a systematic review[J]. Forest policy and economics，2020，118：102233.

[175] NGUYEN M D，ANCEV T，RANDALL A. Forest governance and economic values of forest ecosystem services in Vietnam[J]. Land use policy，2020，97：103297.

[176] AGUILAR F X，WEN Y. Socio–economic and ecological impacts of China's forest sector policies[J]. Forest policy and economics，2021，127：102454.

[177] 潘家华. 压缩碳排放峰值　加速迈向净零碳 [J]. 环境经济研究，2020(4)：1－10.

[178] 仲启铖，傅煜，张桂莲. 上海市乔木林生物量估算及动态分析 [J]. 浙江农林大学学报，2019（3）：524－532.

[179] 郑刚，戎慧，程小义，等. 基于森林资源连续清查的江苏省森林资源动态变化分析 [J]. 江苏林业科技，2017，44（2）：43－47.

[180] 李思刚，蒋婷婷，曹国华，等. 基于江苏省森林资源普查成果的生态效益评价与分析 [J]. 江苏林业科技，2019，46（1）：29－33.

[181] 李爱琴，王会荣，王晶晶，等. 安徽省森林植被碳储量、碳密度动态及固碳潜力 [J]. 江西农业大学学报，2019，41（5）：953－962.

[182] 周敏. 基于森林资源清查体系的安徽省森林资源动态变化分析 [J]. 安徽

林业科技，2018，44（1）：44‐46，51.

[183] 义白璐，韩骥，周翔，等.区域碳源碳汇的时空格局：以长三角地区为例[J]. 应用生态学报，2015，26（4）：973‐980.

[184] 谢鸿宇，陈贤生，林凯荣，等.基于碳循环的化石能源及电力生态足迹[J]. 生态学报，2008，28（4）：1729‐1735.

[185] BOWLIN W F. Measuring performance：an introduction to data envelopment analysis（DEA）[J]. The journal of cost analysis，1998，15（2）：3‐27.

[186] SU S，ZHANG F. Modeling the role of environmental regulations in regional green economy efficiency of China：empirical evidence from super efficiency DEA‐tobit model[J]. Journal of environmental management，2020，261：110227.

[187] ZHANG Q，TANG D，BETHEL B J. Yangtze River Basin environmental regulation efficiency based on the empirical analysis of 97 cities from 2005 to 2016[J]. International journal of environmental research and public health，2021，18（11）：5697.

[188] TONE K. A slacks‐based measure of efficiency in data envelopment analysis[J]. European journal of operational research，2001，130：498‐509.

[189] FÄRE R，GROSSKOPF S，NORR I. Productivity growth，technical progress，and efficiency change in industrialized countries[J]. American economic review，1994，84（1）：66‐83.

[190] ESTACHE A，DE LA FÉ B T，TRUJILLO L. Sources of efficiency gains in port reform：a DEA decomposition of a Malmquist TFP index for Mexico[J]. Utilities policy，2004，12：221‐230.

[191] 陈创练，朱晓琳，高锡蓉.中国城市劳动和资本要素配置效率动态演进及其作用机理：基于经济增长理论的 Malmquist 指数和 Prodest 生产函数法[J]. 经济问题探索，2020（12）：89‐95.

[192] LI N，JIANG Y，YU Z. Analysis of agriculture total‐factor energy efficiency in China based on DEA and Malmquist indices[J]. Energy procedia，2017，142：2397‐2402.

[193] 王鹏，郭淑芬.正式环境规制、人力资本与绿色全要素生产率[J]. 宏观经济研究，2021（5）：155‐169.

[194] 程惠芳，陆嘉俊. 知识资本对工业企业全要素生产率影响的实证分析 [J]. 经济研究，2014（5）：174－187.

[195] 苏迅. 资源贫困：现象、原因与补偿 [J]. 中国矿业，2007（10）：11-14.

[196] 姚予龙，周洪，谷树忠. 中国资源诅咒的区域差异及其驱动力剖析 [J]. 资源科学，2011，33（1）：18－24.

[197] 郑猛，罗淳. 论能源开发对云南经济增长的影响：基于"资源诅咒"系数的考量 [J]. 资源科学，2013，35（5）：991－1000.

[198] 孔伟，任亮，王淑佳，等. 河北省生态环境与经济协调发展的时空演变 [J]. 应用生态学报，2016，27（9）：2941－2949.

[199] 马世骏，王如松. 社会—经济—自然复合生态系统 [J]. 生态学报，1984，4（1）：1－9.

[200] GROSSMAN G M，KRUEGER A B. Economic growth and the environment[J]. The quarterly journal of economics，1995，110（2）：353－377.

[201] 毛汉英. 山东省可持续发展指标体系初步研究 [J]. 地理研究，1996，15（4）：16－23.

[202] 张晓东，池天河. 90年代中国省级区域经济与环境协调度分析 [J]. 地理研究，2001，20（4）：506－515.

[203] 黄金川，方创林. 城市化与生态环境交互耦合机制与规律性分析 [J]. 地理研究，2003，22（2）：211－220.

[204] 王林辉，王辉，董直庆. 经济增长和环境质量相容性政策条件：环境技术进步方向视角下的政策偏向效应检验 [J]. 管理世界，2020（3）：39－59.

[205] 朱慧珺，唐晓岚. 长江流域沿江七市生态环境与经济协调发展研究 [J]. 中国林业经济，2019（4）：9-12，67.

[206] 李真，潘竟虎，胡艳兴. 甘肃省生态资产价值和生态—经济协调度时空变化格局 [J]. 自然资源学报，2017，32（1）：64－75.

[207] 邬彩霞. 中国低碳经济发展的协同效应研究 [J]. 管理世界，2021（8）：105－116.

[208] SUN Y，CAO F，WEI X. An ecologically based system for sustainable agroforestry in sub-tropical and tropical forests[J]. Forests，2017，8（4）：1－18.

[209] 李加奎，郭昊. 中国商贸流通业创新发展与经济增长的耦合关系评价 [J].

宏观经济研究, 2021（5）: 69－80.

[210] 吴清, 谢瑞萍, 宋晨. 广东省旅游—经济—环境耦合协调发展研究 [J]. 生态经济, 2021, 37（4）: 140－146, 155.

[211] 王淑佳, 孔伟, 任亮, 等. 国内耦合协调度模型的误区及修正 [J]. 自然资源学报, 2021, 36（3）: 793－810.

[212] 杨阳, 窦钱斌, 姚玉洋. 长三角城市群高质量发展水平测度 [J]. 统计与决策, 2021（11）: 89－93.

[213] CLIFF A, ORD J. Spatial autocorrelation, monographs in spatial environmental systems analysis[M]. London: Pion Limited, 1973.

[214] CLIFF A, ORD J. Space－time modelling with an application to regional forecasting[J]. Transactions of the Institute of British Geographers, 1975, 64（64）: 119－128.

[215] ORD J. Estimation methods for models of spatial interaction[J]. Source journal of the American Statistical Association, 1975, 70（349）: 120－126.

[216] MORAN A P. Notes on continuous stochastic phenomena[J]. Biometrika, 1950, 37（1－2）: 17－23.

[217] GEARY R C. The contiguity ratio and statistical mapping[J]. The incorporated statistician, 1954, 5（3）: 115－146.

[218] GETIS A, ORD J. The analysis of spatial association[J]. Geographical analysis, 1992, 24（3）: 189－206.

[219] ANSELIN L. Spatial econometrics: methods and models[M]. Dordrecht: Springer Science & Business Media, 1988.

[220] KELEJIAN H H, PRUCHA I R. A generalized spatial two－stage least squares procedure for estimating a spatial autoregressive model with autoregressive disturbances[J]. Journal of real estate finance and economics, 1998, 17（1）: 99－121.

[221] LESAGE J, PACE R K. Introduction to spatial econometrics[M]. Boca Raton: CRC Press, 2009.

[222] BALTAGI B H, LI D. Prediction in the panel data model with spatial correlation: the case of Liquor [J]. Spatial economic analysis, 2006, 1（2）: 175－185.

[223] YU J H, DE JONG R, LEE L F. Quasi-maximum likelihood estimators for spatial dynamic panel data with fixed effects when both n and T are large[J]. Journal of econometrics, 2008, 146（1）: 118-134.

[224] LEE L F, YU J H. Estimation of spatial autoregressive panel data models with fixed effects[J]. Journal of econometrics journal, 2010, 154: 165-185.

[225] ELHORST J P. Spatial econometrics from cross-sectional data to spatial panels[M]. New York: Springer, 2014.

[226] LESAGE J P, PACE R K. The biggest myth in spatial econometrics[J]. Econometrics, 2014（1）: 217-249.

[227] 林光平, 龙志和, 吴梅. 中国地区经济 σ-收敛的空间计量实证分析 [J]. 数量经济技术经济研究, 2006（4）: 14-21, 69.

[228] 杨海生, 周永章, 王夕子. 我国城市环境库兹涅茨曲线的空间计量检验[J]. 统计与决策, 2008（10）: 43-46.

[229] 蒋伟. 中国省域城市化水平影响因素的空间计量分析 [J]. 经济地理, 2009, 29（4）: 613-617.

[230] 吕冰洋, 余丹林. 中国梯度发展模式下经济效率的增进: 基于空间视角的分析 [J]. 中国社会科学, 2009（6）: 60-72, 205-206.

[231] 肖志勇. 人力资本、空间溢出与经济增长: 基于空间面板数据模型的经验分析 [J]. 财经科学, 2010（3）: 61-68.

[232] 钱晓烨, 迟巍, 黎波. 人力资本对我国区域创新及经济增长的影响: 基于空间计量的实证研究 [J]. 数量经济技术经济研究, 2010（4）: 107-121.

[233] 赵湘莲, 李岩岩, 陆敏. 我国能源消费与经济增长的空间计量分析 [J]. 软科学, 2012, 26（3）: 33-38.

[234] 李婧, 谭清美, 白俊红. 中国区域创新生产的空间计量分析: 基于静态与动态空间面板模型的实证研究 [J]. 管理世界, 2010（7）: 43-55, 65.

[235] 李婧. 基于动态空间面板模型的中国区域创新集聚研究 [J]. 中国经济问题, 2013（6）: 56-66.

[236] 潘文卿. 中国区域经济差异与收敛 [J]. 中国社会科学, 2010（1）: 72-84, 222-223.

[237] 高远东，陈讯 . 中国省域产业结构的空间计量经济研究 [J]. 系统工程理论与实践，2010，30（6）：993‐1001.

[238] 吴玉鸣，田斌 . 省域环境库兹涅茨曲线的扩展及其决定因素：空间计量经济学模型实证 [J]. 地理研究，2012，31（4）：627‐640.

[239] 覃成林，刘迎霞，李超 . 空间外溢与区域经济增长趋同：基于长江三角洲的案例分析 [J]. 中国社会科学，2012（5）：76‐94，206.

[240] 关爱萍，魏立强 . 区际产业转移技术创新溢出效应的空间计量分析：基于西部地区的实证研究 [J]. 经济问题探索，2013（9）：77‐83.

[241] 才国伟，钱金保 . 解析空间相关的来源：理论模型与经验证据 [J]. 经济学（季刊），2013，12（3）：869‐893.

[242] 潘文卿 . 中国的区域关联与经济增长的空间溢出效应 [J]. 经济研究，2012（1）：54‐65.

[243] 任英华，游万海 . 一种新的空间权重矩阵选择方法 [J]. 统计研究，2012，29（6）：99‐105.

[244] 宗刚，张雪薇，张江朋 . 空间视角下交通基础设施对经济集聚的影响分析 [J]. 经济问题探索，2018（8）：67‐74.

[245] 李立，田益祥，张高勋，等 . 空间权重矩阵构造及经济空间引力效应分析：以欧债危机为背景的实证检验 [J]. 系统工程理论与实践，2015，35（8）：1918‐1927.

[246] 胡安俊，孙久文 . 空间计量：模型、方法与趋势 [J]. 世界经济文汇，2014（6）：111‐120.

[247] 于伟，张鹏 . 城市化进程、空间溢出与绿色经济效率增长：基于2002—2012年省域单元的空间计量研究 [J]. 经济问题探索，2016（1）：77‐82.

[248] 陶长琪，杨海文 . 空间计量模型选择及其模拟分析 [J]. 统计研究，2014，31（8）：88‐96.

[249] 徐辉，王成亮，冯国强 . 环境分权对中国污染减排效果的影响：基于空间动态面板模型的检验 [J]. 资源科学，2021，43（6）：1128‐1139.

[250] 邓仲良，张可云 . 中国经济增长的空间分异为何存在：一个空间经济学的解释 [J]. 经济研究，2020（4）：20‐36.

[251] 孙久文，姚鹏 . 空间计量经济学的研究范式与最新进展 [J]. 经济学家，

2014（7）：27 - 35.

[252] 张可云，杨孟禹．国外空间计量经济学研究回顾、进展与述评 [J]．产经评论，2016（1）：5 - 21.

[253] 邓若冰，刘颜．工业集聚、空间溢出与区域经济增长：基于空间面板杜宾模型的研究 [J]．经济问题探索，2016（1）：66 - 76.

[254] 钱龙．中国城市绿色经济效率测度及影响因素的空间计量研究 [J]．经济问题探索，2018（8）：160 - 170.

[255] MENG L，HUANG B. Shaping the relationship between economic development and carbon dioxide emissions at the local level：evidence from spatial econometric models[J]. Environmental and resource economics，2018，71（1）：127 - 156.

[256] NING L，WANG F. Does FDI bring environmental knowledge spillovers to developing countries? The role of the local industrial structure[J]. Environmental and resource economics，2018，71：381 - 405.

[257] GIBBONS S，OVERMAN H G. Mostly pointless spatial econometrics?[J]. Journal of regional science，2012，52（2）：172 - 191.

[258] CORRADO L，FINGLETON B. Where is the economics in spatial econometrics?[J]. Journal of regional science，2012，52（2）：210 - 239.

[259] MCMILLEN D P. Perspectives on spatial econometrics：linear smoothing with structured models[J]. Journal of regional science，2012，52（2）：192 - 209.

[260] KANG D，DALL ERBA S. Exploring the spatially varying innovation capacity of the US counties in the framework of Griliches' knowledge production function：a mixed GWR approach[J]. Journal of geographical systems，2016，18（2）：125 - 157.

[261] LESAGE J. The theory and practice of spatial econometrics[D]. Toledo：University of Toledo，1999.

[262] TER-MIKAELIAN M T，COLOMBO S J，CHEN J. The burning question：does forest bioenergy reduce carbon emissions? A review of common misconceptions about forest carbon accounting[J]. Journal of forestry，2015，113（1）：57 - 68.

[263] LUYSSAERT S, SCHULZE E D, BÖRNER A. Old-growth forests as global carbon sinks[J]. Nature, 2008, 455（7210）: 213 - 215.

[264] SASAKI N, MYINT Y Y, ABE I. Predicting carbon emissions, emissions reductions, and carbon removal due to deforestation and plantation forests in Southeast Asia[J]. Journal of cleaner production, 2021, 312: 127728.

[265] 盛济川, 周慧, 苗壮. REDD+ 机制下中国森林碳减排区域影响因素研究 [J]. 中国人口·资源与环境, 2019, 25（11）: 37 - 43.

[266] BASTIN J-F, FINEGOLD Y, GARCIA C. Comment on "the global tree restoration potential" [J]. Science, 2019, 366（6469）: 76 - 79.

[267] TANG H, ZHANG S, CHEN W. Assessing representative CCUS layouts for China's power sector toward carbon neutrality[J]. Environmental science & technology, 2021, 55（16）: 11225 - 11235.

[268] RIOS V, GIANMOENA L. Convergence in CO_2 emissions: a spatial economic analysis with cross-country interactions[J]. Energy economics, 2018, 75: 222 - 238.

[269] 韩梦瑶, 刘卫东, 谢漪甜, 等. 中国省域碳排放的区域差异及脱钩趋势演变 [J]. 资源科学, 2021, 43（4）: 710 - 721.

[270] 韩超, 陈震, 王震. 节能目标约束下企业污染减排效应的机制研究 [J]. 中国工业经济, 2020（10）: 43 - 61.

[271] 陆铭, 冯皓. 集聚与减排: 城市规模差距影响工业污染强度的经验研究 [J]. 世界经济, 2014（7）: 86 - 114.

[272] 熊广勤, 石大千. 承接产业转移示范区提高了能源效率吗?[J]. 中国人口·资源与环境, 2021, 31（7）: 27 - 36.

[273] 潘家华. 中国碳中和的时间进程与战略路径 [J]. 财经智库, 2021, 6（4）: 42 - 66.

[274] 欧阳艳艳, 黄新飞, 钟林明. 企业对外直接投资对母国环境污染的影响: 本地效应与空间溢出 [J]. 中国工业经济, 2020（2）: 98 - 116.

[275] 诸竹君, 黄先海, 王毅. 外资进入与中国式创新双低困境破解 [J]. 经济研究, 2020（5）: 99 - 115.

[276] 林晨, 陈小亮, 陈伟泽, 等. 人工智能、经济增长与居民消费改善: 资本结构优化的视角 [J]. 中国工业经济, 2020（2）: 61 - 79.

[277] 潘家华，廖茂林，陈素梅.碳中和：中国能走多快？[J].改革，2021（7）：1‑13.

[278] 范英，衣博文.能源转型的规律、驱动机制与中国路径[J].管理世界，2021（8）：95‑104.

[279] 田国强，李双建.经济政策不确定性与银行流动性创造：来自中国的经验证据[J].经济研究，2020（11）：19‑35.

[280] 史丹，李少林.排污权交易制度与能源利用效率：对地级及以上城市的测度与实证[J].中国工业经济，2020（9）：5‑23.

[281] BARON R M，KENNY D A. The Moderator‑Mediator variable distinction in social psychological research. conceptual，strategic，and statistical considerations[J]. Journal of personality and social psychology，1986，51（6）：1173‑1182.

[282] MULLER D，JUDD C M，YZERBYT V Y. When moderation is mediated and mediation is moderated[J]. Journal of personality and social psychology，2005，89（6）：852‑863.

[283] 温忠麟，张雷，候杰泰，等.中介效应检验程序及其应用[J].心理学报，2004（5）：614‑620.

[284] PREACHER K J，RUCKER D D，HAYES A F. Addressing moderated mediation hypotheses：theory，methods，and prescriptions[J]. Multivariate behavioral，2016，3171：37‑41.

[285] XU L，FAN M T，YANG L L, et al. Heterogeneous green innovations and carbon emission performance：evidence at China's city level[J]. Energy economics，2021，99：105269.

[286] VAN DEN BREMER T S，VAN DER PLOEG F. The risk‑adjusted carbon price[J]. American economic review，2021，111（9）：2782‑2810.

附　录

附表 1　十八大以来习近平主席关于碳达峰和碳中和的部分论述

时间	会议 / 声明	论述
2014-11-12	《中美气候变化联合声明》	中国计划 2030 年左右二氧化碳排放达到峰值且将努力早日达峰，并计划到 2030 年非化石能源占一次能源消费比重提高到 20% 左右。
2015-09-25	《中美元首气候变化联合声明》	中国正在大力推进生态文明建设，推动绿色低碳、气候适应型和可持续发展，加快制度创新，强化政策行动。中国到 2030 年单位国内生产总值二氧化碳排放将比 2005 年下降 60%~65%，森林蓄积量比 2005 年增加 45 亿立方米左右。
2015-11-30	气候变化巴黎大会开幕式	中国在"国家自主贡献"中提出将于 2030 年左右使二氧化碳排放达到峰值并争取尽早实现，2030 年单位国内生产总值二氧化碳排放比 2005 年下降 60%~65%，非化石能源占一次能源消费比重达到 20% 左右，森林蓄积量比 2005 年增加 45 亿立方米左右。虽然需要付出艰苦的努力，但我们有信心和决心实现我们的承诺。
2020-09-22	第七十五届联合国大会一般性辩论	应对气候变化《巴黎协定》代表了全球绿色低碳转型的大方向，是保护地球家园需要采取的最低限度行动，各国必须迈出决定性步伐。中国将提高国家自主贡献力度，采取更加有力的政策和措施，二氧化碳排放力争于 2030 年前达到峰值，努力争取 2060 年前实现碳中和。
2020-09-30	联合国生物多样性峰会	中国将秉持人类命运共同体理念，继续作出艰苦卓绝努力，提高国家自主贡献力度，采取更加有力的政策和措施，二氧化碳排放力争于 2030 年前达到峰值，努力争取 2060 年前实现碳中和，为实现应对气候变化《巴黎协定》确定的目标作出更大努力和贡献。

续表

时间	会议/声明	论述
2020-11-12	第三届巴黎和平论坛	绿色经济是人类发展的潮流，也是促进复苏的关键。中欧都坚持绿色发展理念，致力于落实应对气候变化《巴黎协定》。不久前，我提出中国将提高国家自主贡献力度，力争2030年前二氧化碳排放达到峰值，2060年前实现碳中和，中方将为此制定实施规划。我们愿同欧方、法方以明年分别举办生物多样性、气候变化、自然保护国际会议为契机，深化相关合作。
2020-11-17	金砖国家领导人第十二次会晤	中国将提高国家自主贡献力度，采取更有力的政策和举措，二氧化碳排放力争于2030年前达到峰值，努力争取2060年前实现碳中和。我们将说到做到！
2020-11-22	二十国集团领导人利雅得峰会"守护地球"主题边会	二十国集团要继续发挥引领作用，在《联合国气候变化框架公约》指导下，推动应对气候变化《巴黎协定》全面有效实施。不久前，我宣布中国将提高国家自主贡献力度，力争二氧化碳排放2030年前达到峰值，2060年前实现碳中和。中国言出必行，将坚定不移加以落实。
2020-12-12	气候雄心峰会	到2030年，中国单位国内生产总值二氧化碳排放将比2005年下降65%以上，非化石能源占一次能源消费比重将达到25%左右，森林蓄积量将比2005年增加60亿立方米，风电、太阳能发电总装机容量将达到12亿千瓦以上。
2021-01-11	省部级主要领导干部学习贯彻党的十九届五中全会精神专题研讨班	加快推动经济社会发展全面绿色转型已经形成高度共识，而我国能源体系高度依赖煤炭等化石能源，生产和生活体系向绿色低碳转型的压力都很大，实现2030年前碳排放达峰、2060年前碳中和的目标任务极其艰巨。
2021-01-25	世界经济论坛"达沃斯议程"对话会	中国将全面落实联合国2030年可持续发展议程。中国将加强生态文明建设，加快调整优化产业结构、能源结构，倡导绿色低碳的生产生活方式。我已经宣布，中国力争于2030年前二氧化碳排放达到峰值、2060年前实现碳中和。
2021-03-15	中央财经委员会第九次会议	实现碳达峰、碳中和是一场广泛而深刻的经济社会系统性变革，要把碳达峰、碳中和纳入生态文明建设整体布局，拿出抓铁有痕的劲头，如期实现2030年前碳达峰、2060年前碳中和的目标。

时间	会议 / 声明	论述
2021-04-16	中法德领导人视频峰会	我宣布中国将力争于 2030 年前实现二氧化碳排放达到峰值、2060 年前实现碳中和，这意味着中国作为世界上最大的发展中国家，将完成全球最高碳排放强度降幅，用全球历史上最短的时间实现从碳达峰到碳中和。这无疑将是一场硬仗。中方言必行，行必果，我们将碳达峰、碳中和纳入生态文明建设整体布局，全面推行绿色低碳循环经济发展。
2021-04-22	领导人气候峰会	"十四五"时期严控煤炭消费增长、"十五五"时期逐步减少。此外，中国已决定接受《〈蒙特利尔议定书〉基加利修正案》，加强非二氧化碳温室气体管控，还将启动全国碳市场上线交易。
2021-04-30	中共中央政治局第二十九次集体学习	实现碳达峰、碳中和是我国向世界作出的庄严承诺，也是一场广泛而深刻的经济社会变革，绝不是轻轻松松就能实现的。
2021-07-06	中国共产党与世界政党领导人峰会	中国将为履行碳达峰、碳中和目标承诺付出极其艰巨的努力，为全球应对气候变化作出更大贡献。
2021-07-16	亚太经合组织领导人非正式会议	中方高度重视应对气候变化，将力争 2030 年前实现碳达峰、2060 年前实现碳中和。中方支持亚太经合组织开展可持续发展合作，完善环境产品降税清单，推动能源向高效、清洁、多元化发展。
2021-09-21	第七十六届联合国大会一般性辩论	完善全球环境治理，积极应对气候变化，构建人与自然生命共同体。加快绿色低碳转型，实现绿色复苏发展。
2021-10-12	《生物多样性公约》第十五次缔约方大会领导人峰会	绿水青山就是金山银山。良好生态环境既是自然财富，也是经济财富，关系经济社会发展潜力和后劲。我们要加快形成绿色发展方式，促进经济发展和环境保护双赢，构建经济与环境协同共进的地球家园。

附表 2　改革开放以后相关的林业政策及重要讲话

区域	时间	政策 / 会议	发布方	政策目标
全国范围	1979 年	《森林法》试行	中共中央、国务院	提升森林效益
	1990 年	《国务院关于 1989—2000 年全国造林绿化规划纲要的批复》	国务院	改善生态环境
	1995 年	《中国 21 世纪议程林业行动计划》	国务院	林业可持续发展
	2003 年	《中共中央国务院关于加快林业发展的决定》	国务院	林业生态建设
	2010 年	《全国林地保护利用规划纲要（2010—2020 年）》	国务院	林地合理利用
	2014 年	《新一轮退耕还林还草总体方案》	国务院	退耕还林还草
	2015 年	《关于扩大新一轮退耕还林还草规模的通知》	财政部等八部门	稳定和扩大退耕还林范围
	2015 年	《关于加快落实新一轮退耕还林还草任务的通知》	国家发展改革委、财政部、国家林业局、农业部、国土资源部	重点支持长江经济带的退耕还林还草
	2016 年	《关于着力开展森林城市建设的指导意见》	国家林业局	加快造林绿化和生态建设
	2016 年	《林业发展"十三五"规划》	国家林业局	推进林业现代化建设
	2018 年	《关于进一步加强国家级森林公园管理的通知》	国家林业局	脱贫攻坚
	2018 年	《关于积极推进大规模国土绿化行动的意见》	全国绿化委员会、国家林业和草原局	增加绿色资源总量，构建国土绿化事业发展格局
	2019 年	新修订的《森林法》	第十三届全国人民代表大会常务委员会	明确森林权属，建立森林生态效益补偿机制
	2020 年	《中共中央关于制定国民经济和社会发展第十四个五年规划和二○三五年远景目标的建议》	中国共产党第十九届中央委员会第五次全体会议	推动绿色发展，促进人与自然和谐共生
	2020 年	《关于坚决制止耕地"非农化"行为的通知》	国务院办公厅	坚决守住耕地红线

续表

区域	时间	政策／会议	发布方	政策目标
全国范围	2020 年	《国家中长期经济社会发展战略若干重大问题》	习近平	实现人与自然和谐共生
	2020 年	中央全面深化改革委员会第十六次会议	习近平	全面推行林长制，坚持生态优先、保护为主，坚持绿色发展、生态惠民
	2020 年	气候雄心峰会	习近平	坚持绿色复苏，森林蓄积量比 2005 年增加 60 亿立方米
	2020 年	《全国重要生态系统保护和修复重大工程总体规划（2021—2035 年）》	国家发展改革委、自然资源部	布局长江重点生态区等生态保护和修复工程
	2021 年	《中共中央国务院关于全面推进乡村振兴加快农业农村现代化的意见》	十九届五中全会	推进农业绿色发展；巩固退耕还林还草成果，实行林长制
	2021 年	《国务院办公厅关于科学绿化的指导意见》	国务院办公厅	遵循自然和经济规律，科学绿化；推动国土绿化高质量发展
	2021 年	《"十四五"林业草原保护发展规划纲要》	国家林业和草原局、国家发展改革委	森林覆盖率提高到 24.1%，持续改善生态环境
	2021 年	《建设项目使用林地审核审批管理规范》	国家林业和草原局	加强林地管理
长三角地区	2005 年	绿水青山就是金山银山	习近平（时任浙江省委书记）	实现经济发展和生态环境保护的协同共生路径
	2016 年	《林业发展"十三五"规划》	国家林业局	建成长三角等 6 个国家级森林城市群
	2017 年	林长制改革	安徽省	建立省、市、县、乡、村五级林长责任制体系
	2019 年	安徽省建立全国首个林长制改革示范区	国家林业和草原局	生态得保护、林农得实惠

续表

区域	时间	政策/会议	发布方	政策目标
长三角地区	2019年	《长江三角洲区域一体化发展规划纲要》	中共中央、国务院	生态保护优先，建设绿色美丽长三角
	2020年	《关于支持长三角生态绿色一体化发展示范区高质量发展的若干政策措施》	上海市、江苏省、浙江省人民政府	生态保护和土地管理等
	2020年	《长三角森林康养和生态旅游联合宣言》	上海市、江苏省、浙江省和安徽省林业和文旅部门	提升森林旅游品质
	2020年	《关于全面建立林长制的实施意见（草案）》	江苏省林业局	森林资源保护
	2020年	全国首部《生态系统生产总值（GEP）核算技术规范陆域生态系统》	浙江省	衡量绿水青山生态价值，生态经济化、经济生态化
	2021年	浙江省生态环境厅《关于支持山区26县跨越式高质量发展生态环保专项政策意见》	浙江省生态环境厅	积极发挥林业在山区跨越式高质量发展中的独特优势和重要作用
	2021年	《浙江省林业发展"十四五"规划》	浙江省林业局	建设高质量森林浙江
	2021年	《江苏省"十四五"林业发展规划》	江苏省林业局	重点实施六大林业工程
	2021年	《关于全面推行林长制的实施意见》	江苏省委办公厅、省政府办公厅	全面建立管理职责明确、运行机制顺畅的林长制体系

附表3 2006—2019年长三角地区绿色全要素生产率及分解结果

城市	年份（t）	GTFP（t-1, t）	GEC（t-1, t）	GTC（t-1, t）	GPEC（t-1, t）	GSEC（t-1, t）
上海	2006年	1.1830	1.0000	1.1830	1.0000	1.0000
南京	2006年	1.0791	0.9822	1.0986	1.0056	0.9767
无锡	2006年	1.1090	1.0079	1.1003	1.0000	1.0079
徐州	2006年	1.0791	1.0794	0.9998	0.9901	1.0902
常州	2006年	1.0944	1.0187	1.0743	1.0325	0.9867
苏州	2006年	1.1003	1.0000	1.1003	1.0000	1.0000

续表

城市	年份（t）	GTFP （t-1，t）	GEC （t-1，t）	GTC （t-1，t）	GPEC （t-1，t）	GSEC （t-1，t）
南通	2006 年	0.9870	0.9408	1.0491	1.0224	0.9202
连云港	2006 年	1.1300	1.0777	1.0485	1.0000	1.0777
淮安	2006 年	0.9508	0.9950	0.9556	1.0036	0.9914
盐城	2006 年	1.1220	1.0434	1.0754	1.0000	1.0434
扬州	2006 年	1.8115	1.1984	1.5116	1.0128	1.1833
镇江	2006 年	0.9992	0.9792	1.0205	1.0000	0.9792
泰州	2006 年	1.0696	0.9994	1.0703	1.0000	0.9994
宿迁	2006 年	0.9501	1.0489	0.9059	1.0000	1.0489
杭州	2006 年	1.1405	1.0000	1.1405	1.0000	1.0000
宁波	2006 年	0.9272	0.7823	1.1853	0.8528	0.9173
温州	2006 年	1.1912	1.0000	1.1912	1.0000	1.0000
嘉兴	2006 年	1.0187	1.0015	1.0172	1.0211	0.9808
湖州	2006 年	0.9968	1.0000	0.9968	1.0000	1.0000
绍兴	2006 年	0.9836	1.0000	0.9836	1.0000	1.0000
金华	2006 年	1.1207	1.0000	1.1207	1.0000	1.0000
衢州	2006 年	1.0350	0.9853	1.0504	1.0319	0.9549
舟山	2006 年	1.0958	1.0379	1.0558	1.0000	1.0379
台州	2006 年	1.0693	1.0000	1.0693	1.0000	1.0000
丽水	2006 年	1.0956	1.0474	1.0460	1.0319	1.0151
合肥	2006 年	1.1533	1.0000	1.1533	1.0000	1.0000
淮北	2006 年	1.0940	1.1149	0.9813	1.0000	1.1149
亳州	2006 年	0.8160	1.0000	0.8160	1.0000	1.0000
宿州	2006 年	0.8371	1.0000	0.8371	1.0000	1.0000
蚌埠	2006 年	1.0151	1.0323	0.9834	1.0000	1.0323
阜阳	2006 年	0.9248	1.0000	0.9248	1.0000	1.0000
淮南	2006 年	0.7948	0.7964	0.9979	1.1029	0.7222
滁州	2006 年	1.0781	1.0772	1.0008	1.0000	1.0772
六安	2006 年	0.9248	0.9903	0.9339	1.0000	0.9903
马鞍山	2006 年	0.9715	0.9198	1.0561	1.0000	0.9198
芜湖	2006 年	0.9573	0.9258	1.0340	1.1067	0.8365
宣城	2006 年	0.9991	1.0000	0.9991	1.0000	1.0000
铜陵	2006 年	1.1241	1.1123	1.0106	1.0000	1.1123
池州	2006 年	1.0022	1.1167	0.8975	1.0000	1.1167
安庆	2006 年	0.7317	0.9226	0.7931	0.9494	0.9718

续表

城市	年份（t）	GTFP （t−1,t）	GEC （t−1,t）	GTC （t−1,t）	GPEC （t−1,t）	GSEC （t−1,t）
黄山	2006年	1.0556	1.0000	1.0556	1.0000	1.0000
均值	2006年	1.0444	1.0057	1.0372	1.0040	1.0026
上海	2007年	1.1702	1.0000	1.1702	1.0000	1.0000
南京	2007年	1.0893	0.9635	1.1306	0.9666	0.9968
无锡	2007年	1.1403	1.0277	1.1095	1.0000	1.0277
徐州	2007年	1.0666	0.9714	1.0980	1.0461	0.9285
常州	2007年	1.2867	1.1270	1.1416	1.0115	1.1142
苏州	2007年	1.0747	0.9997	1.0750	0.9999	0.9998
南通	2007年	1.1914	1.0801	1.1030	0.9878	1.0935
连云港	2007年	1.4135	1.2877	1.0976	1.0000	1.2877
淮安	2007年	1.1168	0.9550	1.1695	1.0286	0.9285
盐城	2007年	1.2206	1.0000	1.2206	1.0000	1.0000
扬州	2007年	1.1106	1.0000	1.1106	1.0000	1.0000
镇江	2007年	0.9799	0.9511	1.0303	1.0000	0.9511
泰州	2007年	1.1936	1.0558	1.1305	1.0000	1.0558
宿迁	2007年	0.9227	0.7725	1.1944	1.0000	0.7725
杭州	2007年	1.1359	1.0000	1.1359	1.0000	1.0000
宁波	2007年	1.1040	1.0576	1.0439	1.0282	1.0286
温州	2007年	1.1569	1.0000	1.1569	1.0000	1.0000
嘉兴	2007年	1.0434	1.0227	1.0202	0.9938	1.0291
湖州	2007年	1.0838	1.0000	1.0838	1.0000	1.0000
绍兴	2007年	1.1744	1.0000	1.1744	1.0000	1.0000
金华	2007年	1.0743	1.0000	1.0743	1.0000	1.0000
衢州	2007年	1.0817	1.0433	1.0368	0.9991	1.0442
舟山	2007年	1.2026	0.9698	1.2401	1.0000	0.9698
台州	2007年	1.0962	1.0000	1.0962	1.0000	1.0000
丽水	2007年	1.3561	1.0000	1.3561	1.0000	1.0000
合肥	2007年	1.2644	1.0000	1.2644	1.0000	1.0000
淮北	2007年	0.6853	0.6688	1.0246	1.0000	0.6688
亳州	2007年	1.1849	1.0000	1.1849	1.0000	1.0000
宿州	2007年	1.1297	1.0000	1.1297	1.0000	1.0000
蚌埠	2007年	0.8700	0.8224	1.0578	1.0000	0.8224
阜阳	2007年	1.0111	1.0000	1.0111	1.0000	1.0000
淮南	2007年	0.9182	0.9059	1.0136	0.8838	1.0250
滁州	2007年	0.6482	0.6164	1.0516	1.0000	0.6164

续表

城市	年份（t）	GTFP（$t-1, t$）	GEC（$t-1, t$）	GTC（$t-1, t$）	GPEC（$t-1, t$）	GSEC（$t-1, t$）
六安	2007 年	1.3355	1.0098	1.3225	1.0000	1.0098
马鞍山	2007 年	1.1964	1.0816	1.1062	1.0000	1.0816
芜湖	2007 年	0.8997	0.8659	1.0391	0.9709	0.8918
宣城	2007 年	0.9705	1.0000	0.9705	1.0000	1.0000
铜陵	2007 年	0.9354	0.9132	1.0243	1.0000	0.9132
池州	2007 年	0.8943	1.0452	0.8557	1.0000	1.0452
安庆	2007 年	1.0861	1.0185	1.0664	1.0151	1.0033
黄山	2007 年	1.1552	1.0000	1.1552	1.0000	1.0000
均值	2007 年	1.0895	0.9813	1.1092	0.9983	0.9831
上海	2008 年	1.2518	1.0000	1.2518	1.0000	1.0000
南京	2008 年	1.1456	0.9987	1.1471	1.0402	0.9601
无锡	2008 年	1.2108	0.9783	1.2377	1.0000	0.9783
徐州	2008 年	1.1848	0.9658	1.2268	1.0105	0.9558
常州	2008 年	1.2861	0.9251	1.3902	0.9950	0.9298
苏州	2008 年	1.1582	1.0003	1.1579	1.0001	1.0002
南通	2008 年	1.3399	1.0372	1.2918	1.1103	0.9342
连云港	2008 年	1.1798	1.0013	1.1783	1.0000	1.0013
淮安	2008 年	0.9332	0.7431	1.2558	0.9521	0.7805
盐城	2008 年	1.3706	1.0000	1.3706	1.0000	1.0000
扬州	2008 年	1.0122	1.0000	1.0122	1.0000	1.0000
镇江	2008 年	1.0163	0.9197	1.1051	1.0000	0.9197
泰州	2008 年	0.8832	0.6714	1.3155	1.0000	0.6714
宿迁	2008 年	1.3419	1.1056	1.2137	1.0000	1.1056
杭州	2008 年	1.2310	1.0000	1.2310	1.0000	1.0000
宁波	2008 年	1.1183	1.0196	1.0968	1.0227	0.9969
温州	2008 年	1.1912	1.0000	1.1912	1.0000	1.0000
嘉兴	2008 年	1.0627	0.9628	1.1038	0.9786	0.9838
湖州	2008 年	1.0706	1.0000	1.0706	1.0000	1.0000
绍兴	2008 年	1.0712	0.9749	1.0988	0.9840	0.9907
金华	2008 年	1.1653	0.9529	1.2229	1.0000	0.9529
衢州	2008 年	1.0979	1.0258	1.0703	0.9964	1.0295
舟山	2008 年	1.2932	1.0578	1.2226	1.0000	1.0578
台州	2008 年	1.2304	1.0000	1.2304	1.0000	1.0000
丽水	2008 年	1.1966	1.0000	1.1966	1.0000	1.0000
合肥	2008 年	1.5677	1.0000	1.5677	1.0000	1.0000

续表

城市	年份（t）	GTFP ($t-1, t$)	GEC ($t-1, t$)	GTC ($t-1, t$)	GPEC ($t-1, t$)	GSEC ($t-1, t$)
淮北	2008 年	1.0553	0.9656	1.0929	1.0000	0.9656
亳州	2008 年	1.1639	1.0000	1.1639	1.0000	1.0000
宿州	2008 年	0.8454	1.0000	0.8454	1.0000	1.0000
蚌埠	2008 年	1.0044	0.9465	1.0612	1.0000	0.9465
阜阳	2008 年	1.0387	1.0000	1.0387	1.0000	1.0000
淮南	2008 年	1.4156	1.2754	1.1100	1.1056	1.1536
滁州	2008 年	0.9711	0.8617	1.1270	1.0000	0.8617
六安	2008 年	0.9651	1.0000	0.9651	1.0000	1.0000
马鞍山	2008 年	1.1616	1.0171	1.1420	1.0000	1.0171
芜湖	2008 年	1.3471	1.1811	1.1406	0.9896	1.1935
宣城	2008 年	1.0690	1.0000	1.0690	1.0000	1.0000
铜陵	2008 年	0.8256	0.7622	1.0832	1.0000	0.7622
池州	2008 年	1.4328	1.3151	1.0895	1.0000	1.3151
安庆	2008 年	1.1010	0.9911	1.1108	0.9706	1.0211
黄山	2008 年	0.9168	1.0000	0.9168	1.0000	1.0000
均值	2008 年	1.1445	0.9916	1.1564	1.0038	0.9874
上海	2009 年	1.1545	1.0000	1.1545	1.0000	1.0000
南京	2009 年	1.0540	0.9835	1.0717	0.9832	1.0003
无锡	2009 年	1.1826	1.0222	1.1569	1.0000	1.0222
徐州	2009 年	1.2081	1.0439	1.1574	0.9707	1.0754
常州	2009 年	1.2062	0.9280	1.2998	0.9926	0.9349
苏州	2009 年	1.1025	1.0000	1.1025	1.0000	1.0000
南通	2009 年	1.1836	0.9410	1.2578	0.9688	0.9713
连云港	2009 年	1.2788	1.0828	1.1811	1.0000	1.0828
淮安	2009 年	1.0813	1.0124	1.0681	0.9697	1.0441
盐城	2009 年	1.1766	1.0000	1.1766	1.0000	1.0000
扬州	2009 年	1.2616	1.0000	1.2616	1.0000	1.0000
镇江	2009 年	1.1677	1.1222	1.0405	1.0000	1.1222
泰州	2009 年	0.9983	0.9356	1.0669	0.9742	0.9605
宿迁	2009 年	1.1062	0.9167	1.2067	1.0000	0.9167
杭州	2009 年	1.0408	1.0000	1.0408	1.0000	1.0000
宁波	2009 年	0.9989	0.9962	1.0027	0.9830	1.0134
温州	2009 年	1.0933	1.0000	1.0933	1.0000	1.0000
嘉兴	2009 年	0.8788	0.8892	0.9883	0.9715	0.9153
湖州	2009 年	1.0249	1.0000	1.0249	1.0000	1.0000

城市	年份（t）	GTFP （$t-1, t$）	GEC （$t-1, t$）	GTC （$t-1, t$）	GPEC （$t-1, t$）	GSEC （$t-1, t$）
绍兴	2009 年	1.0102	0.9929	1.0175	1.0162	0.9770
金华	2009 年	1.1174	1.0275	1.0875	1.0000	1.0275
衢州	2009 年	0.9402	0.9624	0.9769	1.0397	0.9257
舟山	2009 年	1.0678	0.9445	1.1306	1.0000	0.9445
台州	2009 年	1.1258	1.0000	1.1258	1.0000	1.0000
丽水	2009 年	0.9864	1.0000	0.9864	1.0000	1.0000
合肥	2009 年	1.2305	1.0000	1.2305	1.0000	1.0000
淮北	2009 年	0.9138	0.8830	1.0349	1.0000	0.8830
亳州	2009 年	1.0218	1.0000	1.0218	1.0000	1.0000
宿州	2009 年	0.8825	0.8938	0.9874	1.0000	0.8938
蚌埠	2009 年	0.8336	0.8339	0.9997	1.0000	0.8339
阜阳	2009 年	1.0006	1.0000	1.0006	1.0000	1.0000
淮南	2009 年	0.9142	0.9446	0.9677	1.0235	0.9230
滁州	2009 年	1.1210	0.9969	1.1245	0.9539	1.0451
六安	2009 年	1.2744	1.0000	1.2744	1.0000	1.0000
马鞍山	2009 年	1.0727	1.0001	1.0725	1.0000	1.0001
芜湖	2009 年	1.0997	1.0202	1.0779	1.0084	1.0118
宣城	2009 年	0.9686	1.0000	0.9686	1.0000	1.0000
铜陵	2009 年	0.9488	0.8930	1.0625	1.0000	0.8930
池州	2009 年	0.9775	1.0000	0.9775	1.0000	1.0000
安庆	2009 年	0.9659	0.9498	1.0170	0.9510	0.9987
黄山	2009 年	1.2676	1.0000	1.2676	1.0000	1.0000
均值	2009 年	1.0717	0.9809	1.0918	0.9953	0.9858
上海	2010 年	1.1377	1.0000	1.1377	1.0000	1.0000
南京	2010 年	1.0618	0.9751	1.0890	1.0435	0.9344
无锡	2010 年	1.1033	1.0000	1.1033	1.0000	1.0000
徐州	2010 年	0.9583	0.8027	1.1939	0.9252	0.8675
常州	2010 年	1.5076	1.2673	1.1896	0.9959	1.2725
苏州	2010 年	1.0774	1.0000	1.0774	1.0000	1.0000
南通	2010 年	1.3113	1.0512	1.2474	1.0169	1.0338
连云港	2010 年	1.1801	0.9933	1.1880	1.0000	0.9933
淮安	2010 年	1.1557	1.0545	1.0960	0.9665	1.0910
盐城	2010 年	1.0710	1.0000	1.0710	1.0000	1.0000
扬州	2010 年	1.0724	1.0000	1.0724	1.0000	1.0000
镇江	2010 年	1.0557	0.9706	1.0877	1.0000	0.9706

续表

城市	年份（t）	GTFP (t−1, t)	GEC (t−1, t)	GTC (t−1, t)	GPEC (t−1, t)	GSEC (t−1, t)
泰州	2010 年	1.1386	1.0028	1.1354	0.9662	1.0379
宿迁	2010 年	1.0852	1.0288	1.0549	1.0000	1.0288
杭州	2010 年	1.0077	1.0000	1.0077	1.0000	1.0000
宁波	2010 年	1.0368	0.9424	1.1002	1.0099	0.9332
温州	2010 年	1.0709	1.0000	1.0709	1.0000	1.0000
嘉兴	2010 年	0.9592	0.8624	1.1122	1.0208	0.8449
湖州	2010 年	1.0731	1.0000	1.0731	1.0000	1.0000
绍兴	2010 年	1.0601	1.0003	1.0598	1.0000	1.0003
金华	2010 年	1.0489	0.9214	1.1384	1.0000	0.9214
衢州	2010 年	1.1546	1.0371	1.1133	1.0186	1.0182
舟山	2010 年	1.1223	0.9513	1.1798	1.0000	0.9513
台州	2010 年	1.2312	1.0000	1.2312	1.0000	1.0000
丽水	2010 年	1.2563	1.0000	1.2563	1.0000	1.0000
合肥	2010 年	1.0220	1.0000	1.0220	1.0000	1.0000
淮北	2010 年	1.0074	0.9151	1.1008	1.0000	0.9151
亳州	2010 年	0.8069	0.8184	0.9860	1.0000	0.8184
宿州	2010 年	0.9911	0.9455	1.0482	1.0000	0.9455
蚌埠	2010 年	0.9056	0.8210	1.1031	1.0000	0.8210
阜阳	2010 年	1.0469	1.0000	1.0469	1.0000	1.0000
淮南	2010 年	0.8552	0.7919	1.0799	0.9478	0.8355
滁州	2010 年	1.2902	1.0746	1.2006	0.9747	1.1025
六安	2010 年	1.0973	1.0000	1.0973	1.0000	1.0000
马鞍山	2010 年	1.1525	1.0584	1.0889	1.0000	1.0584
芜湖	2010 年	1.1658	1.0921	1.0676	0.9722	1.1232
宣城	2010 年	0.8206	1.0000	0.8206	1.0000	1.0000
铜陵	2010 年	1.2272	1.1367	1.0796	1.0000	1.1367
池州	2010 年	1.0163	1.0000	1.0163	1.0000	1.0000
安庆	2010 年	1.0241	0.9839	1.0409	1.0116	0.9726
黄山	2010 年	0.9801	1.0000	0.9801	1.0000	1.0000
均值	2010 年	1.0816	0.9878	1.0943	0.9968	0.9909
上海	2011 年	0.9321	1.0000	0.9321	1.0000	1.0000
南京	2011 年	1.1794	1.0440	1.1298	0.8818	1.1839
无锡	2011 年	1.1676	1.0000	1.1676	1.0000	1.0000
徐州	2011 年	1.0862	1.0356	1.0489	0.9268	1.1174

续表

城市	年份（t）	GTFP （t−1, t）	GEC （t−1, t）	GTC （t−1, t）	GPEC （t−1, t）	GSEC （t−1, t）
常州	2011 年	1.2916	1.1003	1.1739	1.0141	1.0849
苏州	2011 年	1.1327	1.0000	1.1327	1.0000	1.0000
南通	2011 年	1.1105	0.9773	1.1363	1.0042	0.9732
连云港	2011 年	0.7936	0.7747	1.0243	0.9525	0.8133
淮安	2011 年	1.2132	1.0467	1.1591	0.9267	1.1295
盐城	2011 年	1.0812	0.9282	1.1649	1.0000	0.9282
扬州	2011 年	0.7767	1.0000	0.7767	1.0000	1.0000
镇江	2011 年	1.1299	1.0095	1.1193	1.0000	1.0095
泰州	2011 年	1.2396	1.0772	1.1507	1.0624	1.0139
宿迁	2011 年	0.9826	0.8304	1.1832	1.0000	0.8304
杭州	2011 年	1.1291	1.0000	1.1291	1.0000	1.0000
宁波	2011 年	1.0939	1.0095	1.0835	0.9811	1.0290
温州	2011 年	0.7297	0.9431	0.7737	0.9574	0.9851
嘉兴	2011 年	1.1829	1.0091	1.1722	0.9404	1.0730
湖州	2011 年	0.9590	1.0000	0.9590	1.0000	1.0000
绍兴	2011 年	1.0607	1.0328	1.0270	1.0000	1.0328
金华	2011 年	0.9931	0.8643	1.1489	0.9349	0.9246
衢州	2011 年	1.0880	1.0464	1.0398	0.9832	1.0642
舟山	2011 年	0.9356	0.8977	1.0423	1.0000	0.8977
台州	2011 年	0.8170	0.9544	0.8560	1.0000	0.9544
丽水	2011 年	0.8148	1.0000	0.8148	1.0000	1.0000
合肥	2011 年	0.8669	1.0000	0.8669	1.0000	1.0000
淮北	2011 年	0.9266	0.9143	1.0134	1.0000	0.9143
亳州	2011 年	0.9282	0.8888	1.0443	1.0000	0.8888
宿州	2011 年	0.9543	0.8559	1.1149	0.9497	0.9013
蚌埠	2011 年	1.1502	1.0111	1.1375	0.9994	1.0117
阜阳	2011 年	0.9194	1.0000	0.9194	1.0000	1.0000
淮南	2011 年	0.9504	0.8032	1.1832	0.9472	0.8480
滁州	2011 年	1.0011	0.9179	1.0907	1.0756	0.8534
六安	2011 年	0.9139	1.0000	0.9139	1.0000	1.0000
马鞍山	2011 年	0.8058	0.7052	1.1426	0.9123	0.7730
芜湖	2011 年	1.4524	1.2762	1.1381	1.0616	1.2021
宣城	2011 年	1.0763	0.9716	1.1078	1.0000	0.9716
铜陵	2011 年	1.2503	1.0647	1.1744	1.0000	1.0647

续表

城市	年份（t）	GTFP（t−1, t）	GEC（t−1, t）	GTC（t−1, t）	GPEC（t−1, t）	GSEC（t−1, t）
池州	2011 年	1.4433	0.9942	1.4518	1.0000	0.9942
安庆	2011 年	1.2391	1.0587	1.1705	1.0483	1.0099
黄山	2011 年	1.1703	1.0000	1.1703	1.0000	1.0000
均值	2011 年	1.0480	0.9767	1.0728	0.9893	0.9873
上海	2012 年	0.9740	1.0000	0.9740	1.0000	1.0000
南京	2012 年	1.2230	1.1498	1.0637	1.1340	1.0139
无锡	2012 年	1.1280	1.0000	1.1280	1.0000	1.0000
徐州	2012 年	0.9531	0.8829	1.0795	1.1357	0.7774
常州	2012 年	1.2938	1.1767	1.0995	1.0063	1.1693
苏州	2012 年	1.0914	1.0000	1.0914	1.0000	1.0000
南通	2012 年	1.0437	1.0535	0.9907	1.0142	1.0388
连云港	2012 年	1.2681	1.1567	1.0963	1.0499	1.1018
淮安	2012 年	1.1621	1.1335	1.0252	1.1885	0.9537
盐城	2012 年	1.0189	0.9088	1.1211	1.0000	0.9088
扬州	2012 年	1.4706	1.0000	1.4706	1.0000	1.0000
镇江	2012 年	1.1651	1.0707	1.0882	1.0000	1.0707
泰州	2012 年	1.2351	1.1874	1.0402	1.0000	1.1874
宿迁	2012 年	1.2505	1.1799	1.0598	1.0000	1.1799
杭州	2012 年	1.1111	1.0000	1.1111	1.0000	1.0000
宁波	2012 年	1.0883	1.0866	1.0016	1.0526	1.0323
温州	2012 年	1.1304	1.0603	1.0661	1.0445	1.0151
嘉兴	2012 年	1.0774	1.0423	1.0337	1.0744	0.9701
湖州	2012 年	1.0634	1.0000	1.0634	1.0000	1.0000
绍兴	2012 年	1.1651	1.0000	1.1651	1.0000	1.0000
金华	2012 年	0.9526	0.9743	0.9777	0.9142	1.0657
衢州	2012 年	1.0351	0.9904	1.0451	1.0102	0.9804
舟山	2012 年	1.2525	1.2204	1.0263	1.0000	1.2204
台州	2012 年	1.0502	1.0052	1.0447	0.9637	1.0431
丽水	2012 年	1.0170	1.0000	1.0170	1.0000	1.0000
合肥	2012 年	1.1913	1.0000	1.1913	1.0000	1.0000
淮北	2012 年	1.0451	0.9675	1.0801	1.0000	0.9675
亳州	2012 年	1.1026	1.1565	0.9534	1.0000	1.1565
宿州	2012 年	0.9623	1.0295	0.9348	1.0278	1.0017
蚌埠	2012 年	1.1315	1.1041	1.0248	0.9829	1.1233

续表

城市	年份（t）	GTFP（t−1, t）	GEC（t−1, t）	GTC（t−1, t）	GPEC（t−1, t）	GSEC（t−1, t）
阜阳	2012 年	0.9479	0.9948	0.9528	1.0000	0.9948
淮南	2012 年	0.8969	0.8735	1.0269	1.0091	0.8656
滁州	2012 年	1.1074	1.0600	1.0448	0.9892	1.0716
六安	2012 年	1.0403	1.0000	1.0403	1.0000	1.0000
马鞍山	2012 年	1.0372	0.9536	1.0876	1.0713	0.8901
芜湖	2012 年	1.0794	0.8847	1.2200	0.9536	0.9277
宣城	2012 年	1.0810	0.9713	1.1129	1.0000	0.9713
铜陵	2012 年	1.0810	0.9893	1.0927	1.0000	0.9893
池州	2012 年	0.9911	0.9376	1.0570	1.0000	0.9376
安庆	2012 年	1.1943	1.0853	1.1005	1.0601	1.0238
黄山	2012 年	1.3977	1.0000	1.3977	1.0000	1.0000
均值	2012 年	1.1099	1.0314	1.0780	1.0166	1.0158
上海	2013 年	1.1511	1.0000	1.1511	1.0000	1.0000
南京	2013 年	1.0348	0.9993	1.0355	1.0000	0.9993
无锡	2013 年	1.0849	1.0000	1.0849	1.0000	1.0000
徐州	2013 年	1.1409	1.1048	1.0327	1.0049	1.0993
常州	2013 年	1.1482	0.9337	1.2298	1.0000	0.9337
苏州	2013 年	1.0929	1.0000	1.0929	1.0000	1.0000
南通	2013 年	1.2246	0.9594	1.2765	0.9819	0.9771
连云港	2013 年	1.1203	1.0552	1.0616	1.0000	1.0552
淮安	2013 年	1.1395	1.1062	1.0301	1.0175	1.0872
盐城	2013 年	1.0356	0.9513	1.0885	1.0000	0.9513
扬州	2013 年	2.1428	1.0000	2.1428	1.0000	1.0000
镇江	2013 年	1.0774	1.0050	1.0720	1.0000	1.0050
泰州	2013 年	1.2049	1.0819	1.1137	1.0000	1.0819
宿迁	2013 年	1.0778	1.0279	1.0486	1.0000	1.0279
杭州	2013 年	1.0223	1.0000	1.0223	1.0000	1.0000
宁波	2013 年	1.2643	1.0689	1.1828	1.0171	1.0509
温州	2013 年	1.1416	0.9543	1.1963	0.9546	0.9996
嘉兴	2013 年	1.0821	1.0944	0.9888	1.0060	1.0879
湖州	2013 年	0.9904	1.0000	0.9904	1.0000	1.0000
绍兴	2013 年	0.9582	0.9801	0.9776	1.0000	0.9801
金华	2013 年	1.0559	0.8720	1.2109	0.9579	0.9103
衢州	2013 年	1.0200	1.0127	1.0072	1.0056	1.0071

城市	年份（t）	GTFP（t−1, t）	GEC（t−1, t）	GTC（t−1, t）	GPEC（t−1, t）	GSEC（t−1, t）
舟山	2013 年	1.0576	0.9569	1.1052	1.0000	0.9569
台州	2013 年	1.0951	0.9078	1.2063	0.9413	0.9645
丽水	2013 年	0.9851	1.0000	0.9851	1.0000	1.0000
合肥	2013 年	1.1890	1.0000	1.1890	1.0000	1.0000
淮北	2013 年	1.1789	1.1207	1.0519	1.0000	1.1207
亳州	2013 年	0.9582	0.8998	1.0650	1.0000	0.8998
宿州	2013 年	0.8754	0.9546	0.9171	1.0133	0.9421
蚌埠	2013 年	1.1681	0.9897	1.1803	1.0180	0.9722
阜阳	2013 年	0.9439	1.0052	0.9390	1.0000	1.0052
淮南	2013 年	1.0489	1.1125	0.9429	0.9800	1.1351
滁州	2013 年	1.0840	0.8564	1.2657	0.9702	0.8826
六安	2013 年	1.0387	1.0000	1.0387	1.0000	1.0000
马鞍山	2013 年	1.0961	1.0379	1.0561	0.9603	1.0808
芜湖	2013 年	1.1510	1.0177	1.1309	0.9961	1.0217
宣城	2013 年	1.0365	1.0024	1.0340	1.0000	1.0024
铜陵	2013 年	1.0863	1.0045	1.0814	1.0000	1.0045
池州	2013 年	0.9485	0.9034	1.0498	1.0000	0.9034
安庆	2013 年	1.2369	1.0000	1.2369	1.0000	1.0000
黄山	2013 年	1.0236	1.0000	1.0236	1.0000	1.0000
均值	2013 年	1.1076	0.9994	1.1106	0.9957	1.0036
上海	2014 年	0.8436	1.0000	0.8436	1.0000	1.0000
南京	2014 年	1.2246	1.1885	1.0304	1.0000	1.1885
无锡	2014 年	0.9511	1.0000	0.9511	1.0000	1.0000
徐州	2014 年	1.2640	1.2156	1.0398	1.0526	1.1548
常州	2014 年	1.1283	1.0065	1.1210	1.0000	1.0065
苏州	2014 年	1.0093	1.0000	1.0093	1.0000	1.0000
南通	2014 年	1.0494	1.0621	0.9880	1.0417	1.0196
连云港	2014 年	1.0225	0.9977	1.0248	1.0000	0.9977
淮安	2014 年	1.1211	1.1119	1.0082	1.0000	1.1119
盐城	2014 年	1.0998	1.1538	0.9532	1.0000	1.1538
扬州	2014 年	0.6782	1.0000	0.6782	1.0000	1.0000
镇江	2014 年	1.0977	1.1990	0.9155	1.0000	1.1990
泰州	2014 年	0.9854	1.0753	0.9164	1.0000	1.0753
宿迁	2014 年	1.1071	1.0882	1.0173	1.0000	1.0882

续表

城市	年份（t）	GTFP（t-1, t）	GEC（t-1, t）	GTC（t-1, t）	GPEC（t-1, t）	GSEC（t-1, t）
杭州	2014 年	0.9444	1.0000	0.9444	1.0000	1.0000
宁波	2014 年	0.9522	1.0768	0.8842	1.0693	1.0070
温州	2014 年	1.1651	1.0479	1.1119	1.0475	1.0004
嘉兴	2014 年	0.9971	1.1041	0.9030	0.9951	1.1095
湖州	2014 年	0.9778	1.0000	0.9778	1.0000	1.0000
绍兴	2014 年	0.9820	0.9860	0.9959	1.0000	0.9860
金华	2014 年	1.1152	1.0298	1.0829	0.9795	1.0514
衢州	2014 年	0.9949	0.9915	1.0035	0.9436	1.0508
舟山	2014 年	0.9977	1.0617	0.9397	1.0000	1.0617
台州	2014 年	1.0706	1.1482	0.9324	1.1024	1.0415
丽水	2014 年	0.9785	1.0000	0.9785	1.0000	1.0000
合肥	2014 年	1.0729	1.0000	1.0729	1.0000	1.0000
淮北	2014 年	1.0737	1.0224	1.0502	1.0000	1.0224
亳州	2014 年	0.8785	0.9433	0.9313	1.0000	0.9433
宿州	2014 年	0.9050	0.9870	0.9169	1.0100	0.9772
蚌埠	2014 年	1.2232	1.1293	1.0831	1.0000	1.1293
阜阳	2014 年	0.9118	1.0000	0.9118	1.0000	1.0000
淮南	2014 年	1.0389	1.0077	1.0310	1.0775	0.9352
滁州	2014 年	1.0560	0.9679	1.0910	1.0420	0.9289
六安	2014 年	0.7282	1.0000	0.7282	1.0000	1.0000
马鞍山	2014 年	0.9329	0.9005	1.0360	1.0456	0.8612
芜湖	2014 年	1.1375	1.1094	1.0253	1.0528	1.0537
宣城	2014 年	1.0817	1.0391	1.0409	1.0000	1.0391
铜陵	2014 年	1.0173	1.0095	1.0077	1.0000	1.0095
池州	2014 年	1.0417	1.0534	0.9889	1.0000	1.0534
安庆	2014 年	0.7867	0.9994	0.7872	1.0000	0.9994
黄山	2014 年	1.0355	1.0000	1.0355	1.0000	1.0000
均值	2014 年	1.0166	1.0418	0.9753	1.0112	1.0306
上海	2015 年	1.2575	1.0000	1.2575	1.0000	1.0000
南京	2015 年	1.1037	1.0196	1.0825	1.0000	1.0196
无锡	2015 年	1.0368	1.0000	1.0368	1.0000	1.0000
徐州	2015 年	1.0932	1.0674	1.0241	1.0000	1.0674
常州	2015 年	1.0862	0.9787	1.1098	1.0000	0.9787
苏州	2015 年	1.0741	1.0000	1.0741	1.0000	1.0000

续表

城市	年份（t）	GTFP（t-1, t）	GEC（t-1, t）	GTC（t-1, t）	GPEC（t-1, t）	GSEC（t-1, t）
南通	2015 年	1.2646	1.0962	1.1536	0.9786	1.1202
连云港	2015 年	1.0205	0.9931	1.0276	1.0000	0.9931
淮安	2015 年	1.2826	1.1575	1.1081	1.0000	1.1575
盐城	2015 年	1.0216	0.8965	1.1396	1.0000	0.8965
扬州	2015 年	0.8117	1.0000	0.8117	1.0000	1.0000
镇江	2015 年	1.0989	1.0116	1.0863	1.0000	1.0116
泰州	2015 年	1.4931	1.3355	1.1180	1.0000	1.3355
宿迁	2015 年	1.0471	1.0408	1.0061	1.0000	1.0408
杭州	2015 年	1.2007	1.0000	1.2007	1.0000	1.0000
宁波	2015 年	1.1072	1.0000	1.1072	1.0000	1.0000
温州	2015 年	1.0724	1.0000	1.0724	1.0000	1.0000
嘉兴	2015 年	1.2534	1.1071	1.1322	0.9929	1.1150
湖州	2015 年	1.0377	1.0000	1.0377	1.0000	1.0000
绍兴	2015 年	1.0306	0.9529	1.0816	0.9639	0.9886
金华	2015 年	1.0043	1.0312	0.9739	0.9985	1.0327
衢州	2015 年	1.0389	1.0069	1.0318	0.9942	1.0127
舟山	2015 年	1.4322	1.0000	1.4322	1.0000	1.0000
台州	2015 年	0.8800	0.8694	1.0122	0.8895	0.9775
丽水	2015 年	0.9981	1.0000	0.9981	1.0000	1.0000
合肥	2015 年	1.1976	1.0000	1.1976	1.0000	1.0000
淮北	2015 年	0.8635	0.8366	1.0321	1.0000	0.8366
亳州	2015 年	0.9065	0.8788	1.0316	1.0000	0.8788
宿州	2015 年	1.0978	1.0784	1.0180	0.9938	1.0851
蚌埠	2015 年	1.1773	1.1156	1.0553	1.0000	1.1156
阜阳	2015 年	1.0554	1.0000	1.0554	1.0000	1.0000
淮南	2015 年	1.0436	0.9819	1.0628	0.9559	1.0272
滁州	2015 年	1.1140	1.0663	1.0447	1.0000	1.0663
六安	2015 年	0.9958	1.0000	0.9958	1.0000	1.0000
马鞍山	2015 年	1.0091	0.9693	1.0410	0.9936	0.9756
芜湖	2015 年	0.9903	0.9721	1.0187	1.0000	0.9721
宣城	2015 年	1.0239	0.9935	1.0306	1.0000	0.9935
铜陵	2015 年	0.7451	0.7263	1.0258	0.9380	0.7743
池州	2015 年	1.0548	1.0255	1.0286	1.0000	1.0255
安庆	2015 年	1.0906	1.0006	1.0899	1.0000	1.0006

续表

城市	年份（t）	GTFP（t−1, t）	GEC（t−1, t）	GTC（t−1, t）	GPEC（t−1, t）	GSEC（t−1, t）
黄山	2015 年	0.9425	1.0000	0.9425	1.0000	1.0000
均值	2015 年	1.0745	1.0051	1.0680	0.9927	1.0122
上海	2016 年	1.3308	1.0000	1.3308	1.0000	1.0000
南京	2016 年	1.2976	1.0000	1.2976	1.0000	1.0000
无锡	2016 年	1.1101	1.0000	1.1101	1.0000	1.0000
徐州	2016 年	1.2113	0.9561	1.2669	1.0000	0.9561
常州	2016 年	1.1151	0.9782	1.1400	0.9746	1.0037
苏州	2016 年	1.1053	1.0000	1.1053	1.0000	1.0000
南通	2016 年	1.8075	1.1747	1.5387	1.0640	1.1040
连云港	2016 年	1.1289	0.9449	1.1947	1.0000	0.9449
淮安	2016 年	1.3723	0.8865	1.5481	1.0000	0.8865
盐城	2016 年	1.1671	0.9198	1.2688	1.0000	0.9198
扬州	2016 年	2.9242	1.0000	2.9242	1.0000	1.0000
镇江	2016 年	1.1087	0.9181	1.2077	1.0000	0.9181
泰州	2016 年	1.4960	0.8842	1.6919	1.0000	0.8842
宿迁	2016 年	0.9783	0.7877	1.2420	1.0000	0.7877
杭州	2016 年	1.5828	1.0000	1.5828	1.0000	1.0000
宁波	2016 年	1.2584	0.8663	1.4526	0.8893	0.9742
温州	2016 年	2.1222	1.0000	2.1222	1.0000	1.0000
嘉兴	2016 年	1.6255	1.0769	1.5094	0.9963	1.0810
湖州	2016 年	1.0609	1.0000	1.0609	1.0000	1.0000
绍兴	2016 年	1.3027	0.9738	1.3378	0.9476	1.0276
金华	2016 年	1.2617	0.8760	1.4403	0.9764	0.8971
衢州	2016 年	1.0434	0.9990	1.0444	0.9764	1.0232
舟山	2016 年	1.7569	1.0000	1.7569	1.0000	1.0000
台州	2016 年	1.6250	0.9453	1.7190	1.0312	0.9167
丽水	2016 年	1.0579	1.0000	1.0579	1.0000	1.0000
合肥	2016 年	1.8766	1.0000	1.8766	1.0000	1.0000
淮北	2016 年	1.1340	1.0304	1.1005	1.0000	1.0304
亳州	2016 年	1.6965	1.2290	1.3804	1.0000	1.2290
宿州	2016 年	1.4582	0.9213	1.5828	1.0073	0.9146
蚌埠	2016 年	1.7977	1.0952	1.6415	1.0000	1.0952
阜阳	2016 年	1.0917	0.7457	1.4641	1.0000	0.7457
淮南	2016 年	1.1670	1.0593	1.1017	1.0214	1.0370

续表

城市	年份（t）	GTFP（t-1, t）	GEC（t-1, t）	GTC（t-1, t）	GPEC（t-1, t）	GSEC（t-1, t）
滁州	2016 年	1.2639	0.9354	1.3511	1.0000	0.9354
六安	2016 年	1.7273	1.0000	1.7273	1.0000	1.0000
马鞍山	2016 年	1.1336	0.9950	1.1394	0.9863	1.0088
芜湖	2016 年	1.1240	0.9142	1.2295	1.0000	0.9142
宣城	2016 年	1.0710	0.9112	1.1754	0.9767	0.9330
铜陵	2016 年	1.0937	0.9953	1.0989	0.9990	0.9963
池州	2016 年	1.0855	0.9298	1.1674	1.0000	0.9298
安庆	2016 年	1.2394	0.8750	1.4165	1.0000	0.8750
黄山	2016 年	1.2806	1.0000	1.2806	1.0000	1.0000
均值	2016 年	1.3681	0.9713	1.4069	0.9963	0.9749
上海	2017 年	2.2059	1.0000	2.2059	1.0000	1.0000
南京	2017 年	1.3984	1.0000	1.3984	1.0000	1.0000
无锡	2017 年	1.1480	1.0000	1.1480	1.0000	1.0000
徐州	2017 年	1.4336	1.1757	1.2194	1.0000	1.1757
常州	2017 年	1.1302	0.9782	1.1554	0.9973	0.9808
苏州	2017 年	1.1412	1.0000	1.1412	1.0000	1.0000
南通	2017 年	1.5445	1.0241	1.5081	1.0000	1.0241
连云港	2017 年	1.1114	1.0116	1.0987	1.0000	1.0116
淮安	2017 年	1.3148	1.1744	1.1196	1.0000	1.1744
盐城	2017 年	1.1209	1.1133	1.0068	1.0000	1.1133
扬州	2017 年	0.5182	1.0000	0.5182	1.0000	1.0000
镇江	2017 年	1.3495	1.1310	1.1932	1.0000	1.1310
泰州	2017 年	1.3527	0.9883	1.3687	1.0000	0.9883
宿迁	2017 年	1.0711	0.9982	1.0730	0.9760	1.0227
杭州	2017 年	1.1702	1.0000	1.1702	1.0000	1.0000
宁波	2017 年	1.1878	0.9562	1.2422	0.9802	0.9755
温州	2017 年	1.3252	1.0000	1.3252	1.0000	1.0000
嘉兴	2017 年	1.1130	0.8181	1.3605	0.9674	0.8456
湖州	2017 年	1.0357	0.9626	1.0760	1.0000	0.9626
绍兴	2017 年	1.0989	0.9599	1.1448	0.9567	1.0033
金华	2017 年	1.0615	0.9479	1.1198	0.9759	0.9714
衢州	2017 年	1.0344	0.9559	1.0822	0.9923	0.9633
舟山	2017 年	1.1467	0.9847	1.1645	1.0000	0.9847
台州	2017 年	1.1875	0.9028	1.3154	0.9148	0.9869

城市	年份（t）	GTFP（t−1,t）	GEC（t−1,t）	GTC（t−1,t）	GPEC（t−1,t）	GSEC（t−1,t）
丽水	2017 年	1.0002	1.0000	1.0002	1.0000	1.0000
合肥	2017 年	1.2066	1.0000	1.2066	1.0000	1.0000
淮北	2017 年	1.2056	1.1095	1.0867	1.0000	1.1095
亳州	2017 年	1.0401	0.8438	1.2326	1.0000	0.8438
宿州	2017 年	1.1981	1.2692	0.9439	1.0000	1.2692
蚌埠	2017 年	1.2537	1.0036	1.2493	1.0000	1.0036
阜阳	2017 年	1.0843	1.1178	0.9700	1.0000	1.1178
淮南	2017 年	1.0442	1.0668	0.9788	1.0550	1.0111
滁州	2017 年	1.2361	1.1114	1.1122	1.0000	1.1114
六安	2017 年	1.2209	1.0000	1.2209	1.0000	1.0000
马鞍山	2017 年	1.1469	0.9978	1.1494	0.9898	1.0081
芜湖	2017 年	1.0065	0.9404	1.0702	0.9080	1.0357
宣城	2017 年	1.0277	0.9921	1.0358	0.9812	1.0112
铜陵	2017 年	1.1401	1.0099	1.1289	0.9866	1.0236
池州	2017 年	1.2733	1.1823	1.0770	1.0000	1.1823
安庆	2017 年	1.0843	1.1157	0.9718	1.0000	1.1157
黄山	2017 年	1.1203	1.0000	1.1203	1.0000	1.0000
均值	2017 年	1.1827	1.0206	1.1637	0.9922	1.0283
上海	2018 年	1.5451	1.0000	1.5451	1.0000	1.0000
南京	2018 年	1.0546	1.0000	1.0546	1.0000	1.0000
无锡	2018 年	1.1069	1.0000	1.1069	1.0000	1.0000
徐州	2018 年	1.1697	1.0000	1.1697	1.0000	1.0000
常州	2018 年	1.0876	0.9972	1.0907	0.9930	1.0042
苏州	2018 年	1.1189	1.0000	1.1189	1.0000	1.0000
南通	2018 年	1.4211	0.8729	1.6280	1.0000	0.8729
连云港	2018 年	1.1125	1.0408	1.0689	1.0000	1.0408
淮安	2018 年	1.1065	0.9878	1.1202	1.0000	0.9878
盐城	2018 年	0.9837	0.9280	1.0600	1.0000	0.9280
扬州	2018 年	0.8701	0.8802	0.9885	0.9973	0.8826
镇江	2018 年	1.1907	1.0015	1.1890	1.0000	1.0015
泰州	2018 年	1.1667	1.0203	1.1435	1.0000	1.0203
宿迁	2018 年	1.0941	1.0347	1.0574	1.0246	1.0099
杭州	2018 年	1.2189	1.0000	1.2189	1.0000	1.0000
宁波	2018 年	1.0498	0.9259	1.1338	0.9937	0.9318

续表

城市	年份（t）	GTFP （t−1, t）	GEC （t−1, t）	GTC （t−1, t）	GPEC （t−1, t）	GSEC （t−1, t）
温州	2018年	1.6914	1.0000	1.6914	1.0000	1.0000
嘉兴	2018年	1.1310	0.9624	1.1751	0.9922	0.9700
湖州	2018年	1.0140	0.9663	1.0494	0.9677	0.9985
绍兴	2018年	1.2693	1.0676	1.1890	1.0517	1.0151
金华	2018年	1.0199	0.8619	1.1834	1.0006	0.8613
衢州	2018年	1.2785	1.0851	1.1783	1.1727	0.9253
舟山	2018年	1.2033	0.9416	1.2779	1.0000	0.9416
台州	2018年	1.1101	0.9516	1.1666	0.9472	1.0046
丽水	2018年	1.2497	1.0000	1.2497	1.0000	1.0000
合肥	2018年	0.9928	0.9400	1.0562	0.9654	0.9737
淮北	2018年	1.1086	1.0393	1.0667	1.0000	1.0393
亳州	2018年	1.4206	1.0399	1.3661	1.0000	1.0399
宿州	2018年	0.8375	0.7521	1.1136	1.0000	0.7521
蚌埠	2018年	1.3527	1.0499	1.2884	1.0000	1.0499
阜阳	2018年	1.3689	1.1998	1.1409	1.0000	1.1998
淮南	2018年	0.9215	0.7710	1.1952	1.0148	0.7597
滁州	2018年	1.0195	0.9589	1.0632	0.9325	1.0284
六安	2018年	1.1429	1.0000	1.1429	1.0000	1.0000
马鞍山	2018年	1.1080	1.0088	1.0984	0.9955	1.0133
芜湖	2018年	1.0603	0.9625	1.1017	0.9856	0.9765
宣城	2018年	1.1666	1.1326	1.0300	1.0435	1.0854
铜陵	2018年	1.0882	1.0707	1.0164	0.9806	1.0919
池州	2018年	1.0662	1.0000	1.0662	1.0000	1.0000
安庆	2018年	0.9724	0.9943	0.9779	0.9813	1.0133
黄山	2018年	0.9834	1.0000	0.9834	1.0000	1.0000
均值	2018年	1.1433	0.9865	1.1600	1.0010	0.9858
上海	2019年	1.0933	1.0000	1.0933	1.0000	1.0000
南京	2019年	1.0543	1.0000	1.0543	1.0000	1.0000
无锡	2019年	1.0183	1.0000	1.0183	1.0000	1.0000
徐州	2019年	1.0000	1.0000	1.0000	1.0000	1.0000
常州	2019年	1.0578	1.0051	1.0524	1.0156	0.9896
苏州	2019年	1.0110	1.0000	1.0110	1.0000	1.0000
南通	2019年	1.0586	0.9280	1.1406	0.9893	0.9381
连云港	2019年	0.9676	0.9308	1.0395	1.0000	0.9308
淮安	2019年	1.0127	1.0485	0.9659	1.0000	1.0485

城市	年份（t）	GTFP（$t-1,t$）	GEC（$t-1,t$）	GTC（$t-1,t$）	GPEC（$t-1,t$）	GSEC（$t-1,t$）
盐城	2019 年	1.0323	0.8854	1.1658	1.0000	0.8854
扬州	2019 年	1.0317	0.9704	1.0631	1.0027	0.9678
镇江	2019 年	0.9731	1.0000	0.9731	1.0000	1.0000
泰州	2019 年	0.9703	0.9819	0.9882	1.0000	0.9819
宿迁	2019 年	0.8578	0.7560	1.1346	1.0000	0.7560
杭州	2019 年	1.3503	1.0000	1.3503	1.0000	1.0000
宁波	2019 年	1.0566	0.9939	1.0630	1.0221	0.9724
温州	2019 年	0.8452	1.0000	0.8452	1.0000	1.0000
嘉兴	2019 年	1.0888	1.0142	1.0736	1.0025	1.0117
湖州	2019 年	1.1402	1.0751	1.0605	1.0334	1.0404
绍兴	2019 年	1.0210	0.9247	1.1042	1.0330	0.8951
金华	2019 年	1.0574	1.0622	0.9954	1.0233	1.0381
衢州	2019 年	1.0299	1.0202	1.0095	1.0000	1.0202
舟山	2019 年	0.8158	0.8771	0.9302	1.0000	0.8771
台州	2019 年	1.1228	1.1843	0.9480	1.1012	1.0755
丽水	2019 年	1.0713	1.0000	1.0713	1.0000	1.0000
合肥	2019 年	1.2029	1.0638	1.1307	1.0359	1.0270
淮北	2019 年	1.0771	1.0667	1.0097	1.0000	1.0667
亳州	2019 年	1.2278	1.2166	1.0092	1.0000	1.2166
宿州	2019 年	1.1281	0.9387	1.2017	1.0000	0.9387
蚌埠	2019 年	1.2012	1.1988	1.0020	1.0000	1.1988
阜阳	2019 年	1.1176	1.0000	1.1176	1.0000	1.0000
淮南	2019 年	1.1105	1.0881	1.0205	1.0000	1.0881
滁州	2019 年	1.4867	1.4822	1.0030	1.0298	1.4393
六安	2019 年	1.2210	1.0000	1.2210	1.0000	1.0000
马鞍山	2019 年	1.0887	1.0821	1.0061	0.9805	1.1037
芜湖	2019 年	1.1412	1.0674	1.0691	1.0384	1.0280
宣城	2019 年	1.0986	1.0000	1.0986	1.0000	1.0000
铜陵	2019 年	0.9472	0.9249	1.0241	1.0187	0.9078
池州	2019 年	1.1892	1.0000	1.1892	1.0000	1.0000
安庆	2019 年	1.1609	0.9976	1.1637	0.9935	1.0041
黄山	2019 年	1.0654	1.0000	1.0654	1.0000	1.0000
均值	2019 年	1.0781	1.0191	1.0606	1.0078	1.0109

注：t 代表年份；GTFP 代表绿色全要素生产率指数；GEC 代表绿色技术效率指数；GTC 代表绿色技术进步指数；GPEC 代表绿色纯技术效率指数；GSEC 代表绿色规模效率指数。

附表4 2005—2019年长三角地区森林资源与经济发展耦合测算结果

城市		C值和D值	2005年	2006年	2007年	2008年	2009年	2010年	2011年	2012年	2013年	2014年	2015年	2016年	2017年	2018年	2019年	均值
非资源型城市	上海	C值	0.7907	0.8236	0.9444	0.9265	0.8543	0.8576	0.8291	0.7988	0.8037	0.7864	0.7566	0.7188	0.6922	0.6653	0.6382	0.7924
		D值	0.5346	0.5532	0.6038	0.6165	0.6168	0.6272	0.6034	0.6018	0.6216	0.6343	0.6311	0.6228	0.6236	0.6291	0.6477	0.6112
	南京	C值	0.7322	0.7227	0.7227	0.7203	0.7108	0.7238	0.7309	0.7727	0.7009	0.7236	0.7047	0.7233	0.7467	0.7418	0.6941	0.7247
		D值	0.4619	0.4614	0.4733	0.4850	0.4902	0.5012	0.5203	0.5495	0.5419	0.5635	0.5754	0.5917	0.6049	0.5932	0.6050	0.5346
	无锡	C值	0.8355	0.8402	0.8577	0.8837	0.8613	0.8817	0.8638	0.8310	0.8372	0.8171	0.7922	0.7795	0.7546	0.7609	0.7891	0.8257
		D值	0.3960	0.4086	0.4238	0.4400	0.4557	0.4749	0.4854	0.4902	0.5034	0.5031	0.5015	0.5045	0.5071	0.5035	0.5230	0.4747
	常州	C值	0.7864	0.8395	0.9395	0.8713	0.8571	0.8792	0.8747	0.8448	0.8996	0.9097	0.8991	0.8728	0.8246	0.8114	0.7759	0.8590
		D值	0.3538	0.3681	0.4215	0.4168	0.4262	0.4482	0.4574	0.4621	0.4847	0.4980	0.4991	0.5036	0.4936	0.4990	0.4920	0.4549
	苏州	C值	0.6984	0.6926	0.7566	0.7708	0.7693	0.7310	0.7162	0.7182	0.7327	0.7161	0.7192	0.7178	0.7070	0.7285	0.6980	0.7248
		D值	0.3702	0.3790	0.4115	0.4304	0.4417	0.4401	0.4517	0.4767	0.4985	0.5003	0.5076	0.5125	0.5198	0.5329	0.5440	0.4678
	南通	C值	0.6056	0.6315	0.7327	0.7404	0.7442	0.7571	0.7734	0.7834	0.8310	0.8034	0.7728	0.7457	0.7131	0.6863	0.6423	0.7309
		D值	0.2794	0.3067	0.3487	0.3477	0.3488	0.3624	0.3785	0.3961	0.4323	0.4375	0.4412	0.4450	0.4404	0.4409	0.4330	0.3892
	连云港	C值	0.5365	0.6020	0.6886	0.6601	0.6427	0.6150	0.6104	0.6210	0.6508	0.6532	0.6692	0.6723	0.6673	0.6806	0.7206	0.6460
		D值	0.2292	0.2637	0.3162	0.3083	0.3118	0.3103	0.3057	0.3239	0.3428	0.3474	0.3630	0.3716	0.3714	0.3777	0.3974	0.3293
	淮安	C值	0.4977	0.4944	0.5764	0.6047	0.6356	0.5824	0.6550	0.6620	0.6891	0.6903	0.7026	0.7033	0.7093	0.7430	0.7607	0.6471
		D值	0.2126	0.2238	0.2622	0.2782	0.2966	0.2923	0.3302	0.3488	0.3566	0.3658	0.3767	0.3864	0.3965	0.4012	0.4189	0.3298

续表

城市	C值和D值	2005年	2006年	2007年	2008年	2009年	2010年	2011年	2012年	2013年	2014年	2015年	2016年	2017年	2018年	2019年	均值
盐城	C值	0.4066	0.4360	0.5208	0.5220	0.5223	0.5505	0.5715	0.6038	0.6157	0.6407	0.6555	0.6857	0.6616	0.7147	0.7330	0.5894
	D值	0.1911	0.2075	0.2509	0.2581	0.2690	0.2884	0.3036	0.3262	0.3367	0.3549	0.3706	0.3922	0.3893	0.4115	0.4256	0.3184
扬州	C值	0.6689	0.6653	0.7319	0.7431	0.7534	0.7814	0.7953	0.8112	0.8492	0.8623	0.8587	0.8615	0.8455	0.8302	0.8472	0.7937
	D值	0.2952	0.3006	0.3277	0.3471	0.3660	0.3846	0.3903	0.4080	0.4315	0.4433	0.4489	0.4606	0.4639	0.4660	0.4831	0.4011
镇江	C值	0.7802	0.7682	0.8080	0.8246	0.8167	0.8199	0.8241	0.8587	0.8605	0.8526	0.8581	0.8932	0.8803	0.8897	0.9304	0.8443
	D值	0.3383	0.3417	0.3716	0.3827	0.3949	0.4006	0.4173	0.4442	0.4579	0.4567	0.4662	0.4842	0.4826	0.4689	0.4888	0.4264
泰州	C值	0.5469	0.5583	0.6228	0.6546	0.6549	0.6854	0.7061	0.7248	0.7639	0.7618	0.8066	0.8438	0.7989	0.7811	0.7717	0.7121
	D值	0.2346	0.2481	0.2766	0.2918	0.3003	0.3196	0.3304	0.3462	0.3676	0.3721	0.3997	0.4245	0.4265	0.4256	0.4327	0.3464
杭州	C值	0.7448	0.7600	0.7926	0.8189	0.8418	0.8272	0.8491	0.8680	0.9018	0.9262	0.9453	0.9644	0.9649	0.9434	0.9144	0.8709
	D值	0.4393	0.4563	0.4911	0.5154	0.5466	0.5619	0.5842	0.6152	0.6247	0.6506	0.6720	0.6936	0.7042	0.6973	0.6887	0.5961
宁波	C值	0.6619	0.6846	0.7510	0.7577	0.7638	0.7596	0.7752	0.8001	0.8132	0.8311	0.7914	0.7461	0.7508	0.7491	0.7638	0.7600
	D值	0.3551	0.3693	0.4016	0.4098	0.4182	0.4264	0.4420	0.4674	0.4763	0.4930	0.4896	0.4936	0.4948	0.5041	0.5222	0.4509
温州	C值	0.5236	0.5315	0.5830	0.5956	0.5801	0.5720	0.5975	0.6378	0.6558	0.6695	0.6649	0.6742	0.6845	0.6844	0.6975	0.6235
	D值	0.2704	0.2782	0.3033	0.3083	0.3061	0.3106	0.3307	0.3569	0.3721	0.3855	0.3890	0.4005	0.4110	0.4202	0.4393	0.3521
嘉兴	C值	0.7161	0.7607	0.8157	0.8034	0.8220	0.8634	0.9180	0.8941	0.8820	0.8983	0.8210	0.9058	0.8048	0.8036	0.7813	0.8327
	D值	0.3104	0.3211	0.3554	0.3515	0.3605	0.3812	0.4036	0.4141	0.4173	0.4003	0.4222	0.4152	0.4400	0.4377	0.4493	0.3920
绍兴	C值	0.4915	0.5007	0.5691	0.5773	0.5809	0.5818	0.5932	0.5949	0.6492	0.6652	0.6693	0.6747	0.6802	0.7051	0.7358	0.6179
	D值	0.2761	0.2855	0.3198	0.3247	0.3335	0.3392	0.3550	0.3669	0.3998	0.4129	0.4222	0.4304	0.4394	0.4534	0.4779	0.3758

非资源型城市

续表

城市		C值和D值	2005年	2006年	2007年	2008年	2009年	2010年	2011年	2012年	2013年	2014年	2015年	2016年	2017年	2018年	2019年	均值
非资源型城市	金华	C值	0.4997	0.5088	0.5600	0.5654	0.5666	0.5637	0.5610	0.5812	0.5938	0.6111	0.6065	0.6223	0.6595	0.6953	0.7027	0.5932
		D值	0.2701	0.2753	0.3012	0.3098	0.3140	0.3163	0.3222	0.3357	0.3471	0.3603	0.3606	0.3741	0.3929	0.4122	0.4235	0.3410
	衢州	C值	0.4183	0.4219	0.4669	0.4709	0.4799	0.4828	0.4890	0.4896	0.5072	0.5261	0.5408	0.5447	0.5063	0.5618	0.5838	0.4993
		D值	0.2245	0.2292	0.2530	0.2602	0.2653	0.2729	0.2837	0.2877	0.3006	0.3116	0.3231	0.3318	0.3719	0.3474	0.3644	0.2952
	舟山	C值	0.5915	0.6091	0.6575	0.6892	0.6809	0.7062	0.6976	0.7244	0.7326	0.7881	0.7862	0.8204	0.7412	0.7276	0.6884	0.7094
		D值	0.2795	0.2931	0.3236	0.3430	0.3451	0.3548	0.3635	0.3913	0.4005	0.4307	0.4325	0.4579	0.4242	0.4267	0.4270	0.3796
	台州	C值	0.4639	0.4705	0.5169	0.5182	0.5362	0.5405	0.5471	0.5834	0.5862	0.5981	0.6284	0.6280	0.6416	0.6618	0.6849	0.5737
		D值	0.2470	0.2512	0.2745	0.2787	0.2867	0.2926	0.3028	0.3275	0.3320	0.3418	0.3593	0.3630	0.3762	0.3907	0.4050	0.3219
	丽水	C值	0.3777	0.3851	0.4070	0.4172	0.4165	0.4080	0.4169	0.4183	0.4276	0.4427	0.4444	0.4432	0.4351	0.4428	0.4463	0.4219
		D值	0.2206	0.2280	0.2487	0.2630	0.2624	0.2694	0.2825	0.2910	0.3028	0.3170	0.3239	0.3254	0.3251	0.3290	0.3378	0.2884
	合肥	C值	0.7575	0.7501	0.7731	0.7603	0.7290	0.7096	0.8164	0.8272	0.8633	0.8237	0.8212	0.7335	0.8367	0.7934	0.7448	0.7826
		D值	0.3810	0.3904	0.4172	0.4320	0.4378	0.4382	0.4596	0.4817	0.4975	0.5031	0.5177	0.5167	0.5489	0.5495	0.5610	0.4755
	蚌埠	C值	0.6958	0.7010	0.7158	0.7577	0.7930	0.8120	0.7972	0.8014	0.8147	0.8239	0.8312	0.8508	0.8379	0.8051	0.8338	0.7914
		D值	0.2723	0.2754	0.2864	0.3051	0.3248	0.3414	0.3530	0.3728	0.3940	0.4069	0.4177	0.4277	0.4295	0.4152	0.4316	0.3636
	阜阳	C值	0.3476	0.3418	0.3588	0.3596	0.4004	0.4122	0.4414	0.4678	0.4604	0.4610	0.4812	0.5038	0.5093	0.4578	0.4707	0.4316
		D值	0.1525	0.1513	0.1611	0.1652	0.1818	0.1897	0.2079	0.2248	0.2297	0.2373	0.2491	0.2627	0.2739	0.2721	0.2948	0.2169

续表

城市		C值和D值	2005年	2006年	2007年	2008年	2009年	2010年	2011年	2012年	2013年	2014年	2015年	2016年	2017年	2018年	2019年	均值
非资源型城市	六安	C值	0.4232	0.3529	0.3577	0.3583	0.4040	0.3861	0.3961	0.4126	0.4161	0.4142	0.4434	0.4233	0.4611	0.4649	0.4689	0.4122
		D值	0.2090	0.1703	0.1813	0.1907	0.2166	0.2117	0.2327	0.2468	0.2527	0.2500	0.2846	0.2860	0.3048	0.3076	0.3189	0.2442
	芜湖	C值	0.6835	0.8008	0.8677	0.8220	0.7887	0.7489	0.8075	0.8173	0.8087	0.8115	0.8566	0.7736	0.7943	0.8144	0.8776	0.8049
		D值	0.3173	0.3533	0.3990	0.3994	0.4251	0.4269	0.4126	0.4326	0.4426	0.4605	0.4768	0.4740	0.4866	0.4917	0.5162	0.4343
	安庆	C值	0.3643	0.3811	0.4078	0.4276	0.4460	0.4913	0.4728	0.4793	0.4821	0.4876	0.4868	0.4983	0.4894	0.5003	0.4979	0.4608
		D值	0.1790	0.1863	0.2034	0.2160	0.2281	0.2456	0.2530	0.2654	0.2770	0.2796	0.2914	0.3018	0.3006	0.3102	0.3245	0.2575
	黄山	C值	0.3486	0.3440	0.3881	0.3980	0.3995	0.4379	0.4243	0.4220	0.4191	0.4134	0.4027	0.3904	0.3895	0.4026	0.3833	0.3975
		D值	0.2155	0.2137	0.2403	0.2496	0.2579	0.2783	0.2853	0.2937	0.3086	0.3057	0.3047	0.3097	0.3155	0.3224	0.3321	0.2822
资源型城市	徐州	C值	0.5528	0.5339	0.5687	0.5742	0.6009	0.6279	0.6620	0.6663	0.6861	0.7073	0.7166	0.7245	0.7204	0.7473	0.7471	0.6557
		D值	0.2599	0.2564	0.2802	0.2910	0.3070	0.3301	0.3544	0.3668	0.3806	0.4048	0.4166	0.4293	0.4356	0.4476	0.4554	0.3611
	宿迁	C值	0.3464	0.3576	0.4401	0.4507	0.4715	0.4840	0.4973	0.5143	0.5430	0.5494	0.5469	0.5578	0.5586	0.5959	0.6490	0.5042
		D值	0.1575	0.1656	0.1954	0.2105	0.2256	0.2406	0.2499	0.2688	0.2889	0.3006	0.3029	0.3138	0.3177	0.3375	0.3583	0.2622
	湖州	C值	0.4932	0.5092	0.5514	0.5352	0.5289	0.5295	0.5239	0.5279	0.5446	0.5544	0.5662	0.5728	0.5963	0.6315	0.6427	0.5538
		D值	0.2904	0.3013	0.3236	0.3226	0.3231	0.3289	0.3321	0.3414	0.3514	0.3538	0.3632	0.3706	0.3845	0.4009	0.4170	0.3470
	淮北	C值	0.6286	0.6716	0.6731	0.6802	0.7075	0.7612	0.8182	0.7665	0.7530	0.7727	0.7765	0.7516	0.7502	0.7871	0.7621	0.7373
		D值	0.2462	0.2563	0.2604	0.2750	0.2897	0.2999	0.3359	0.3297	0.3358	0.3474	0.3521	0.3479	0.3512	0.3537	0.3539	0.3157

续表

城市		C值和D值	2005年	2006年	2007年	2008年	2009年	2010年	2011年	2012年	2013年	2014年	2015年	2016年	2017年	2018年	2019年	均值
资源型城市	亳州	C值	0.3407	0.3437	0.3786	0.3875	0.4268	0.4330	0.4625	0.4714	0.4802	0.4984	0.5161	0.5075	0.5388	0.5500	0.5628	0.4599
		D值	0.1374	0.1383	0.1551	0.1628	0.1784	0.1842	0.2022	0.2177	0.2291	0.2407	0.2505	0.2533	0.2660	0.2763	0.2871	0.2119
	宿州	C值	0.3425	0.3539	0.3785	0.4022	0.4286	0.4391	0.4640	0.4723	0.4767	0.4971	0.5353	0.5706	0.5563	0.5241	0.5236	0.4643
		D值	0.1530	0.1583	0.1728	0.1844	0.1956	0.2038	0.2224	0.2365	0.2416	0.2542	0.2782	0.2987	0.3007	0.2831	0.2944	0.2318
	淮南	C值	0.7850	0.7743	0.7894	0.7560	0.7562	0.7830	0.7554	0.7459	0.8101	0.8030	0.7093	0.7190	0.6917	0.7491	0.7353	0.7575
		D值	0.3035	0.3114	0.3195	0.3130	0.3238	0.3394	0.3525	0.3645	0.3840	0.3776	0.3328	0.3379	0.3360	0.3501	0.3582	0.3403
	滁州	C值	0.4431	0.4548	0.4827	0.5020	0.5366	0.5875	0.6355	0.6582	0.6499	0.7513	0.6917	0.7039	0.7207	0.6701	0.6751	0.6109
		D值	0.1763	0.1770	0.1921	0.2020	0.2137	0.2344	0.2701	0.2871	0.2979	0.3788	0.3297	0.3442	0.3532	0.3571	0.3756	0.2793
	马鞍山	C值	0.6846	0.6986	0.7171	0.8271	0.8079	0.8637	0.9297	0.9410	0.9699	0.9571	0.9351	0.8816	0.8952	0.8803	0.8671	0.8571
		D值	0.3022	0.3123	0.3460	0.3724	0.3826	0.4016	0.3943	0.4179	0.4311	0.4389	0.4427	0.4337	0.4483	0.4508	0.4592	0.4023
	宣城	C值	0.2883	0.2896	0.3278	0.3419	0.3540	0.4215	0.4348	0.4439	0.4838	0.4573	0.4458	0.4705	0.4799	0.4756	0.4741	0.4126
		D值	0.1682	0.1733	0.1963	0.2114	0.2253	0.2439	0.2615	0.2757	0.3046	0.2992	0.2967	0.3139	0.3233	0.3298	0.3387	0.2641
	铜陵	C值	0.6563	0.7210	0.7783	0.7897	0.7751	0.7954	0.8153	0.8160	0.8306	0.7963	0.7565	0.7767	0.7895	0.7868	0.7856	0.7779
		D值	0.2976	0.3263	0.3612	0.3693	0.3761	0.3987	0.4169	0.4398	0.4535	0.4505	0.4609	0.3914	0.4026	0.4030	0.4144	0.3975
	池州	C值	0.3696	0.3668	0.3932	0.4248	0.4568	0.4994	0.4574	0.4609	0.4561	0.4344	0.4455	0.4350	0.4452	0.4497	0.4329	0.4352
		D值	0.1857	0.1898	0.2132	0.2314	0.2561	0.2780	0.2773	0.2863	0.2918	0.2960	0.3076	0.3084	0.3125	0.3175	0.3258	0.2718

注：C值和D值分别代表耦合度和耦合协调度。